초등학교 교사를 위한

수학의 기초

강 지 형 · 이 창 주
이 양 희 · 임 문 규 공저

東 明 社

머 리 말

수학교육의 개선을 위하여 우리는 교육과정을 개정하고, 이에 따른 교과서의 개편, 지도법의 개선 등 일련의 노력을 거듭하여 왔다. 그러나 교육과정이 아무리 시대의 요청에 부응하는 훌륭한 것이라 하더라도 이를 다룰 교사가 수학의 이론적 배경을 충분히 이해하지 못하여 적절한 교수-학습활동을 설계 운영할 수 없다면 이러한 노력들은 실효를 거두기 어려울 것이다.

이 책은 이러한 관점에서 초등학교 수학과 지도를 위해 필요한 현대수학의 기초이론들을 체계적으로 알기 쉽게 다루어, 초등 수학교육을 담당할 예비교사들을 위한 교재로, 현장교사들의 참고서로 활용할 수 있도록 하였다.

이 책의 내용은 모두 4편으로 되어 있으며, 제1편에서는 논리, 관계, 함수, 집합 등에 대한 중요개념이나 성질들을 설명하였으며, 제2편에서는 자연수, 정수, 유리수 등에 대한 수체계를 다루고, 군 · 환 · 체 등 기초적인 대수적 구조를 쉽게 기술하였다. 제3편에서는 기하학의 발달과정과 종합기하학의 기초, 해석기하학에 있어서의 중요한 기본성질들을 자세히 다루었으며, 도형의 변환을 체계적으로 설명하였다, 마지막으로 제4편에서는 확률과 통계의 발달과정과 기술통계에 관한 중요사항들을 설명하였으며, 확률과 확률분포에 대한 기초개념과 성질들을 다루었다. 또한 현대통계에서 중요한 사항인 통계적 추정, 검정방법을 예를 들어 자세히 설명하였다.

이 책의 미비한 점들은 앞으로 해를 거듭하여 보완할 것을 다지며, 제현의 기탄 없는 조언을 바라마지 않는다. 끝으로 이 책을 발간하는 데 애써주신 동명사 사장님께 거듭 심심한 감사를 드린다.

2002년 1월
저자 일동

차 례

제I편 논리 관계 집합

제 II 편 수와 연산의 개념과 대수적 구조

제 III 편 기 하 학

제 IV 편 확률과 통계

제 I 편

논리 관계 집합

제1장

수리논리

1. 수리논리학의 발전

논리의 법칙을 엄밀히 사용하기 위해서는, 어떤 생각을 다른 것에서 추론하는 논리의 도출과정 자체를 구체적인 내용에 구애받을 필요가 없도록 형식화할 필요가 있다. 아리스토텔레스가 논리학에 처음으로 변항을 도입하여 사고의 논리적 형식을 그 사고의 구체적 내용에서 분리하는 것을 가능케 하였다. 수학논리학의 최초의 형태인 논리대수의 발생이 연역에 대한 형식적 이론의 연구를 보다 한층 발전시키는 것이 되었다.

수리논리학(Mathematical Logic)의 기원은 라이프니츠(Leibniz, 1646~1716)에서부터 시작되었다. 대수적 방법을 기하학에 응용하여 해석기하학을 창설하고, 보편수학의 이념을 제안한 데카르트(R. Descartes, 1596~1650)의 사상과 홉스(Th. Hobbes, 1588~1679)의 기호계산학을 종합하여 라이프니츠가 표의기호(ideogram)의 계산체계를 확립한 것이 수리논리학의 시초가 되었다.

그 후 수리논리학은 불(George Boole, 1815~1864)에 이르러 완성된 체계를 처음으로 갖추게 되었다. 불에 이르러 최초로 체계화된 수리논리학은 명제, 연결사, 술어, 명제간의 관계 등을 기호화하고, 그 이론구성에 대수적 방법을 구사한 형식논리학으로서 수학의 중요한 한 분야가 되었다.

그 후 슈뢰더(E. Schröder, 1841~1902)는 불의 체계를 수정하여 논리계산의 체계를 정비하여 대성하였고, 이와는 달리 프레게(G. Frege, 1848~1925)는 명제로부터 출발하여 명제논리학, 집합논리학, 관계논리학의 순위로 체계를 완성하였다.

그 후 수리논리학은 러셀(B. Russell, 1872~1970), 슐리크(Schlick, 1882~1936), 라이헨바흐(H. Reichenbach, 1891~1953) 등 많은 학자들에 의하여 이 학문은 크게 발전하여 오늘날 새로운 철학, 과학, 기술과 밀접한 관계를 맺고 있다.

특히 명제논리학에 이은 술어논리학의 발달은 수학을 일반언어가 거의 쓰이지 않는 형식과학으로 만들었으며 물리학, 생물학, 심리학, 사회과학은 물론 전기회로, 컴퓨터, 신경계이론 등에의 실제적 응용에도 중요한 역할을 하고 있어 현대과학의 기초이론으로 되어 있다.

2. 명제의 대수

1) 명 제

참, 거짓을 분명하게 가릴 수 있는 문장(기호나 식을 포함하여도 무방)을 명제라고 한다. 그 자체가 다른 명제를 포함하고 있지 않은 명제를 단순명제라고 하며, 단순명제는 p, q, r 등의 기호로 나타낸다. 한 명제의 참, 거짓을 그 명제의 진리값이라 하고 T, F 또는 1, 0으로 나타낸다.

정의 1·1 명제 p, q를 논리적 언어 $\sim$(가 아니다), $\wedge$(그리고), $\vee$(또는), $\rightarrow$(이면)으로 결합하여 만들어지는 명제 $\sim p$(p의 부정), $p \wedge q$(p와 q의 논리곱), $p \vee q$(p와 q의 논리합), $p \rightarrow q$(p와 q의 조건문)들의 진리값은 다음 표(진리표)와 같이 정한다.

p	q	$\sim p$	$p \wedge q$	$p \vee q$	$p \rightarrow q$
T	T	F	T	T	T
T	F	F	F	T	F
F	T	T	F	T	T
F	F	T	F	F	T

명제 p, q, r, ……들이 $\sim$, $\wedge$, $\vee$, $\rightarrow$과 같은 논리적인 언어로 결합되어 하나의 명제를 이룰 때, 명제 p, q, r, ……로 이루어진 합성명제라 하고 $P(p, q, r, \cdots\cdots)$, $Q(p, q, r, \cdots\cdots)$, $R(p, q, r, \cdots\cdots)$ 등으로 나타내기로 한다. 이런 식을 논리식(formula)이라고도 한다.

■ **정리 1 · 4**

기본적인 동치명제를 열거하면 다음과 같다.

(1) $P \vee P \Leftrightarrow P$, $P \wedge P \Leftrightarrow P$ (누동법칙)

(2) $(P \vee Q) \vee R \Leftrightarrow P \vee (Q \vee R)$, $(P \wedge Q) \wedge R \Leftrightarrow P \wedge (Q \wedge R)$ (결합법칙)

(3) $P \vee Q \Leftrightarrow Q \vee P$, $P \wedge Q \Leftrightarrow Q \wedge P$ (교환법칙)

(4) $P \vee (Q \wedge R) \Leftrightarrow (P \vee Q) \wedge (P \vee R)$, $P \wedge (Q \vee R) \Leftrightarrow (P \wedge Q) \vee (P \wedge R)$ (배분법칙)

(5) $P \vee F \Leftrightarrow P$, $P \wedge T \Leftrightarrow P$ (항등법칙)

(6) $P \vee T \Leftrightarrow T$, $P \wedge F \Leftrightarrow F$

(7) $P \vee \sim P \Leftrightarrow T$(배중률), $P \wedge \sim P \Leftrightarrow F$(모순률) (보법칙)

(8) $\sim(\sim P) \Leftrightarrow P$, $\sim T \Leftrightarrow F$, $\sim F \Leftrightarrow T$

(9) $\sim(P \vee Q) \Leftrightarrow \sim P \wedge \sim Q$, $\sim(P \wedge Q) \Leftrightarrow \sim P \vee \sim Q$ (드 모르간의 법칙)

여기서 T는 항진명제이고, F는 모순명제를 나타낸다.

위의 각 법칙은 기호 $\wedge$, $\vee$, $\sim$, $\Leftrightarrow$, T, F를 각각 $\cap$, $\cup$, ^{c}, $=$, U, ϕ에 대응시키면 집합대수에서의 여러 법칙과 매우 비슷함을 알 수 있을 것이다.

한 논리식(동치명제)에 논리기호가 $\wedge$, $\vee$, $\sim$, $\rightarrow$만 포함되었다고 하자. 여기서 $\wedge$, $\vee$, T, F를 각각 $\vee$, $\wedge$, F, T로 교환해서 얻은 논리식을 처음 논리식의 쌍대(dual)라고 한다. 한 논리식의 쌍대의 쌍대는 원래의 논리식이 된다.

앞에서 본 바와 같이 어떤 논리식이 성립하면 그 쌍대도 성립된다. 이것을 쌍대의 원리라고 한다.

$P \vee \sim P \Leftrightarrow T$의 쌍대는 $P \wedge \sim P \Leftrightarrow F$이고 이 두 논리식은 모두 성립하고 있다.

▶ 함 의

정의 1 · 5 $[P(p, q, r, \cdots\cdots) \rightarrow Q(p, q, r, \cdots\cdots)]$가 항진명제일 때, 명제 $P(p, q, r, \cdots\cdots)$는 명제 $Q(p, q, r, \cdots\cdots)$를 논리적으로 함의한다고 말하고, 기호 $\Rightarrow$를 써서

$$P(p, q, r, \cdots\cdots) \Rightarrow Q(p, q, r, \cdots\cdots)$$

라 표시한다.

위 정의에서 다음 정리를 소개한다.

■ 정리 1·5

$P(p, q, r, \cdots\cdots)$와 $Q(p, q, r, \cdots\cdots)$를 명제라고 하자, 그러면 다음 두 조건은 명제 $P(p, q, r, \cdots\cdots) \Rightarrow Q(p, q, r, \cdots\cdots)$와 동치이다.

(1) $[\sim P(p, q, r, \cdots\cdots) \vee Q(p, q, r, \cdots\cdots)]$는 항진명제

(2) $[\sim P(p, q, r, \cdots\cdots) \wedge Q(p, q, r, \cdots\cdots)]$는 모순명제

[예 1·7] $p \wedge q$는 p, q가 모두 T일 때에만 T인데, 이때 $p \vee q$도 T이므로 $p \wedge q$는 $p \vee q$를 함의한다. 즉,

$$p \wedge q \Rightarrow p \vee q$$

$[(p \to q) \wedge (q \to r)] \Rightarrow (p \to r)$(삼단논법)임도 진리표를 조사해 보면 쉽게 알 수 있다.

[예 1·8] 명제 $[p \wedge (p \to q)] \to q$가 항진명제이므로 $p \wedge (p \to q) \Rightarrow q$이다.

■ 정리 1·6

$P(p, q, r, \cdots\cdots) \Rightarrow Q(p, q, r, \cdots\cdots)$로 정의된 명제들의 관계는 다음 성질을 만족한다.

(1) $P(p, q, r, \cdots\cdots) \Rightarrow Q(p, q, r, \cdots\cdots)$

(2) $P(p, q, r, \cdots\cdots) \Rightarrow Q(p, q, r, \cdots\cdots)$이고 $Q(p, q, r, \cdots\cdots) \Rightarrow P(p, q, r, \cdots\cdots)$이면

$$P(p, q, r, \cdots\cdots) \Leftrightarrow Q(p, q, r, \cdots\cdots)$$

(3) $P(p, q, r, \cdots\cdots) \Rightarrow Q(p, q, r, \cdots\cdots)$이고 $Q(p, q, r, \cdots\cdots) \Rightarrow R(p, q, r, \cdots\cdots)$이면

$$P(p, q, r, \cdots\cdots) \Rightarrow R(p, q, r, \cdots\cdots)$$

문 제

1. 다음 명제의 진리표를 만들어라. 그리고 항진명제와 모순명제를 찾아라.

(1) $\sim p \wedge q$

(2) $\sim (p \to \sim q)$

(3) $(p \wedge q) \to (p \vee q)$

(4) $p \vee [\sim q \wedge (q \vee \sim p)]$

(5) $p \to (q \vee r)$

(6) $(p \wedge q) \to (\sim p \vee \sim q)$

(7) $(p \vee r) \wedge (p \to q)$

(8) $(p \to q) \leftrightarrow (\sim q \to \sim p)$

누동법칙(idempotent law)

1_a $A \cup A = A$ 1_b $A \cap A = A$

결합법칙(associative law)

2_a $(A \cup B) \cap C = A \cup (B \cup C)$ 2_b $(A \cap B) \cap C = A \cap (B \cap C)$

교환법칙(commutative law)

3_a $A \cup B = B \cup A$ 3_b $A \cap B = B \cap A$

배분법칙(distributive law)

4_a $A \cup (B \cap C) = (A \cup B) \cap (A \cup C)$ 4_b $A \cap (B \cup C) = (A \cap B) \cup (A \cap C)$

항등법칙(identity law)

5_a $A \cup \phi = A$ 5_b $A \cap U = A$

6_a $A \cup U = U$ 6_b $A \cap \phi = A$

보법칙(complement law)

7_a $A \cup A^c = U$ 7_b $A \cap A^c = \phi$

드 모르간의 법칙

8_a $(A \cup B)^c = A^c \cap B^c$ 8_b $(A \cap B)^c = A^c \cup B^c$

풀이 1_a

$x \in A \cup A \Leftrightarrow x \in A \vee x \in A$ .... 정의 **1 · 6**과 정의 **1 · 13**

$x \in A \vee x \in A \Leftrightarrow x \in A$ .... 정리 **1 · 4**의 (1)과 정의 **1 · 11**

$x \in A \cup A \Leftrightarrow x \in A$ .... 정리 **1 · 1**의 (3)

$\therefore A \cup A = A$ .... 정의 **1 · 8**

1_b에서 8_b는 마찬가지 방법으로 쉽게 보일 수 있다.

집합에 관한 어떤 등식에서 U, $\varnothing$, $\cap$, $\cup$를 각각 $\varnothing$, U, $\cup$, $\cap$로 바꾸어 놓으면 새로운 등식이 생긴다. 이 후자를 전자의 쌍대(dual)라고 한다. 어떤 식의 쌍대의 쌍대는 처음 등식이 된다.

집합의 등식에서는 한 등식이 성립하면 그 쌍대도 참인 것을 알 수 있는데 이 원리를 쌍대의 원리(principle of duality)라고 한다.

[예 1 · 12] $\{A \cap (B \cup C)\}^c = A^c \cup (B \cup C)^c = A^c \cup (B^c \cap C^c)$, 즉

$$\{A \cap (B \cup C)\}^c = A^c \cup (B^c \cap C^c)$$

이 관계식의 쌍대는 $\{A\cup(B\cap C)\}^c = A^c\cap(B^c\cup C^c)$인데 이것도 참임을 알 수 있다. 이 쌍대의 원리는 집합의 대수에서 증명해야 할 관계식의 수를 절반으로 줄여주는 것을 알 수 있다.

■ 정리 1 · 8

$p(x)$, $q(x)$를 전체집합 U에서 정의된 열린문장이라 하자. $P=\{x|p(x)\}$, $Q=\{x|q(x)\}$ 일 때

$$P^c = \{x|\sim p(x)\}$$
$$P\cap Q = \{x|p(x)\wedge q(x)\}$$
$$P\cup Q = \{x|p(x)\vee q(x)\}$$
$$P^c\cup Q = \{x|p(x)\to q(x)\}$$

[예 1 · 13] U를 대한민국 국민, $p(x)$를 'x는 여자이다' $q(x)$를 'x는 학생이다'라고 한다면 $p(x)\wedge q(x)$, 즉 'x는 여자이고 학생이다'로 되어 그 진리집합은 우리나라 여학생의 집합, 즉 $P\cap Q$이다.

[예 1 · 14] 실수의 집합 R에서의 열린문장 $x^2-3x+2=0$과 $(x=1)\vee(x=2)$는 그 진리집합이 $\{1, 2\}$로서 같으므로 동치이다. 즉

$$x^2-3x+2=0 \Leftrightarrow (x=1)\vee(x=2)$$

4) 한량기호

▶ 전칭기호

$p(x)$를 집합 U상의 열린문장이라고 하면,

$$\forall x\in U\ p(x) \text{ 또는 } \forall x\ p(x)$$

는 다음과 같이 읽는 명제이다. 'U에 속하는 모든 원소 x에 대하여 $p(x)$는 참인 명제' 또는 '모든 x에 대하여 $p(x)$'라고 읽는다.

기호 $\forall$를 전칭기호라 하고 '모든(for all, for every)'이라고 읽는다.

[예 1 · 15] 명제 '우리나라 사람은 부지런하다'에서 대한민국 국민의 집합을 U라 할 때 다음과 같이 기호화된다.

$$(\forall x \in U)(x\text{는 부지런하다}) \text{ 또는 } \forall x(x\text{는 부지런하다})$$

$p(x)$는 열린문장이므로 진리값은 갖지 않을 수도 있지만, $\forall x \in U\ p(x)$는 진리값을 가지는 명제임을 명심하여야 한다.

정의 1·14 $p(x)$를 $U \neq \varnothing$에서 정의된 열린문장, 그 진리집합을 P라 할 때 명제 $\forall x \in U\ p(x)$의 진리값은 다음과 같이 정한다.

$P = U$이면 참

$P \neq U$이면 거짓

위에서 알 수 있는 바와 같이 $\forall x \in U\ p(x)$가 거짓임을 밝히려면 $P \neq U$, 곧 $P^c \neq \varnothing$임을 밝히면 되므로 $p(a)$가 거짓인 원소 a가 존재한다는 것을 보이면 된다.

이와 같은 a를 $\forall x\ p(x)$의 반례(counter example)라고 한다.

[예 1·16] $N = \{1, 2, 3, \cdots\cdots\}$일 때 $\{n | n+4>3\} = N$이므로 명제 $(\forall x \in N)(n+4>3)$은 참(T)이다.

또 $\{n | n+2>8\} = \{7, 8, 9, \cdots\cdots\} \neq N$이므로 명제 $(\forall x \in N)(n+2>8)$은 거짓(F)이다.

▶ 존재기호

$p(x)$를 집합 U상의 열린문장이라고 하자, 그러면

$$\exists x \in U\ p(x) \text{ 또는 } \exists x\ p(x)$$

은 '한 원소 $x \in U$가 존재해서 $p(x)$가 참' 또는 간단히 '어떤 x에 대하여 $p(x)$'(for some x, $p(x)$)라고 읽는 한 명제이다. 기호 ∃를 '존재한다' 또는 '어떤 것에 대하여', 또는 '적어도 하나에 대하여(there exists, for some, for at least one)'라고 읽고, 이들을 존재기호(existential quantitier)라고 한다.

전칭기호와 존재기호를 총칭해서 한량기호(quantitier) 또는 한정기호라고 한다.

지금 집합 U를 비둘기의 집합, 열린문장 'x는 희다'를 $p(x)$라고 하면 명제 '어떤 비둘기는 희다'는

어떤 $x \in U$에 대하여 $p(x)$이다.

로 되고, 이것을

$\exists x \in U\ p(x)$ 또는 $\exists x\ p(x)$로 나타낸다.

[예 1·17] $x^2=1$이 실수의 집합 R에서의 열린문장라고 할 때, 명제

$x^2=1$을 만족하는 실수 x가 존재한다.

는 것을 다음과 같이 나타낼 수 있다.

$(\exists x \in N)(x^2=1)$ 또는 $\exists x(x^2=1)$

이것을 '실수 x가 존재해서 $x^2=1$'로 읽어도 된다.

정의 1·15 $p(x)$를 U에서의 열린문장, 그 진리집합을 P라 할 때, 명제

$\exists x \in U\ p(x)$

의 진리값을 다음과 같이 정한다.

$P \neq \phi$일 때 참
$P = \phi$일 때 거짓

[예 1·18] 자연수의 집합에서 $\{n+4<7\}=\{1, 2\}\neq\phi$이므로, $\exists n \in N(n+4<7)$은 참이고, $\{n+6<4\}=\phi$이므로, $\exists n(n+6<4)$는 거짓이다.

열린문장의 변수가 2개 이상일 경우도 한량기호를 쓸 수 있다.

지금, $A \times B$에서의 열린문장을 $p(x, y)$라고 하자. 지금 임의의 $a \in A$에 대한 $p(a, y)$는 y에 관한 B에서의 열린문장이다. 따라서

$\exists y\ p(a, y)$

는 명제이다. 여기서 a를 변수 x로 놓으면

$\exists y\ p(x, y)$

는 A에서의 열린문장이다. 따라서

$\forall x\ [\exists y\ p(x, y)]$

는 명제이다.

같은 방법으로 $\forall x\ [\forall y\ p(x, y)]$, $\exists x\ [\forall y\ p(x, y)]$, $\exists x\ [\exists y\ p(x, y)]$ 등도 정의할 수 있다. 이것을 보통 [ ]를 생략해서 다음과 같이 나타낸다.

$\forall x\ \exists y\ p(x, y)$, $\forall x\ \forall y\ p(x, y)$ 등

이와 같은 명제의 진리값은 $\forall x\ p(x)$, $\exists x\ p(x)$의 진리값의 정의에 따라 결정된다. 일반적으로 집합 $A_1, A_2, \cdots\cdots, A_n$을 생각하여 $A_1 \times A_2 \times \cdots\cdots \times A_n$상의 열린문장($n$ 변수의)은 $p(x_1, x_2, \cdots\cdots, x_n)$로 나타내고, 이것은 $p(a_1, a_2, \cdots\cdots, a_n)$이 순서가 붙은 임의의 n쌍 $(a_1, a_2, \cdots\cdots, a_n) \in A_1 \times A_2 \times \cdots\cdots \times A_n$에 대하여 참 또는 거짓인 성질을 갖는다. 예를 들면 N을 자연수 집합을 나타낸다고 하자. 그러면 '$x+2y+3z<18$'은 $N \times N \times N$상의 열린문장이다.

각 변수에 대해서 한량기호가 앞에 붙은 열린문장, 예로 $\forall x\ \exists y\ p(x, y)$ 또는 $\exists x\ \forall z\ \forall y\ p(x, y, z)$는 한 명제를 나타내고 진리값을 갖는다.

[예 1·19] $M=\{$이군, 김군, 박군$\}$, $W=\{$최양, 정양$\}$, $p(x, y)$를 'x는 y의 오빠이다'라고 할 때 다음 명제의 진리값을 조사하여라.

$$\forall x \in M\ \exists y \in W\ p(x, y),\quad \exists y \in W\ \forall x \in M\ p(x, y)$$

풀이 $\forall x \in M\ \exists y \in W\ p(x, y)$는 다음과 같이 읽는다. '$M$의 모든 x에 대하여 W에 한 y가 존재해서 x는 y의 오빠이다'. 다시 말해서 M의 각 원소는 최양 또는 정양의 오빠이다. 그런데 $\exists y \in W\ \forall x \in M\ p(x, y)$는 W의 적어도 한 여자는 M의 모든 남자의 동생이다. 따라서 한량기호의 다른 순서는 다른 명제를 정의한다.

[예 1·20] $\exists x\ \exists y\ (x^2+y^2=1)$은 $x=0$, $y=1$일 때 $x^2+y^2=1$이 성립하므로 $x^2+y^2=1$을 만족하는 y가 있고, 그에 대응하는 x도 있기 때문에 참이다.

$\forall x\ \exists y\ (x^2+y^2=1)$은 $x^2+y^2=1$을 만족하는 실수 y는 존재하지만 그 y에 대한 $x \neq \pm\sqrt{1-y^2}$일 때는 성립하지 않으므로 거짓이다.

▶ 한량기호를 갖는 명제의 부정

■ 정리 1·9

(드 모르간의 법칙)

$$\sim \forall x\ p(x) \Leftrightarrow \exists x\ \sim p(x)$$

$$\sim \exists x\ p(x) \Leftrightarrow \forall x\ \sim p(x)$$

풀이 $p(x)$를 U에서의 열린문장, 그 진리집합을 P라 하자.

$$\sim[\forall x\ p(x)]\text{가 참} \Leftrightarrow [\forall x\ p(x)]\text{가 거짓}$$

$[\forall x \ p(x)]$가 거짓 $\Leftrightarrow P \neq U$ .... 정의 **1 · 14**

한편

$P \neq U \Leftrightarrow P^c \neq \phi$

또한

$P^c \neq \phi \Leftrightarrow \exists x \ \sim p(x)$가 참 .... 정리 **1 · 8**과 정의 **1 · 15**

그러므로

$\sim \forall x \ p(x) \ \Leftrightarrow \ \exists x \ \sim p(x).$

$\sim \exists x \ p(x) \ \Leftrightarrow \ \forall x \ \sim p(x)$도 같은 요령으로 증명된다.

[예 1 · 21] '모든 한국인은 부지런하다'의 부정은 '부지런하지 않은 한국인도 있다'이다. 지금, 한국인의 집합을 U, $p(x)$를 'x는 부지런하다'고 하면 위의 두 명제는 각각

$\forall x \in U \ p(x), \quad \exists x \ \sim p(x)$

이므로

$\sim \forall x \ p(x) \Leftrightarrow \exists x \ \sim p(x)$

이다.

[예 1 · 22] 명제 '모든 자연수 n에 대하여 $n+2>8$'의 부정은 '$n+2 \leq 8$인 자연수가 있다'이다. 즉

$\sim \forall n, \ n+2>8 \Leftrightarrow \exists n, \ n+2 \leq 8$

이다.

■ **정리 1 · 10**

(1) $\sim \forall x \forall y \ p(x, y) \Leftrightarrow \exists x \exists y \ \sim p(x, y)$

(2) $\sim \forall x \exists y \ p(x, y) \Leftrightarrow \exists x \forall y \ \sim p(x, y)$

(3) $\sim \exists x \forall y \ p(x, y) \Leftrightarrow \forall x \exists y \ \sim p(x, y)$

(4) $\sim \exists x \exists y \ p(x, y) \Leftrightarrow \forall x \forall y \ \sim p(x, y)$

증명 (2)

$\sim \forall x \exists y \ p(x, y) \Leftrightarrow \exists x \ [\sim \exists y \ p(x, y)]$ .... 정리 **1 · 9**

$\Leftrightarrow \exists x \ [\forall y \ \sim p(x, y)]$ .... 정리 **1 · 9**

$$\Leftrightarrow \exists x \ \forall y \ \sim p(x, y)$$

(1), (3), (4)도 같은 방법으로 증명된다.

[예 1 · 23] 실수의 집합에서

$$\sim \forall x \exists y(y = x+1) \Leftrightarrow \exists x \ [\sim \exists y(y = x+1)] \Leftrightarrow \exists x \forall y(y \neq x+1)$$

이고,

$$\sim \forall x \forall y(x^2 + y^2 = 1) \Leftrightarrow \exists x \exists y(x^2 + y^2 \neq 1)$$

여기서, $\forall x \forall y(x^2 + y^2 = 1)$과 $\exists x \forall y(x^2 + y^2 \neq 1)$이 거짓임에 주의하기 바란다.

문 제

1. 정리 **1 · 7**을 증명하여라.
2. 정리 **1 · 8**을 증명하여라.
3. U : '대한민국 국민', $p(x)$: 'x는 남자이다', $q(x)$: 'x는 교사이다'라고 할 때 다음 열린문장의 진리집합을 구하여라.

   (1) $p(x) \wedge q(x)$ (2) $p(x) \vee q(x)$

   (3) $\sim \{p(x) \rightarrow q(x)\}$ (4) $\sim p(x) \wedge \sim q(x)$

   (5) $p(x) \rightarrow q(x)$
4. 실수의 집합 R에서 정의된 다음 열린문장의 부정을 만들어라.

   (1) $x=0$ 또는 $y=0$ (2) $x=1$이고 $y=3$

   (3) $3x=\pm 1$ (4) $x^2<1$이고 $x \geq 0$

   (5) $x^2<1$이면 $4x \leq 2$ (6) $-2 \leq x < 7$
5. 다음 명제를 기호로 나타내어라.

   (1) 우리나라 사람은 예의가 바르다.

   (2) 게으른 한국인도 있다.

   (3) 사람은 누구나 놀기를 좋아한다.

   (4) 실수는 음수 아니면 양수이다.

   (5) 실수의 제곱은 음수가 아니다.

   (6) 개와 고양이는 앙숙이다.

   (7) 쥐를 잡지 못하는 고양이도 있다.

(8) 일부 남성보다 용감한 여성도 있다.

(9) 미국인보다 키가 큰 한국인도 있다.

6. 다음 명제를 보통 문장으로 번역하여라.

(1) $\forall x$, x는 일을 해야 한다.

(2) $\exists y$, y는 노래를 잘 부른다.

(3) $\forall x \exists y$, y는 x를 사랑한다.

(4) $\exists y \forall x$, y는 x를 사랑한다.

(5) $\forall x \forall y$, x는 y를 도와야 한다.

(6) $\exists x \exists y$, x는 y를 미워한다.

7. 다음 각 명제의 진리값을 결정하여라(여기서 전체집합은 실수의 집합이다).

(1) $\forall x$, $|x| = x$

(2) $\exists x$, $x^2 = x$

(3) $\forall x$, $x + 1 > x$

(4) $\exists x$, $x + 2 = x$

(5) $\exists x$, $|x| = 0$

8. 다음 명제의 반례를 찾아라. 단, $B = \{1, 2, 3, \cdots 9\}$.

(1) $\forall x \in B$, $x + 5 < 12$

(2) $\forall x \in B$, x는 소수

(3) $\forall x \in B$, $x^2 > 1$

(4) $\forall x \in B$, x는 짝수

9. 다음 중에서 명제와 열린문장을 가리고, 그 진리값 또는 진리집합을 구하여라. 전체집합 $U = \{1, 2, 3, \cdots\cdots, 9, 10\}$이다.

(1) $\forall x \forall y (x + y < 14)$

(2) $\forall y (x + y < 14)$

(3) $\exists y (x + y < 14)$

(4) $\forall x \exists y (x + y < 14)$

10. $\{1, 2, 3\}$을 전체집합이라 하고 다음 각 명제의 진리값을 결정하여라.

(1) $\exists x \forall y$, $x^2 < y + 1$

(2) $\forall x \exists y$, $x^2 + y^2 < 12$

(3) $\forall x \forall y$, $x^2 + y^2 < 12$

(4) $\exists x \forall y \exists z$, $x^2 + y^2 < 2z^2$

(5) $\exists x \exists y \forall z$, $x^2 + y^2 < 2z^2$

11. $A = \{1, 2, 3\}$이고 $B = \{a, b, c\}$일 때 $A \times B$에서의 열린문장 $p(x, y)$의 진리 집합이 다음과 같을 때,

(1) $\{(1, a), (2, a), (3, a), (1, b), (2, b), (3, b), (1, c), (2, c), (3, c)\}$

(2) $\{(1, a), (3, a), (1, b), (2, b), (1, c), (2, c), (3, c)\}$

(3) $\{(1, a), (2, a), (3, a)\}$

(4) $\{(1, a), (2, b), (3, c)\}$

(5) $\{(1, a), (3, b), (3, c)\}$

(6) $\{(1, b), (2, b)\}$

(7) $\{(3, b)\}$

(8) $\{(1, a), (2, a), (3, a), (1, c), (2, c), (3, c)\}$

(9) $\{(1, a), (3, a), (1, b), (3, b), (1, c), (3, c)\}$

(10) ϕ

각 경우의 명제 $\forall x \forall y\ p(x, y)$, $\forall x \exists y\ p(x, y)$, $\exists x \forall y\ p(x, y)$, $\exists x \exists y\ p(x, y)$, $\forall y \forall x\ p(x, y)$, $\forall y \exists x\ p(x, y)$, $\exists y \forall x\ p(x, y)$, $\exists y \exists x\ p(x, y)$들의 참, 거짓을 말하여라.

12. $A=\{1, 2\}$, $B=\{a, b\}$, $C=\{v, w\}$일 때 $A\times B\times C$에서의 열린문장 $p(x, y, z)$의 진리 집합이 다음과 같을 때

(1) $A\times B\times C$

(2) $\{(1, a, v), (2, a, v), (1, b, v), (2, b, v), (1, a, w), (2, a, w)\}$

(3) $\{(1, a, v), (2, a, v), (1, b, v), (2, b, v)\}$

(4) $\{(1, a, v), (1, b, v), (1, a, w), (2, a, w), (1, b, w), (2, b, w)\}$

(5) $\{(1, a, v), (2, b, v), (2, a, w), (1, b, w)\}$

(6) $\{(1, a, v), (1, b, v), (1, a, w), (1, b, w)\}$

(7) $\{(1, a, v), (2, a, v), (1, b, v), (1, a, w), (2, a, w)\}$

(8) $\{(1, b, v), (2, b, v)\}$

(9) $\{(1, a, v), (1, b, w)\}$

(10) $\{(1, a, v), (2, a, v), (2, b, w)\}$

각 경우의 48개의 명제 $\forall x\ \forall y\ \forall z\ p(x, y, z)$, $\forall x\ \forall y\ \exists z\ p(x, y, z)$, ……, $\exists x\ \exists y\ \exists z p(x, y, z)$들의 참, 거짓을 말하여라.

13. 다음 명제의 부정을 만들어라.

(1) $\forall x,\ |x|=x$

(2) $\forall x,\ x+2=x$

(3) $p\to q$

(4) $\sim r\to s$

(5) $\sim s\wedge t$

(6) $\forall x\ [p(x)\vee q(x)]$

(7) $\exists x\ [p(x)\wedge\sim q(x)]$

(8) $\forall x\ [p(x)\to\sim q(x)]$

(9) $\exists x\ [\sim p(x)\to\sim q(x)]$

(10) $r\to\exists\sim p(x)$

(11) $\forall x\ q(x)\vee t$

(12) $s\vee(\forall x\ p(x))$

14. $\sim\exists x\ p(x) \Leftrightarrow \forall x\ \sim p(x)$임을 증명하여라.

15. 정리 **1·10**의 (1), (3), (4)를 증명하여라.

16. 다음 문장의 부정을 만들어라.

(1) 전쟁이 일어나면 죽는 사람이 있다.

(2) 새벽이 되어 모든 사람이 일어났다.

4. 논리적 추론

1) 추론의 정의

정의 1·16 몇 개의 명제 S_1, S_2, ……, S_n에서 하나의 명제 S를 이끌어내는 것.

즉,

$$S_1,\ S_2,\ \cdots\cdots,\ S_n \text{이므로 } S$$

의 형식으로 된 것을 추론(argument)이라고 하고,

$$S_1,\ S_2,\ \cdots\cdots,\ S_n \vdash S$$

로 나타낸다. 여기서 S_1, S_2, ……, S_n을 전제(premise), S를 결론(conclusion)이라고 한다.

추론 S_1, S_2, ……, $S_n \vdash S$는 전제가 모두 참이면 결론 S가 참임을 주장하는 것이므로, 명제

$$(S_1 \wedge S_2 \wedge \cdots\cdots \wedge S_n) \rightarrow S$$

와 동치이다.

정의 1·17 명제 $(S_1 \wedge S_2 \wedge \cdots\cdots \wedge S_n) \rightarrow S$가 항진명제, 즉

$$(S_1 \wedge S_2 \wedge \cdots\cdots \wedge S_n) \Rightarrow S$$

일 때, 추론

$$S_1, S_2, \cdots, S_n \vdash S$$

를 타당한 추론(Valid argument)이라고 하고, 그렇지 않을 때 오류(fallacy)라고 한다.

[예 1·24] S_1; 생각할 줄 아는 동물이 있다. S_2; 인간은 동물이다. S; '인간은 생각할 줄 안다'라고 할 때 추론 $S_1, S_2 \vdash S$를 생각하여 보자.

이 추론을 기호화하면

$$\exists x\ p(x),\ x_0 \in U \vdash p(x_0)$$

의 형식이 된다. 이것은 $\exists x\ p(x)$, $x_0 \in U$가 모두 참이라도 $p(x_0)$가 거짓일 수 있으므로 오류이다.

비록 전제 S_1, S_2 및 결론 S가 모두 참일지라도 추론의 형식이 타당하지 않으면 오류인 것에 주의하여야 한다.

[예 1·25] S_1; 비가 오면 추워진다. S_2; 추워지면 겨울이 온다. S; '비가 오면 겨울이 온다'라고 할 때 추론 $S_1, S_2 \vdash S$는 타당하다. 그 이유는

$$[(p \to q) \wedge (q \to r)] \Rightarrow (p \to r)$$

이기 때문이다. 그런데 결론이 거짓이다. 그것은 전제에 거짓인 것이 있기 때문이다. 추론이 타당하더라도 전제가 모두 참일 때, 결론이 참이란 것이 보장되는 것이지, 전제에 거짓인 것이 있을 때는 결론의 성립이 보장되지 않는다.

2) 추론에 관한 기본정리

명제상의 추론

$$S_1(p,\ q,\ \cdots\cdots),\ S_2(p,\ q,\ \cdots\cdots),\ \cdots\cdots,\ S_n(p,\ q,\ \cdots\cdots) \vdash S(p,\ q,\ \cdots\cdots)$$

를 생각하자. 변수 p, q, ……를 명제 p_0, q_0, ……로 대치하면 추론

$$S_1(p_0,\ q_0,\ \cdots\cdots),\ S_2(p_0,\ q_0,\ \cdots\cdots),\ \cdots\cdots,\ S_n(p_0,\ q_0,\ \cdots\cdots) \vdash S(p_0,\ q_0,\ \cdots\cdots)$$

가 타당할 조건은 명제상의 주어진 추론이 타당한 일이다.

[예 1·26] p를 '그는 독신자다', q를 '그는 불행하다', r를 '그는 젊어서 죽는다'라고 하자. 그러면 $p \to q,\ q \to r \vdash p \to r$가 명제상으로 타당한 추론이므로,

S_1; 남자가 독신이면 불행하다.

S_2; 남자가 불행하면 젊어서 죽는다.

S; 독신자는 젊어서 죽는다.

인 S_1, $S_2 \vdash S$인 추론도 타당하게 된다.

$p(x)$를 집합 U상에서 열린문장이라고 하자. $(\forall x \in U)\ p(x)$가 참이면 어떤 특별한 원소 $x_0 \in U$에 대하여 $p(x_0)$가 또한 참이다. 마찬가지로 $p(x_0)$가 특별한 원소 $x_0 \in U$

에 대하여 참이면 한량 기호화된 명제 $(\exists x \in U)\ p(x)$ 또한 참이다.

지금 $p(x)$를 집합 U상의 열린문장이라고 하면 다음 추론은 타당하다.

$$(\forall x \in U)\ p(x),\ x_0 \in U \vdash p(x_0)$$

$$x_0 \in U,\ p(x_0) \vdash (\exists x \in U)\ p(x)$$

[예 1·27] S_1; 모든 인간은 죽는다. S_2; 소크라테스는 인간이다. S; 소크라테스는 죽는다를 생각하자. M을 인간의 집합 $p(x)$를 'x는 죽는다', x_0를 소크라테스라고 하자. 그러면 추론 S_1, $S_2 \vdash S$는

$$S_1;\ (\forall x \in M)\ p(x),\ S_2;\ x_0 \in M,\ S;\ p(x_0)$$

따라서 기본 원리에 의하여 주어진 추론은 타당하다.

3) 조건문의 변형

조건문 $p \to q$에 대하여 다음의 3조건문 $q \to p$, $\sim p \to \sim q$, $\sim q \to \sim p$를 각각 처음의 조건문 $p \to q$의 역(converse), 이(inverse), 대우(contrapositive)라고 한다. 이들의 진리표는 다음과 같다.

p	q	$p \to q$	$q \to p$	$\sim p \to \sim q$	$\sim q \to \sim p$
T	T	T	T	T	T
T	F	F	T	T	F
F	T	T	F	F	T
F	F	T	T	T	T

■ **정리 1·11**

조건문 $p \to q$와 그 대우 $\sim q \to \sim p$는 논리적으로 동치이다.

[예 1·28] $p \to q$가 'x^2이 홀수이면 x는 홀수이다'를 보이기 위하여 대우 $\sim q \to \sim p$임을 보이자. 즉, 'x가 짝수이면 x^2이 짝수임을 보인다. x를 짝수라고 하면 $x=2n$, $n \in N$, $x^2=(2n)(2n)=2(2n^2)$은 짝수이다.

따라서 대우가 진이므로 원명제 $p \to q$는 진이다.

문 제

1. 다음 추론의 타당성을 조사하여라.

(1) $p \to q,\ \sim q \vdash \sim p$ (2) $p \leftrightarrow q,\ q \vdash p$

(3) $p \to q,\ r \to \sim q \vdash r \to \sim p$ (4) $p \to q,\ \sim r \to \sim q \vdash p \to \sim r$

2. 주어진 전제의 적당한 결론을 택하여 그 추론이 타당하게 하여라.

(1) $p \to \sim q,\ q$ (2) $p \to \sim q,\ r \to q$

(3) $p \to \sim q,\ \sim p \to r$ (4) $p \to \sim q,\ r \to p,\ q$

3. 다음 명제의 대우를 구하여라.

(1) 그가 무기를 가졌다면 이길 것이다.

(2) 항해사가 되기 위해서는 건강해지는 것이 필요하다.

(3) 그가 피곤만 하지 않다면 이길 것이다.

(4) 직사각형이기 위해서는 정사각형이 되는 것이 충분하다.

제2장

관 계

일상생활에서는 애인관계, 부자관계, 상하관계 등이 있다. 수학에서는 수직관계, 함수관계, 비례관계, 포함관계, 닮음관계 등 관계라는 용어를 무수히 사용되고 있다.

2장에서는 집합론을 이용하여 관계를 간단 명료히 정의함으로써 상기의 모든 관계를 통합하고 관계중 수학적으로 중요한 특수관계인 순서관계, 동치관계의 정의를 살펴본다.

관계 중 특수한 관계를 벤다이어그램를 써서 체계적으로 표현하면 다음과 같다.

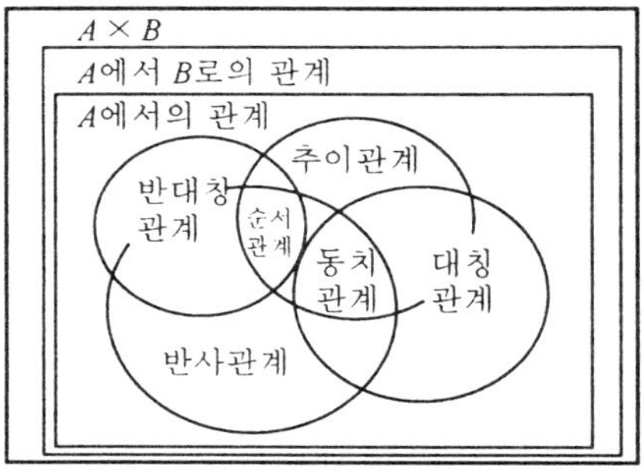

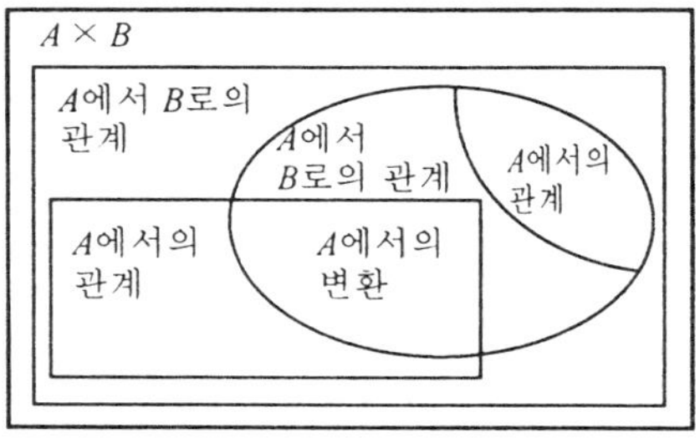

순서관계의 예로서는 집합에서의 포함, 자연수에서의 약수관계, 실수집합에서의 크기관계, 양에서의 대소관계 등이 있고, 동치관계의 예로서는 집합의 상등, 두 도형의 닮음, 합동, 위상동형, 평면상의 두 직선의 평행, 명제에서 동치, 두 집합의 일대일 대응 등 그 예는 무수히 많다.

1. 곱 집 합

1) 순서쌍과 곱집합

차례가 정하여진 두 원소의 짝을 순서쌍(Ordered pair)이라고 한다. a를 첫째의 원소 b를 둘째의 원소라고 할 때, a, b의 순서쌍을

$$(a, b)$$

라 표시한다.

두 순서쌍 (a, b)와 (c, d)는 $a=c$, $b=d$일 때에만 같다. 즉, $a, b, c, d \in R^{\#}$일 때

$$(a, b)=(c, d) \leftrightarrow a=c, b=d$$

A, B가 두 집합일 때 $a \in A$, $b \in B$인 모든 순서쌍 (a, b)를 원소로 하는 집합을 A, B의 곱집합(product set)이라 하고, $A \times B$로 표시하여 'A cross B'라 읽는다. 즉 A, B의 곱집합은

$$A \times B=\{(a, b) \mid a \in A, b \in B\}$$

인 집합을 의미한다.

곱집합 $A \times B$를 A와 B의 데카르트(Cartesian)적이라고도 하고, 직적(direct product)이라고 하는 경우도 있다.

집합 A의 원소의 개수를 $n(A)$로 표시하면 곱집합은 다음 성질을 갖는다.

[성질 2 · 1] 두 집합 A, B의 곱집합의 원소의 수는 각각의 원소의 개수의 곱과 같다. 즉,

$$n(A \times B)=n(A) \times n(B)$$

[성질 2 · 2] $A=B$이거나, A 또는 B가 공집합이 아니면

$$A \times B \neq B \times A$$

[예 2 · 1] $A=\{1, 2, 3\}$, $B=\{a, b\}$라고 할 때, 다음을 구하여라.

(1) $A \times B$ (2) $B \times A$

(3) $A \times A$ (4) $B \times B$

2) 좌표 다이어그램

실수의 집합 $R^{\#}$에 대하여 곱집합 $R^{\#} \times R^{\#}$의 모든 원소는 우리가 알고 있는 직교좌표 평면상의 점과 대응된다. 따라서, 이런 좌표평면을 데카르트평면(Cartesian Plane)이라고도 한다.

그림 I·1에서 보는 바와 같이 각 점 P는 실수의 순서쌍 (a, b)를 나타낸다.

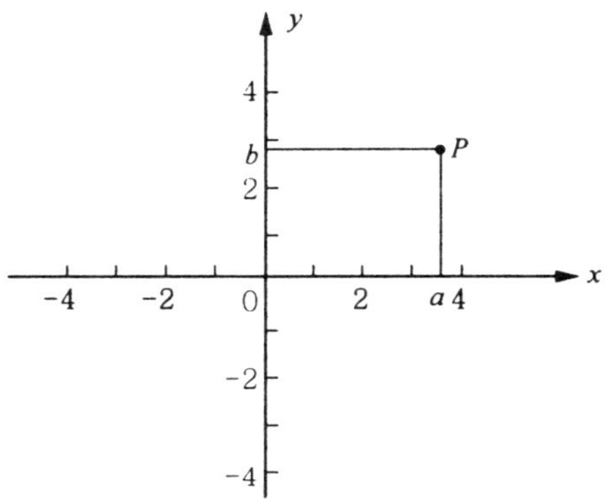

그림 I·1

이 그림에서 P를 지나 좌표축에 그은 수직선은 x축과 a에서 만나고, y축과 b에서 만난다. 임의의 두 집합의 데카르트적은 그 집합의 원소가 아주 많지 않을 경우 이와 같은 방법을 써서 좌표 다이어그램으로 나타낼 수 있다.

예를 들면, $A=\{a, b, c, d\}$, $B=\{x, y, z\}$이면 $A \times B$의 좌표 다이어그램은 그림 I·2와 같다.

여기서, A의 원소는 수평축에, B의 원소는 수직축에 각각 표시되어 있다. A의 원소를 지나는 수직선과 B의 원소를 지나는 수평선은 모두 12개의 점에서 만난다. 이들 점이 $A \times B$를 나타낸 것이다.

점 P를 나타내는 순서쌍은 (c, y)이다.

세 집합 이상의 곱집합도 자연스럽게 확장시킬 수 있다. 예를 들면 세 집합 A, B, C의 곱집합은

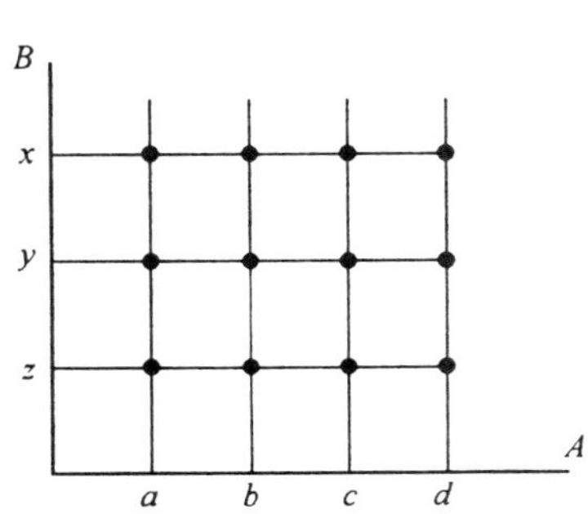

그림 I·2

$A\times B\times C$로 표시하고, $a\in A$, $b\in B$, $c\in C$인 모든 순서 있는 세 쌍 (a, b, c)으로 이루어진다.

마찬가지로 n개의 집합 $A_1, A_2, \cdots\cdots, A_n$의 곱집합은 $A_1\times A_2\times\cdots\cdots\times A_n$으로 표시하고, $a_1\in A_1$, $a_2\in A_2$, $\cdots\cdots$, $a_n\in A_n$인 모든 순서 있는 n쌍 $(a_1, a_2, \cdots\cdots, a_n)$으로 이루어진다. 즉

$$A_1\times A_2\times\cdots\cdots\times A_n=\{(a_1, a_2, \cdots\cdots, a_n)\mid a_1\in A_1, a_2\in A_2, \cdots\cdots, a_n\in A_n\}$$

공간좌표의 점은 x, y, z 좌표의 순서 있는 세 쌍으로 표시되므로, $A\times B\times C$는 공간좌표의 점으로 표시할 수 있다.

문 제

1. 두 순서쌍 $(x+y, 1)$, $(3, x-y)$가 같을 때 x, y를 구하여라.
2. $R^{\#}\times R^{\#}$의 좌표 다이어그램상에 다음 곱집합에 알맞은 부분을 빗금으로 나타내어라.
   (1) $\{x\mid 1\le x\le 4\}\times\{x\mid -2\le x\le 3\}$ (2) $(-2, 3]\times[-3, \infty)$
   (3) $(-\infty, 2)\times(-1, 2)$
3. $A=\{2,4,6\}$, $B=\{3,5\}$라 할 때 $A\times B$를 구하고 좌표 다이어그램으로 나타내어라.
4. $A=\{3, 4, 5\}$, $B=\{1, 2, 3, 4\}$라고 할 때 다음을 구하여라.
   (1) $A\times A$ (2) $A\times B$
   (3) $B\times B$ (4) $B\times A$
   (5) $(A\times A)\cap(B\times B)$
5. $A=\{a, b\}$, $B=\{2, 3\}$, $C=\{3, 4\}$라고 할 때 다음을 구하여라.
   (1) $A\times(B\cup C)$ (2) $(A\times B)\cap(A\times C)$
   (3) $(A\times B)\cup(A\times C)$ (4) $A\times(B\cap C)$

2. 관 계

1) 관 계

정의 2·1 $R \subset A \times B$일 때 R를 A에서 B로의 관계라 한다. $(a, b) \in R$이면 aRb로 쓰고, "a는 b와 관계가 있다(a is related to b)".

$(a, b) \notin R$이면 $a \not R b$로 쓰고, "a는 b와 관계가 없다(a is not related to b)"라고 읽는다.

특히 $R \subset A \times A$일 때는 R를 A에서의 관계라 한다.

$p(x, y)$를 $A \times B$에서의 명제함수이라 하면 $p(x, y)$의 진리(해)집합

$$R = \{(x, y) \in A \times B \mid p(x, y)\}$$

는 A에서 B로의 관계임을 쉽게 알 수 있다. 이때 "R는 명제함수 $p(x, y)$로 정의된 A에서 B로의 관계"라 한다.

여기서

$$(a, b) \in R \Leftrightarrow aRb \Leftrightarrow \text{“} p(a, b)\text{가 참”}$$

임을 알 수 있다.

[예 2·2] $A = \{2, 3, 4\}$, $B = \{3, 4, 5, 6\}$, 또 $A \times B$에서의 열린문장 $p(x, y)$는 'x는 y의 약수이다'라고 하자. 그러면 $p(x, y)$의 해집합은

$$R = \{(2, 4), (2, 6), (3, 3), (3, 6), (4, 4)\} \subset A \times B$$

가 되어 R는 A에서 B로의 관계이다.

[성질 2·3] $n(A) = m$, $n(B) = n$이라 하면, $n(A \times B) = m \times n$이어서 2^{mn}개의 부분집합을 가지므로 A에서 B로의 관계는 모두 2^{mn}개의 종류가 있다.

[예 2·3] 집합 A에 대하여 2^A를 A의 모든 부분집합들의 집합족이라 하고, $2^A \times 2^A$에서의 열린문장 $p(B, C)$를 '$B \subset C$'라 하면

$$R = \{(B, C) \in 2^A \times 2^A \mid B \subset C\} \subset 2^A \times 2^A$$

가 되어 2^A에서의 관계(포함)가 된다.

[예 2·4] $R=\{(x, y)|x\in R^\#, y\in R^\#, y<x\}$이라 하면, R는 실수인 순서쌍의 집합이다. 즉 R는 $R^\#\times R^\#$의 부분집합이므로, R는 실수의 집합에서의 한 관계(대소)이다.

[예 2·5] $A=\{0, 1, 2, 3, 4\}$, $B=\{0, 1, 2, 3\}$ 그리고 $p(x, y)$는 'y는 $x-1$보다 작다' 라고 한다면, $p(x, y)$의 해집합

$$R=\{(2, 0), (3, 0), (3, 1), (4, 0), (4, 1), (4, 2)\}$$

로 표시된다.

2) 관계의 정의구역과 치역

정의 2·2 R를 A에서 B로의 관계라고 하자(즉, $R\subset A\times B$).

1) A의 부분집합 $D(R)=\{a|a\in A, (a, b)\in R\}$을 관계 R의 정의구역이라 한다.

2) B의 부분집합 $R(A)=\{b|b\in B, (a, b)\in R\}$을 관계 R의 치역(range)이라 한다.

여기서 $A'\subset A$일 때 $R(A')$는

$$\{b|a\in A, b\in B, (a, b)\in R\}$$

를 나타내기로 한다.

[성질 2·4] A에서 B에로의 관계 R를 $A\times B$의 좌표도 위에 그렸다고 하자. 그러면 a를 지나는 수직선이 R의 그래프의 점을 포함할 때, 그리고 이때에 한하여 $a\in A$는 R의 정의구역에 속한다. 또 b를 지나는 수평선이 R의 그래프의 점을 포함할 때, 그리고 이때에 한해서 $b\in B$는 R의 치역에 속한다.

[예 2·6] $A=\{1, 2, 3, 4\}$, $B=\{a, b, c\}$이고 $R=\{(2, a), (4, a), (4, c)\}$라고 하자. 그러면 R의 정의구역은 집합 $\{2, 4\}$이고, 치역은 집합 $\{a, c\}$이다.

[예 2·7] 관계 R는 개문장 "$4x^2+9y^2=36$으로 정의된 실수에서의 관계라고 하자. R는 그림 Ⅰ·3과 같이 $R^\#\times R^\#$ 좌표도상에 그릴 수 있다.

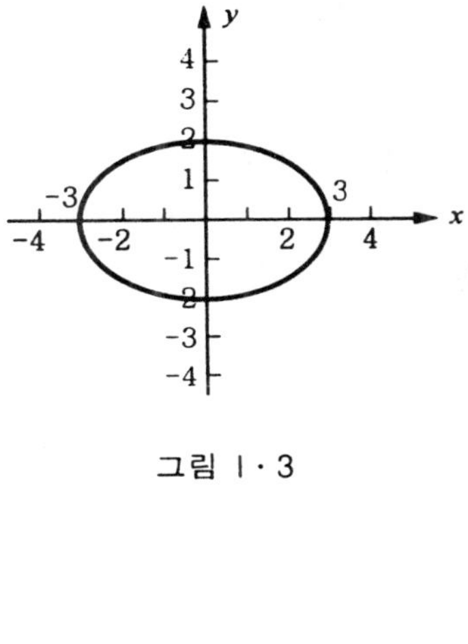

그림 Ⅰ·3

R의 정의구역은 폐구간 $[-3, 3]$이고 R의 치역은 폐구간 $[-2, 2]$이다.

3) 역관계

정의 2·3 A에서 B로의 모든 관계 R에 대하여

$$R^{-1}=\{(b, a) \mid (a, b)\in R\}$$

를 관계 R의 역관계라 한다.

즉, 역관계 R^{-1}은 R에 속하는 순서쌍의 첫째와 둘째 원소를 바꾸어 놓은 순서쌍으로 이루어진다.

[예 2·8] $A=\{1, 2, 3\}$, $B=\{a, b\}$라 할 때 $R=\{(1, a), (1, b), (3, a)\}$는 A에서 B로의 한 관계이다. R의 역관계는

$$R^{-1}=\{(a, 1), (b, 1), (a, 3)\}$$

이다.

■ 정리 2·1

$R=\{(x, y)\in A\times B \mid p(x, y)\}$의 역관계는

$$R^{-1}=\{(x, y)\in B\times A \mid p(y, x)\}$$

이다.

증명 $p(y, x)$가 참 $\Leftrightarrow (y, x)\in R$ .... 정의 1·6

$\Leftrightarrow (x, y)\in R^{-1}$ .... 정의 2·3

[예 2·9] $R^{\#}\times R^{\#}$ 위의 열린문장 $y<x^2-4x+2$에 의해 정의된 관계 R의 역관계는 $R^{\#}\times R^{\#}$ 위의 열린문장 $x<y^2-4y+2$에 의해 정의된 관계이다.

4) 관계의 합성

정의 2·4 U가 A에서 B로의 관계이고 V가 B에서 C로의 관계일 때, A에서 C로의 관계

$$V\circ U=\{(a, c)\in A\times C \mid (a, b)\in U\text{이고 } (b, c)\in V\text{인 } b\in B\text{가 존재}\}$$

를 U와 V의 합성관계라 한다.

[예 2 · 10] $A=\{1, 2, 3, 4\}$, $B=\{x, y, z, w\}$, $C=\{5, 6, 7, 8\}$, $U=\{(1, x), (1, y), (2, x), (3, w), (4, w)\}$, $V=\{(y, 5), (y, 6), (z, 8), (w, 7)\}$일 때

$$V \circ U=\{(1, 5), (1, 6), (3, 7), (4, 7)\}$$

문 제

1. '남녀 사이의 애인관계'는 정의 **2 · 1**의 예로서 A를 남자의 집합, B를 여자의 집합, $A \times B$에서의 열린문장 $p(x, y)$를 'x는 y의 애인'으로 놓을 때 $p(x, y)$의 해집합으로 볼 수 있다. 다음의 각 관계에 대하여 정의 **2 · 1**의 예가 됨을 보여라.
   (1) 한평면상의 직선 사이의 수직(평행)관계
   (2) 명제 사이의 동치관계
   (3) 도형에서의 닮음(합동)관계
   (4) 부자관계, 원수관계, 사제관계, 부부관계
   (5) 집합에서의 상등관계
2. N은 자연수의 집합이고, $p(x, y)$는 $N \times N$에서의 열린문장 'x는 y와 닮았다'라고 하면, $p(x, y)$의 해집합은 자연수의 집합에서의 한 관계인가? 또 $p(x, y)$가 'x는 y로 나누어진다'라고 한다면, $p(x, y)$의 해집합은 한 관계인가?
3. $A=\{a, b, c, d\}$일 때, A에서의 한 관계 R가 그림 1 · 4의 $A \times A$의 좌표 다이어그램의 점으로 주어졌다고 하자.
   (1) 다음이 참인지, 거짓인지 말하여라.
   ① cRb, ② dRa, ③ bRb
   (2) $\{x \mid (x, b) \in R\}$를 구하여라.
   (3) $\{x \mid (d, x) \in R\}$를 구하여라.

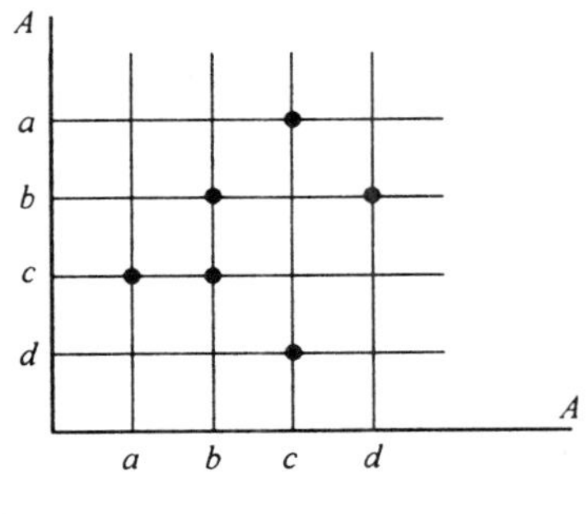

그림 1 · 4

4. 다음 각 열린문장은 실수에서의 관계를 정의하고 있다. $R^{\#} \times R^{\#}$의 좌표 다이어그램 위에 각 관계를 도시하여라.
   (1) $y=x^3$
   (2) $y \leq x^2$
   (3) $y<3-x$
   (4) $y \geq \sin x$
   (5) $x^2+y^2<16$
   (6) $x^2-4y \geq 9$
   (7) $x^2+y^2 \geq 16$
   (8) $x^2-4y^2<9$

5. R가 열린문장 'x는 y보다 작다'로 정의된 $A=\{1, 2, 3, 4\}$에서 $B=\{1, 3, 5\}$로의 관계라고 하자.

(1) R의 해집합, 즉 순서쌍의 집합으로서의 R를 써라.

(2) $A\times B$의 좌표 다이어그램상에 R를 도시하여라.

6. R를 열린문장 '$|x-y|$는 3으로 나누어진다'로 정의된 $B=\{2, 3, 4, 5, 6\}$에서의 관계라고 하자. R를 순서쌍의 집합으로 써라.

7. $C=\{1, 2, 3, 4, 5\}$라고 하고, C에서의 관계 R를 그림 I·5에 주어진 $C\times C$의 좌표 다이어그램상의 점의 집합이라고 하자.

(1) 다음은 진인가?

① $1R4$, ② $2R5$, ③ $3R1$, ④ $-5R3$

(2) 다음의 C의 부분집합을 원소로 나열해서 나타내어라.

① $\{x|3Rx\}$, ② $\{x|(4, x)\in R\}$,

③ $\{x|(x, 4)\in R\}$, ④ $\{x|xR5\}$

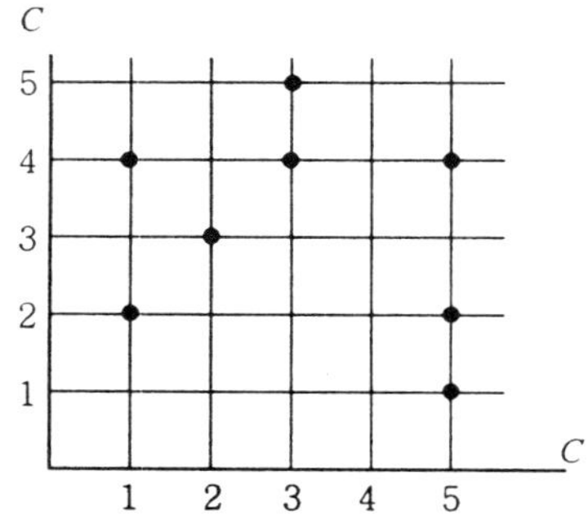

그림 I·5

8. 다음 각 열린문장은 실수에서의 관계를 정의하고 있다. $R^{\#}\times R^{\#}$의 좌표 다이어그램상에 각 관계를 도시하여라.

(1) $y<x^2-4x+2$ (2) $y\geq \frac{x}{2}+2$

(3) $x<y^2$ (4) $x\geq \sin y$

9. $M=\{-1, 0, 1\}$에서의 두 관계 R_1, R_2가 다음과 같은 열린문장으로 정의되었다고 하자.

$$R_1=\{(x, y)|y=x\},\ R_2=\{(x, y)|x<-y\}$$

$R_1\cup R_2$, $R_1\cap R_2$의 그래프를 그려라.

10. $T=\{1, 2, 3, 4, 5\}$이고 T에서의 관계 R는 $T\times T$의 좌표도상에서 그림 I·6과 같다. 다음을 구하여라.

(1) R의 정의구역

(2) R의 치역

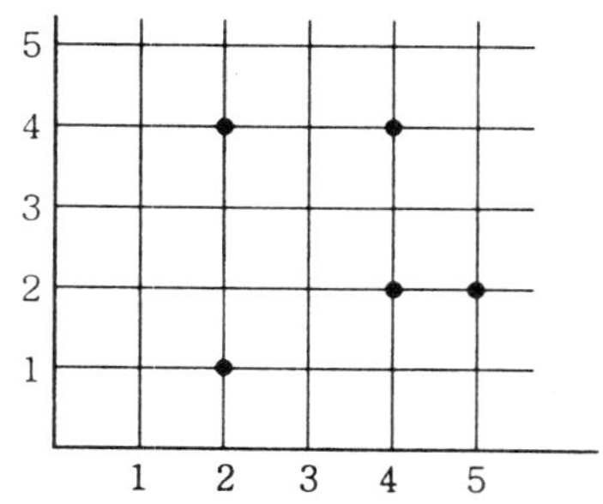

그림 I·6

11. R를 열린문장 '$x+3y=12$'로 정의된 자연수의 집합 N에서의 한 관계라고 하자. 다시 말해서

$$R=\{(x,\ y)\,|\,x,\ y\in N,\ x+3y=12\}$$

(1) R를 순서쌍의 집합으로 나타내어라.

(2) R의 정의구역을 구하여라.

(3) R의 치역을 구하여라.

(4) R^{-1} 구하여라.

12. $R=\{(x,\ y)\,|\,x,\ y\in N,\ x+3y=12\}$일 때, R^{-1}이 아닌 것은?

(1) $\{(x,\ y)\,|\,x,\ y\in N,\ y+3x=12\}$ (2) $\{(y,\ x)\,|\,x,\ y\in N,\ x+3y=12\}$

(3) $\{(y,\ x)\,|\,x,\ y\in N,\ y+3x=12\}$ (4) $\{(3,\ 3),\ (2,\ 6),\ (1,\ 9)\}$

13. N을 자연수의 집합이라고 하자 다음 각 열린문장은 N에서의 관계를 정의한다. 각 관계에 대해서 역관계를 정의하는 열린문장〔이를 역문장(inverse sentence)이라고 한다〕을 구하여라.

(1) x는 y보다 크다. (2) x는 y의 배수이다.

(3) $x+3y=30$

14. $A=\{1,2,3,4\}$, $B=\{x,y,z,w\}$, $C=\{5,6,7,8\}$이고 U와 V가 다음과 같을 때

(1) $U=\{(1,\ x),\ (1,\ y),\ (2,\ x),\ (3,\ w),\ (4,\ w)\}$,

$V=\{(y,\ 5),\ (y,\ 6),\ (z,\ 8),\ (w,\ 7)\}$

(2) $U=A\times B$, $V=\{(y,\ 5),\ (y,\ 6),\ (z,\ 8),\ (w,\ 7)\}$

(3) $U=A\times B$, $V=B\times C$,

(4) $U=\{(1,\ x),\ (2,\ x),\ (3,\ w),\ (4,\ w)\}$, $V=\{(x,\ 5),\ (y,\ 6),\ (z,\ 8),\ (w,\ 7)\}$

(5) $U=\{(1,\ x),\ (2,\ y),\ (3,\ z),\ (4,\ w)\}$, $V=\{(x,\ 5),\ (y,\ 6),\ (z,\ 8),\ (w,\ 7)\}$

(6) $U=A\times B$, $V=\{(x,\ 5),\ (y,\ 5),\ (z,\ 5),\ (w,\ 5)\}$

(7) $U=\{(1,\ x),\ (2,\ y),\ (3,\ x),\ (4,\ y)\}$, $V=\{(x,\ 5),\ (z,\ 6),\ (z,\ 8),\ (w,\ 7)\}$

각 경우 U^{-1}, V^{-1}, $U\circ V$, $V^{-1}\circ U^{-1}$, $(U\circ V)^{-1}$, U의 정의역과 치역, V의 정의역과 치역, U^{-1}의 정의역과 치역, V^{-1}의 정의역과 치역, $U\circ V$의 정의역과 치역, $(U\circ V)^{-1}$의 정의역과 치역 등을 구하여라.

15. $R\subset A\times B$일 때 $R^{-1}(B)=D(R)$과 $R(A)=D(R^{-1})$임을 보여라.

16. $U\subset A\times B$이고 $V\subset B\times C$일 때

① $D(U)=A$이고 $D(V)=B$이면 $D(V\circ U)=A$임을 보여라.

② $(V\circ U)(A)=V(U(A))$임을 보여라.

특히 $U(A)=B$이고 $V(B)=C$이면 $(V\circ U)(A)=C$임을 보여라.

③ $(V\circ U)^{-1}=U^{-1}\circ V^{-1}$임을 보여라.

3. 여러 가지 관계

1) 이항관계

정의 2·5 관계 중 $R\subset A\times A$인 관계 R를 A에서의 이항관계라 한다.

이러한 이항관계에 대하여 기본적인 관계로서 반사관계, 대칭관계, 반대칭관계, 추이관계, 동치관계 등이 있다.

정의 2·6 $R\subset A\times A$라고 하자.

(1) 모든 $a\in A$에 대하여 $(a, a)\in R$이면 R를 반사관계라고 한다,

(2) $(a, b)\in R$이면, $(b, a)\in R$가 성립할 때 R를 대칭관계라고 한다.

(3) $(a, b)\in R$이고, $(b, a)\in R$이면 $a=b$일 때, R를 반대칭관계라고 한다

(4) $(a, b)\in R$이고, $(b, c)\in R$이면 $(a, c)\in R$일 때, R를 추이관계라고 한다.

[예 2·11] $A=\{1, 2, 3, 4\}$이고 $R=\{(1, 1), (2, 4), (3, 3), (4, 1), (4, 4)\}$라고 할 때, $(2, 2)\notin R$이므로 R는 반사관계가 아니다.

[예 2·12] $S=\{1, 2, 3, 4\}$일 때 $R=\{(1, 3), (4, 2), (2, 4), (2, 3), (3, 1)\}$이라면 $(2, 3)\in R$이지만, $(3, 2)\in R$이므로 R는 대칭관계가 아니다.

[예 2·13] $A=\{a, b, c, d, e\}$일 때 A에서의 관계

$$R=\{(a, c), (d, b), (d, d), (b, d), (c, a)\}$$

은 대칭관계이다.

[예 2·14] A를 유클리드 평면에서의 삼각형의 집합, R를 열린문장 'a와 b는 닮은

꼴이다'로 정의된 A에서의 관계라고 할 때, 삼각형 a와 삼각형 b가 닮았다면 삼각형 b도 삼각형 a와 닮았기 때문에 R는 대칭적이다.

[예 2·15] R를 'x는 y의 약수이다'라는 열린문장으로 정의된 자연수 N에서의 한 관계라 하면 R는 반대칭관계이다. 그것은 a가 b의 약수이고 b가 a의 약수이면 $a=b$이기 때문이다.

[예 2·16] $W=\{1, 2, 3, 4\}$이고 $R=\{(1, 3), (4, 2), (4, 4), (2, 4)\}$라고 하면 $(4, 2) \in R$이고, $(2, 4) \in R$이지만 $2 \neq 4$이므로 W에서의 관계 R는 반대칭관계가 아니다.

[성질 2·5] $(a, b) \in R$이면 (b, a)는 역관계 R^{-1}에 속하므로, R는 $R=R^{-1}$일 때, 그리고 이때에 한해서 대칭관계이다.

[성질 2·6] D를 $(a, a) \in A \times A$인 모든 순서쌍의 집합, 즉 $A \times A$의 좌표 다이어그램에서 대각선을 나타낸다고 하면, A에서의 한 관계 R는

$$R \cap R^{-1} \subset D$$

일 때, 그리고 이때에 한해서 반대칭관계이다.

[예 2·17] R를 'x는 y보다 작다'로 정의된 실수에서의 한 관계라고 하면 $a<b$, $b<c$이면 $a<c$이므로, R는 추이관계이다.

[예 2·18] $W=\{a, b, c\}$이고 W에서의 관계를

$$R=\{(a, b), (c, b), (b, a), (a, c)\}$$

라고 할 때 $(c, b) \in R$, $(b, a) \in R$이나 $(c, a) \in R$이므로, R는 추이관계가 아니다.

2) 동치관계와 순서관계

정의 2·7 A에서의 관계 R가 반사적, 대칭적, 추이적일 때 R를 동치관계라고 한다.

정의 2·8 A에서의 관계 R가 반사적, 반대칭적, 추이적일 때 R를 순서관계라고 한다. 그리고 순서가 주어진 집합을 순서집합(ordered set)이라고 한다.

[예 2·19] A를 유클리드 평면상의 삼각형의 집합이라고 하고, R를 'x와 y는 닮은

꼴이다'로 정의된 A에서의 한 관계라고 하면, R는 반사적, 대칭적, 추이적이다. 따라서, R는 하나의 동치관계이다.

[예 2·20] 임의의 집합의 임의의 원소에 대하여

(a) $a=a$, (b) $a=b$이면 $b=a$, (c) $a=b$, $b=c$이면 $a=c$

이므로 'x와 y는 같다'로 정의되는 어떤 집합에서의 관계는 동치관계이다.

[예 2·21] 실수의 집합을 $R^{\#}$, R를 'x는 y보다 크거나 같다'로 정의된 $R^{\#}$에서의 한 관계라고 하면 R는 반사적, 반대칭적, 추이적이므로 순서관계이다.

[예 2·22] $A=\{a, b\}$일 때, 2^A를 A의 멱집합, R를 'x는 y의 부분집합이다'로 정의된 2^A에서의 한 관계라고 하면 R는 반사적, 반대칭적, 추이적이므로 순서관계이다. 이때의 순서를 라인 다이어그램(line diagram)으로 나타내면 오른편 그림 I·7과 같다.

$$2^A=\{\phi, a, b, A\}$$

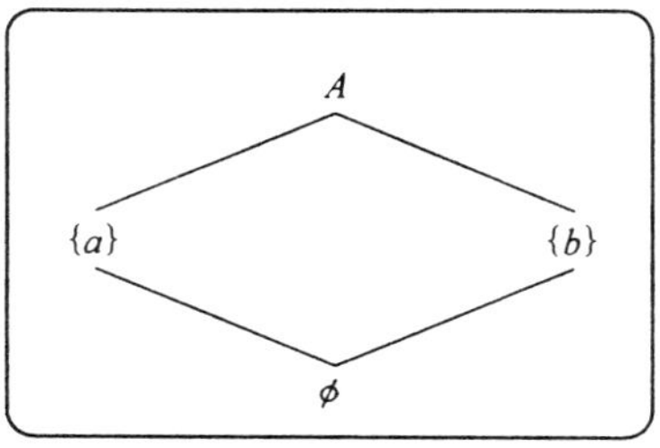

그림 I·7

[예 2·23] $A=\{1, 2, 3\}$, $R=\{(1, 1), (2, 2), (2, 3)\}$이라면 R는 반사적이 아니기 때문에 A에서의 순서관계가 아니다.

문 제

1. $E=\{1, 2, 3\}$일 때 E에서의 다음 관계를 생각하자.

$R_1=\{(1, 1), (2, 1), (2, 2), (3, 2), (2, 3)\}$,

$R_2=\{(1, 1)\}$

$R_3=\{(1, 1), (2, 3), (3, 2)\}$

$R_4=\{(1, 2)\}$

$R_5=E\times E$

$R_6=\{(1, 2), (2, 3), (1, 3)\}$

$R_7=\{(1, 1), (2, 2), (2, 3), (3, 2), (3, 3)\}$

$R_3=\{(1, 3), (3, 1)\}$

각 관계가 (1) 반사적, (2) 대칭적, (3) 추이적, (4) 반대칭적인가를 말하여라.

2. $A=\{0, 1, 2\}$일 때, A에서의 다음 관계들은 동치관계인가? 순서관계인가?

$R_1=\{(0, 0), (1, 1), (2, 2)\}$

$R_2=\{(0, 0), (1, 2), (2, 2), (2, 1), (0, 2)\}$

$R_3=\{(0, 1), (1, 2), (0, 2), (2, 1), (2, 0), (1, 0)\}$

$R_4=A\times A$

$R_5=\{(1, 1), (2, 1), (2, 3), (3, 1), (3, 3)\}$

3. $W=\{1, 2, 3, 4\}$일 때 다음과 같은 W에서의 관계를 생각하자.

$R_1=\{(1, 1), (1, 2)\}$, $R_2=\{(1, 1), (2, 3), (4, 1)\}$

$R_3=\{(1, 3), (2, 4)\}$, $R_4=\{(1, 1), (3, 2), (3, 3)\}$

$R_5=W\times W$, $R_6=\{(2, 2), (2, 3), (1, 4), (3, 2)\}$

$R_7=\{(1, 2), (3, 4), (2, 2), (3, 3), (2, 1)\}$

$R_8=\{(1, 1), (1, 3), (2, 2), (3, 1), (4, 4)\}$

$R_9=\{(1, 1), (1, 2), (2, 1), (2, 2), (3, 4), (4, 3), (4, 4)\}$

각 관계가 (1) 반사적, (2) 대칭적, (3) 추이적, (4) 반대칭적, (5) 동치관계인가를 말하여라.

4. A를 유클리드 평면에서의 삼각형의 집합이라고 하자. 열린문장 'x는 y와 닮은꼴이다'로서 정의되는 A에서의 관계 R는 반사적인가?

5. $A=\{1, 2, 3, 4\}$일 때, 열린문장 'x는 y보다 크거나 같다'로서 정의되는 A에서의 관계 R는 반사적인가?

6. $A=\{1, 2, 3, 4\}$이라고 할 때, 열린문장 'x는 y의 배수이다'로서 정의되는 A에서의 관계 R는 반사적인가, 대칭적인가?

7. 정수의 집합을 I라 할 때 열린문장 'x는 y의 약수이다'로서 정의되는 I에서의 관계 R는 반사적인가?

8. $A=\{1, 2, 3\}$에서의 한 관계 R가 열린문장 'x는 y보다 크거나 같다'로 정의되었다면 이 관계 R는 반대칭관계인가?

9. A를 집합족, R를 'x는 y의 부분집합이다'로 정의된 A에서의 한 관계라고 하면 R는 반대칭관계인가? R는 추이관계인가? 반사관계인가?

10. 열린문장 '$(x-y)$는 5로 나누어진다'로 정의되는 자연수의 집합 N에서의 한 관계를 R라고 하자. 즉, $R=\{(x, y) \mid x, y\in N, (x-y)$는 5로 나누어진다$\}$. 이때, R가 동

치관계임을 증명하여라.

11. 다음 각 열린문장은 자연수의 집합 N에서의 관계 R를 정의한다. 각 관계는 동치 관계인가?

(1) x는 y와 같거나 크다. (2) x는 y의 배수이다.

(3) $(x+y)$는 3으로 나누어진다. (4) x와 y는 같다.

12. 열린문장 'x는 y에 수직이다'는 유클리드 평면상에서의 직선의 집합 L에서의 관계 R를 정의한다. R가 (1) 반사관계, (2) 대칭관계, (3) 반대칭관계, (4) 추이관계, (5) 동치관계, (6) 순서관계인가를 말하여라.

13. 다음 각 열린문장은 자연수 N에서의 관계를 정의한다.

(1) x는 y보다 크다. (2) x는 y의 배수이다.

(3) x는 y와 같거나 작다. (4) $x+y=10$

(5) x는 y와 서로 素이다. (6) xy는 자연수의 제곱이다.

(7) $x+3y=12$ (8) x는 y의 약수이다.

각 관계가 (1) 반사, (2) 대칭, (3) 반대칭, (4) 추이관계, (5) 동치관계, (6) 순서관계인가를 말하여라.

14. R, R'가 집합 A에서의 관계일 때 다음 각 명제를 증명하여라.

(1) R, R'가 대칭이면 $R\cup R'$도 대칭이다.

(2) R, R'가 대칭이면 $R\cap R'$도 대칭이다.

(3) R가 대칭이면, R^{-1}도 대칭이다.

(4) R가 대칭이면, $R\cap R^{-1}=\phi$

(5) R이 반대칭이면, R^{-1}도 반대칭이다.

(6) R, R'가 반대칭이면 $R\cup R'$도 반대칭이다.

(7) R, R'가 반대칭이면 $R\cap R'$도 반대칭이다.

(8) R가 반사적이면 $R\cap R^{-1}\neq\phi$

(9) R, R'가 반사적이면 $R\cup R'$도 반사적이다.

(10) R, R'가 반사적이면 $R\cap R'$도 반사적이다.

(11) R가 반사관계이고, R'가 임의의 관계이면 $R\cup R'$는 반사관계이다.

(12) R가 추이적이고 R'가 추이적이면 $R\cup R'$는 추이적이다.

(13) R, R'가 추이적이면 $R\cap R'$도 추이적이다.

(14) R가 추이적이면 역관계 R^{-1}도 추이적이다.

제3장

함 수

1. 함수개념의 발달사

고대 그리스의 수학은 불변량에 대한 수학의 시기이라고 특징지을 수가 있다. 아리스토텔레스(Aristoteles, B.C. 384~322)가 "변화의 변화는 존재하지 않는다"고 언명하였듯이, 그는「변화율」로서의 속도까지는 생각이 미치지 못하였고, 고대 그리스인들은「속도의 변화율」로서의 가속도를 생각한다는 것은 불합리한 것으로 여겨왔다. 이것은「변화의 상태」를 나타내는 것으로서의 속도의 개념이 확립되지 못하였다는 것과 그리스인들이 정지된 상태에서 연구를 구하고자 한 것과도 관련이 있다.

함수관계에 관한 주된 연구는 16세기경에 시작된 것으로 이 시기에는 운동에 관한 연구가 자연과학의 중심적인 과제가 되어 여러 가지 변화의 과정과 변량 사이의 함수관계에 관한 연구가 활발해졌다.

초기의 함수개념은 정적인 〈법칙형식〉의 지배하에 있었으나 17세기에는 〈법칙형식〉과 〈운동변화〉가 표면적으로 대립되어 함수의 개념을 이루었다.

「함수(function)」라는 용어를 최초로 사용한 것은 라이프니츠(G. W. Leibniz, 1646~1716)이었다. 그는 변동하는 양(변량 또는 변수) x를 생각하여 변수 x와 함께 변동하는 양을 기능(function)이라 하여 「x의 함수」라고 부르게 되었고, 「x의 함수」를 일반적으로 나타내는 기호로서 $f(x)$, $\phi(x)$ 등을 썼다.

오일러(L. Euler, 1707~1783)는 함수를 정의해서 '변수와 상수로써 조립된 해석적인 식'이라고 했다(1748). 한편 코시(A. L. Cauchy, 1789~1857)는 "x의 정해진 값에 대하여 y의 정해진 유한값이 대응할 때 y는 x의 함수이다"라는 새로운 함수 정의를 했다(1821). 디리클레(P. G. L. Dirichlet, 1805~1859)는 임의의 함수 푸리에 급수에 의한 표현에 관한 논문에서 $x\in[a, b]$의 함수 y를 생각하여 "y가 전구간에 있어서 동일한 법칙에 따라서 x와 관계가 있을 필요가 없으며, 그 한계가 수학적인 산법으로 표시된다고 생각할 필요도 없다"라고 말하여, 함수는 결국 대응에 지나지 않는다는 것을 명백히 하였다. 오늘날에는 디리클레의 정의를 더욱 일반화시켜서 함수와 사상(mapping)을 완전히 같은 의미로 쓰는 경우가 많다.

본 장에서는 집합을 사용하여 함수를 관계의 특수한 경우로 정의하여(정의 **3 · 1**) 함수의 상등을 집합의 상등으로부터 유도하고 함수의 역관계 중 함수가 되는 경우를 역함수로 정의하였으며 함수의 합성을 관계의 합성으로부터 유도하였다.

2. 함수의 정의

정의 3 · 1 A에서 B로의 관계 f(즉, $f\subset A\times B$)가 조건

(1) $\forall x\in A\ \exists y\in B\ (x, y)\in f$(즉, $D(f)=A$ 또는 $f^{-1}(B)=A$)

(2) $(x, y_1)\in f$이고 $(x, y_2)\in f$이면 $y_1=y_2$이어야 한다(원소 y의 일의성).

를 만족시키면 A에서 B로의 함수(사상)라고 한다.

지금까지 관계를 나타내는 기호로 R를 사용했으나 이 관계가 함수를 나타날 때에는 R 대신 $f, g, h,\cdots\cdots$ 등의 기호를 사용하기로 한다. 또 $(x, y)\in R$를 xRy로 나타낸 것과 같이 $(x, y)\in f$를 xfy로 표시해야겠으나 xfy 대신에 $y=f(x)$라고 표시하기도 한다.

이때, y를 x의 상이라고 한다. 그리고 'y는 f에 따라 x에 대응한다'고도 한다. f가 A에서 B로의 함수일 때 $f: A\to B$ 또는 $A\xrightarrow{f}B$라고 쓴다.

정의 **3 · 1**의 (1)에서 f의 정의구역(정의 **2 · 2**)은 A임을 쉽게 알 수 있다. B를 f의 공변역 또는 종역이라고 한다.

[예 3 · 1] $A=\{-4, 0, 1, 4\}$, $B=\{-2, 0, 1, 2\}$일 때 $f: A\to B$, $f(x)=\sqrt{x}$라고 하면 f는 A에서 B로의 함수가 아니다(그림 I · 8 참조).

왜냐하면 $-4\in A$인 원소 -4에 대하여 $(-4, y)\in A$인 y, 곧 $y=f(-4)$가 존재하지 않기 때문이다.

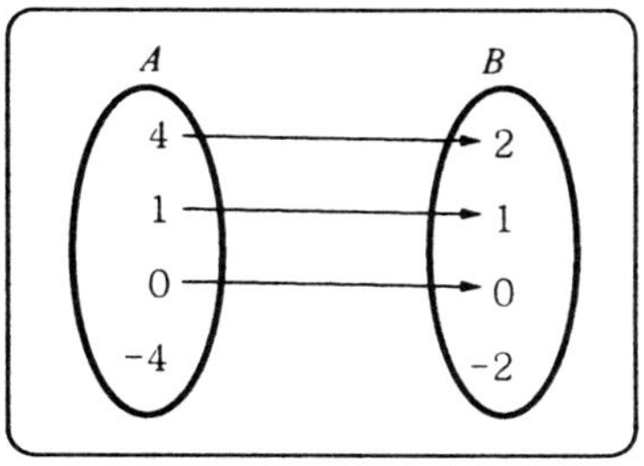

그림 Ⅰ·8

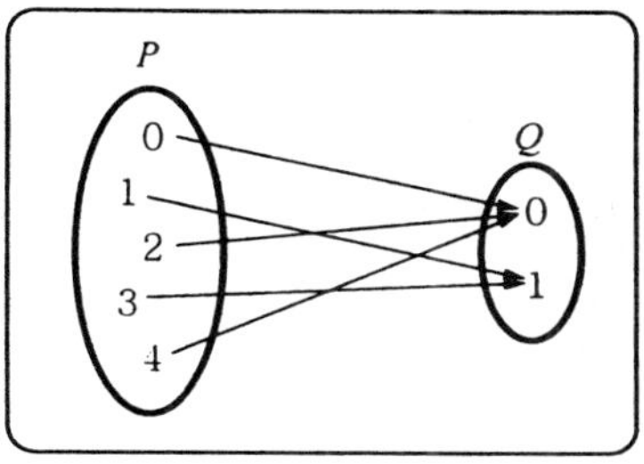

그림 Ⅰ·9

[예 3·2] $P=\{0, 1, 3, 4\}$, $Q=\{0, 1\}$일 때 $f: A \to B$를 다이어그램으로 그림 Ⅰ·9와 같이 정의한다. 이때, $f(0)=0$, $f(1)=1$, $f(2)=0$, ……이다.

위의 [예 3·2]에서 알 수 있듯이 다이어그램으로 정의된 함수 f는 어떤 식으로 정리해서 나타낼 수 없다는 것에 유의하여야 한다.

[예 3·3] $A=\{a, b, c, d\}$, $B=\{a, b, c\}$라 하자. A에서 B 안으로의 함수 f를 $f(a)=b$, $f(b)=c$, $f(c)=a$, $f(d)=c$로 정의했다면, A는 f의 정의구역이고, B는 f의 공변역이다. 그리고 정의에 의하여 b의 상은 c이다.

정의 3·2 $f: A \to A$일 때 f를 흔히 A에서의 연산자 또는 변환이라고 한다.
$f: A \times A$일 때 f를 A에서의 연산이라고 한다.
$+: N \times N \to N$는 N에서의 연산이다.

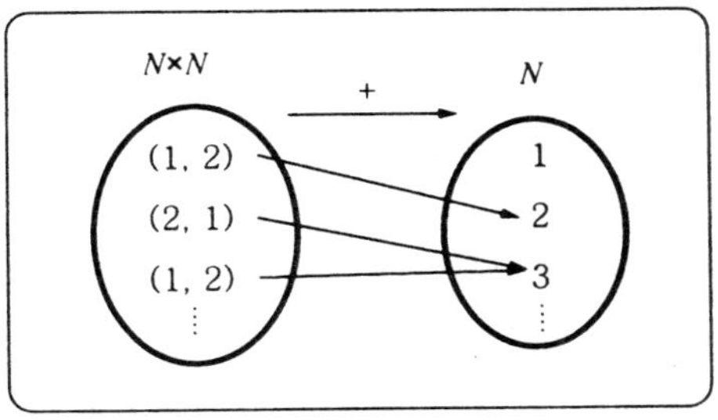

그림 Ⅰ·10

[예 3·4] $A=\{a, b, d\}$, $B=\{0, 1\}$일 때 A에서 B로의 함수는 어떤 것이 있는가? 또, 얼마나 많은가?

풀이 $f_1 : f(a)=f(b)=f(c)=1$ $f_2 : f(a)=f(b)=f(c)=0$

$f_3 : f(a)=f(b)=1,\ f(c)=0$ $f_4 : f(a)=f(c)=1,\ f(b)=0$

$f_5 : f(b)=f(c)=1,\ f(a)=0$ $f_6 : f(a)=1,\ f(b)=f(c)=0$

$f_7 : f(b)=1,\ f(a)=f(c)=0$ $f_8 : f(c)=1,\ f(a)=f(b)=0$

■ 정리 3·1

두 함수 f, g가 $f=g$일 필요충분조건은 조건

(1) $D(f)=D(g)$

(2) 모든 $x \in D(f)$에 대하여 $f(x)=g(x)$

를 만족할 때이다.

이때 f와 g는 동등(equal)하다고 한다.

증명 (충분조건) $(x,\ y) \in f \Leftrightarrow y=f(x),\ x \in D(f)$ ………… $f(x)$의 정의

$\Leftrightarrow y=g(x),\ x \in D(g)$ ………… (1), (2)

$\Leftrightarrow (x,\ y) \in g$ ………… $g(x)$의 정의

$\therefore f=g$ ………… 정의 1·8

(필요조건) 자명하므로 생략

[예 3·5] 함수 f를 그림 I·11과 같이 다이어그램으로 정의되었다고 하고, 함수 g는 정의구역 $\{1, 2\}$에서 $g(x)=x^2$으로 정의되었다면 $f=g$이다.

그것은 f와 g는 정의구역이 같고, 정의구역의 각 원소에 대한 상이 같기 때문이다.

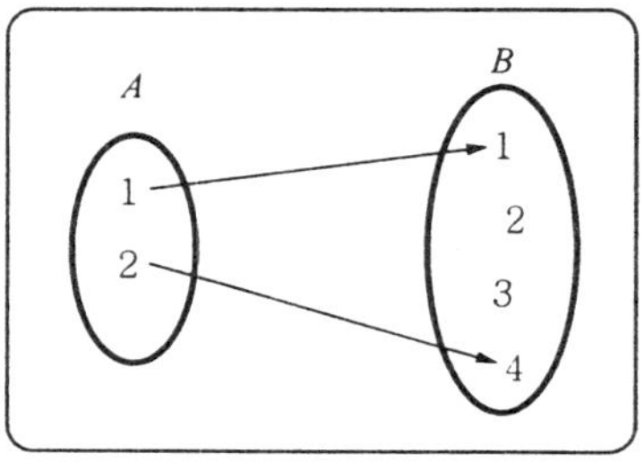

그림 I·11

[예 3·6] $f(x)=x^2$이고, x는 실수라고 하자. 그리고 $g(x)=x^2$이고, x는 복소수라고 하자. 그러면 f와 g는 정의구역이 다르므로 동등한 함수가 아니다.

f를 A에서 B로의 사상, 즉 $f : A \to B$라고 할 때, B의 각 원소는 반드시 A의 원소의 상은 아니다.

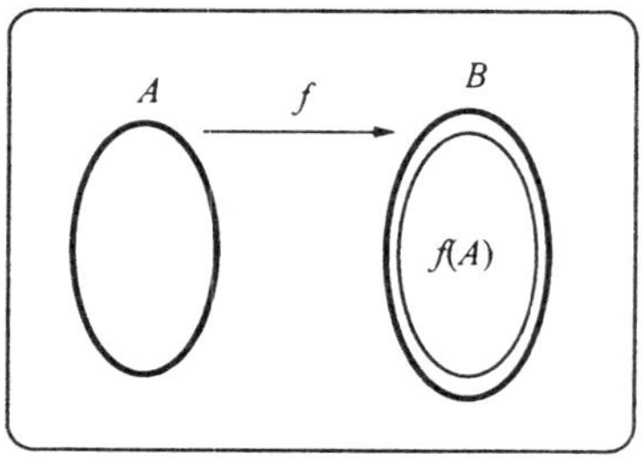

그림 I·12

$f: A \to B$의 치역 $f(A)$(정의 **2 · 2**)를 그림 Ⅰ · 12로 표시한다. 이때 $f(A)$는 B의 부분집합이다.

[예 3 · 7] $V=\{-2, -1, 0, 1, 2\}$, $f: V \to R^{\#}$가 $f(x)=x^2+1$에 의하여 정의된 함수일 때 f의 치역을 구하여라.

풀이 V의 각 원소의 상을 구하면 $f(-2)=5$, $f(-1)=2$, $f(0)=1$, $f(1)=2$, $f(2)=5$이므로, 구하는 치역은 $\{1, 2, 5\}$이다.

문 제

1. 다음 다이어그램은 $A=\{a, b, c\}$에서 $B=\{x, y\}$로의 함수를 정의하고 있는가?

(1)

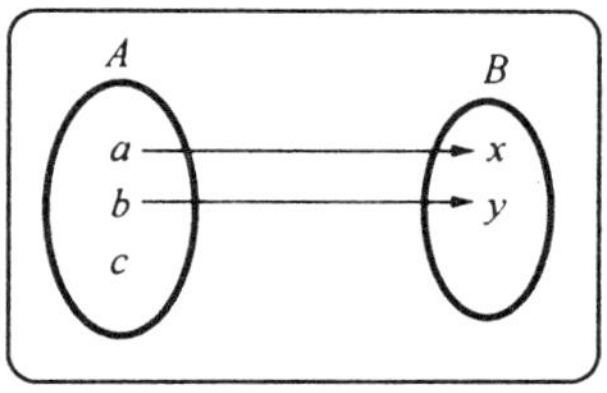

(2)

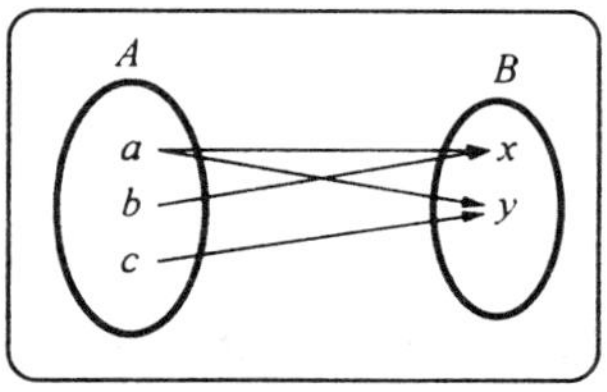

(3)

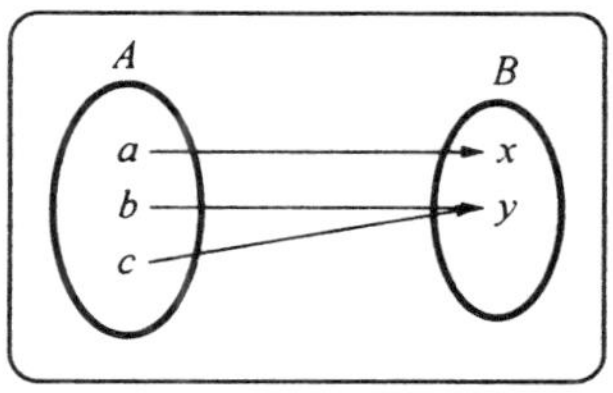

2. 다음 함수를 식으로 나타내어라.
   (1) 각 실수에 그 세제곱을 대응시키는 것을 f_1으로 한다.
   (2) 각 양수에 그 제곱근을 대응시키고, 다른 실수에는 0을 대응시키는 것을 f_2로 한다.
3. $f(x)=x^2$은 폐구간 $-2 \le x \le 8$에서 정의된 함수이다. 다음을 구하여라.
   (1) $f(-1)$ (2) $f(1.2)$
   (3) $f(-3)$ (4) $f(t-3)$
4. $A=\{0, 1\}$, $B=\{0, 3, 6\}$일 때, A에서 B로의 함수는 어떤 것이 있는가? 또, 얼마나 많은가?
5. $R^{\#}$ 실수의 집합이라고 할 때, 다음에서 함수를 찾아라.
   (1) $f: R^{\#} \to R^{\#}$, $y^2=x$ (2) $f: [-5, 5] \to [0, 5]$, $x^2+y^2=25$
   (3) $f: [0, \infty] \to R^{\#}$, $y=\sqrt{x}$ (4) $f: R^{\#} \to R^{\#}$, $y=2x-1$

6. $A=\{1, 2, 3, 4, 5\}$라고 하자. 함수 $f: A \to A$가 그림 I·13으로 정의된다. 함수 f의 치역은 무엇인가?

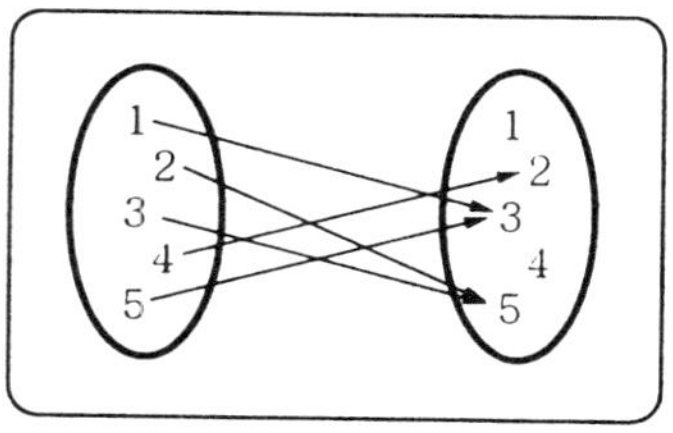

그림 I·13

7. $V=\{-\sqrt{2}, -1, 0, 1, \sqrt{2}\}$라고 하자. 함수 $f: V \to R^{\#}$를 식

$$f(x)=x^2+4$$

로서 정의할 때 f의 치역을 구하여라.

8. $R^{\#}$에서의 함수 f_1, f_2, f_3, f_4를 다음 식으로 정의하였다고 하자.

(1) $f_1(x)=x^2$　　(2) $f_2(y)=y^2$

(3) $f_3(z)=z^2$　　(4) f_4는 각 실수에 그 제곱을 대응시킨다.

이 함수 중에서 서로 같은 것은 어느 것인가?

9. 정의 **3·2**에 의하면 ∧, ∨는 명제에서의 연산이라 할 수 있는가?

10. ∩, ∪은 집합에서의 연산이라 할 수 있는가?

3. 여러 가지 함수

정의 3·3 $f: A \to B$가 조건

$$a, a' \in A\text{일 때 } a \neq a' \text{이면 } f(a) \neq f(a')$$

를 만족할 경우 단사함수라 한다.

정의 **3·3**의 조건은 $f: A \to B$가 다음 두 조건

(1) '$a, a' \in A$일 때 $f(a)=f(a')$이면 $a=a'$이다' 또는

(2) '$(b, a), (b, a') \in f^{-1}$이면 $a=a'$이다'

중 하나와 동치임을 쉽게 알 수 있다.

[예 3·8] $f: R^{\#} \to R^{\#}$가 식 $f(x)=x^2$으로 정의되었다면 $f(2)=f(-2)=4$이므로, 서로 다른 두 실수 2와 -2의 상이 같게 되어 f는 단사함수가 아니다. 한편 $f(x)=x^3$으로 정의되었다면 이 함수는 단사함수이다.

[예 3 · 9] 그림 I · 14로 정의된 함수를 f라고 하자. 정의구역의 서로 다른 원소의 상이 같은 경우는 없으므로 f는 단사함수이다.

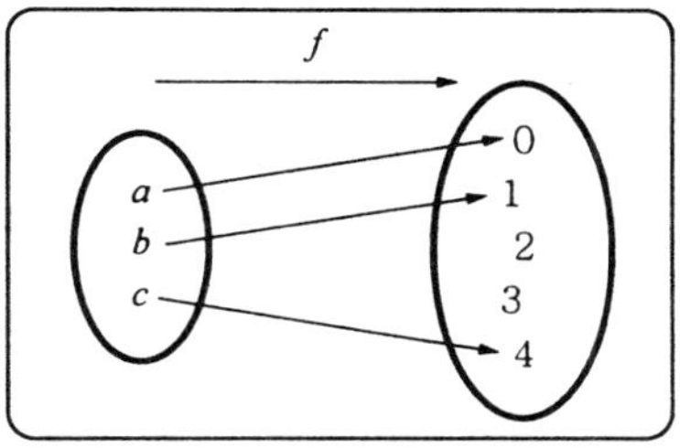

그림 I · 14

정의 3 · 4 $f: A \to B$가 조건 B의 모든 원소가 적어도 한 A의 원소의 상〔즉, $f(A) = B$ (정의 **2 · 2**)〕일 때, f를 전사함수라고 한다.

[예 3 · 10] 함수 $f: R^{\#} \to R^{\#}$가 식 $f(x) = x^2$으로 정의되었다고 하자. 그러면 f는 전사함수가 아니다.

왜냐하면 f의 치역에는 음수가 나타나지 않기 때문이다. 즉 공변역과 치역은 같지 않다.

[예 3 · 11] $A = \{a, b, c\}$에서 $B = \{x, y\}$로의 함수 f가 그림 I · 15와 같이 정의되었다고 하면 $f(A) = B$이므로 f는 전사함수이다.

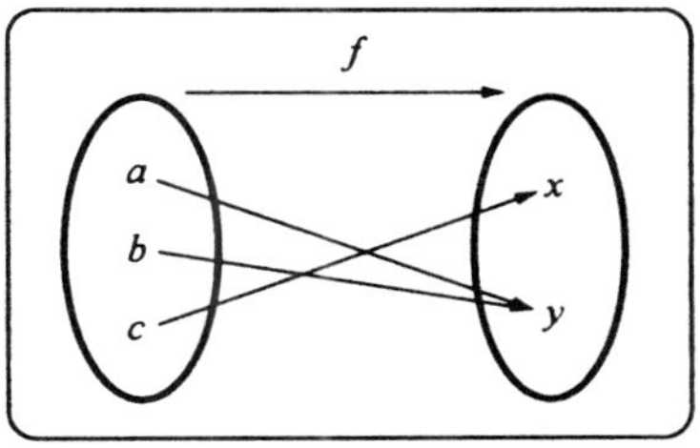

그림 I · 15

정의 3 · 5 함수 $f: A \to A$가 식 $f(x) = x$로 정의되었을 때, f를 A에서의 **항등함수** 또는 **항등변환**이라 한다. 이때 f를 1 또는 1_A로 표시한다.

상수함수 A에서 B로의 함수 f에 있어서 B에 속하는 한 원소 b가 A의 모든 원소의 상일 때, 함수 f를 상수함수 또는 정가함수(constant function)라고 한다. 즉, $f: A \to B$는 f의 치역이 오직 한 원소만으로 이루어지는 집합일 때 상수함수이다.

[예 3 · 12] 함수 f가 그림 I · 16과 같이 정의되었다면 f는 상수함수가 아니다. 왜냐하면 f의 치역은 $\{1, 2\}$이기 때문이다.

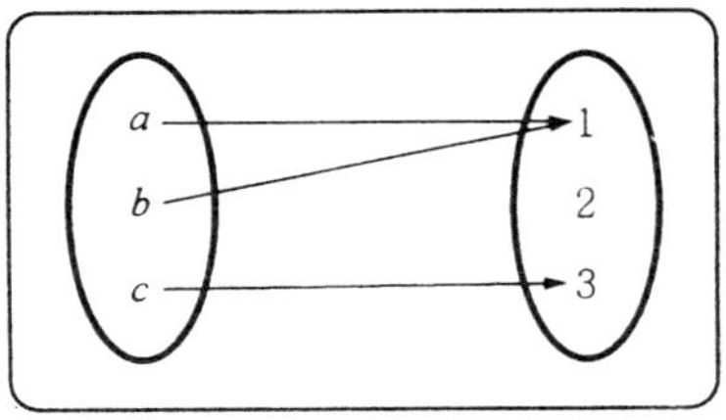

그림 Ⅰ·16

문 제

1. $A=\{a, b, c, d, e\}$라 하고, B를 알파벳의 문자의 집합이라고 하자. A에서 B 속에로의 함수 f, g, h를 다음과 같이 정의한다.
   (1) $f(a)=r,\ f(b)=a,\ f(c)=s,\ f(d)=r,\ f(e)=e$
   (2) $g(a)=a,\ g(b)=c,\ g(c)=e,\ g(d)=r,\ g(e)=s$
   (3) $h(a)=z,\ h(b)=y,\ h(c)=x,\ h(d)=y,\ h(e)=z$
   이 함수가 단사인지 아닌지를 말하여라.
2. $A=[-1, 1]=\{x \mid -1 \le x \le 1\}$, $B=[1, 3]$, $C=[-3, -1]$라고 하자. 그리고 $f_1: A \to R^{\#}$, $f_2: B \to R^{\#}$, $f_3: C \to R^{\#}$가 각 수에 그 제곱을 대응시키는 규칙이 정의되었다고 하자. 어느 함수가 단사인가?
3. $A=\{a, b, c\}$에서 $B=\{0, 1\}$로의 함수 중에서 전사함수를 모두 구하여라.
4. $A=[-1, 1]$일 때 다음과 같이 정의되는 것에서의 함수 f, g, p, q가 전사함수인지 조사하여라.
   (1) $f(x)=x^2$ (2) $g(x)=x^3$
   (3) $p(x)=\sin x$ (4) $q(x)=x$

4. 합성함수

■ **정리 3·2**

$f: A \to B$이고, $g: B \to C$이면 f와 g의 합성관계 $(g \circ f)$는 A에서 C로의 함수가 된다.

증명 우선 $(g \circ f) \subset A \times C$이다. .... 정의 **2·4**

(1) $D(f) = A$이고 $D(g) = B$이므로 $D(g \circ f) = A$이다. .... 2장 문제 16

(2) $(a, c), (a, c') \in (g \circ f)$이면 $(a, b) \in f$이고 $(b, c) \in g$를 만족하는 $b \in B$가 존재하고 .... 정의 **2·4**

또한 $(a, b') \in f$이고 $(b', c') \in g$를 만족하는 $b' \in B$가 존재한다. .... 정의 **2·4**

$(a, b), (a, b') \in f$이므로 $b = b'$이 된다. .... 정의 **3·1**의 (1)

그러므로 $(b, c), (b, c') \in g$이 되어 $c = c'$이다. .... 정의 **3·1**의 (1)

정리 **3·2**의 $(g \circ f)$를 f와 g의 **합성함수**라 한다. 합성함수 $(g \circ f)$는

$$(g \circ f)(a) \equiv g(f(a))$$

에 의하여 정해짐을 알 수 있다. 여기서, 기호 ≡은 정의에 의하여 동등한 것을 의미한다.

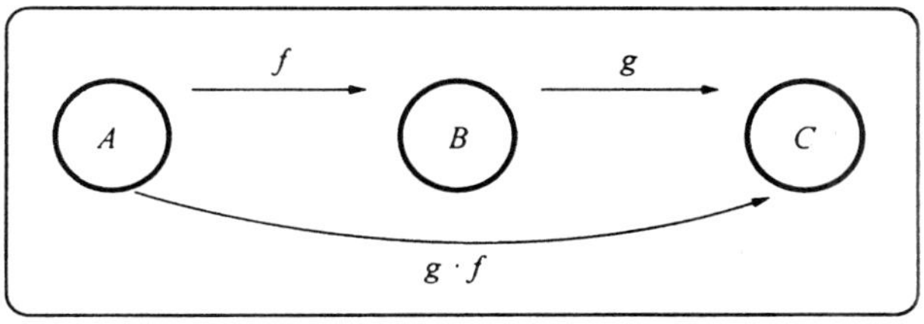

그림 Ⅰ·17

[예 3·13] 실수 $R^{\#}$에서의 함수 f와 g가

$$f(x) = 2x - 1, \quad g(x) = x^2 + x + 1$$

로 정의될 때 $(g \circ f)(2)$와 $(g \circ f)(-1)$을 구하여라.

풀이 $(g \circ f)(2) \equiv g(f(2)) = g(3) = 13$

$(g \circ f)(-1) \equiv g(f(-1)) = g(-3) = 7$

[예 3·14] $f: A \to B$, $g: B \to C$를 그림 Ⅰ·18과 같이 정의하자.

합성함수 $(g \circ f): A \to C$를 구하여라.

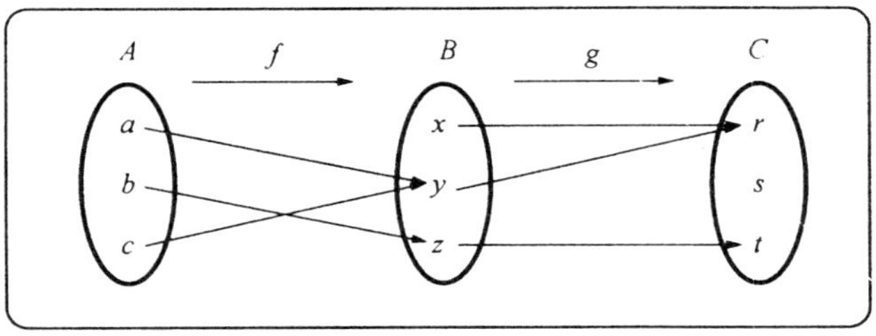

그림 I · 18

풀이 $(g \circ f): A \rightarrow C$는 정의에 의하여

$$(g \circ f)(a) \equiv g(f(a)) = g(y) = r$$
$$(g \circ f)(b) \equiv g(f(b)) = g(z) = t$$
$$(g \circ f)(c) \equiv g(f(c)) = g(y) = r$$

■ **정리 3 · 3**

$f: A \rightarrow B$라고 하면, $1_B \circ f = f$, $f \circ 1_A = f$이다.

즉, 어떤 함수와 항등함수의 합성함수는 그 함수 자신과 같다.

함수의 합성에 관한 결합법칙

$f: A \rightarrow B$, $g: B \rightarrow C$, $h: C \rightarrow D$라 하면 그림 I · 19와 같이 합성함수 $(g \circ f): A \rightarrow C$에서 함수 $h \circ (g \circ f): A \rightarrow D$를 구할 수 있다.

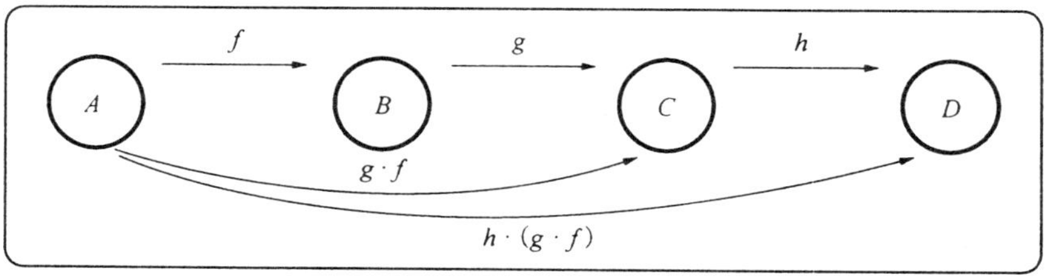

그림 I · 19

마찬가지로 그림 I · 20과 같이 함수 $(h \circ g) \circ f: A \rightarrow D$를 구할 수 있다.

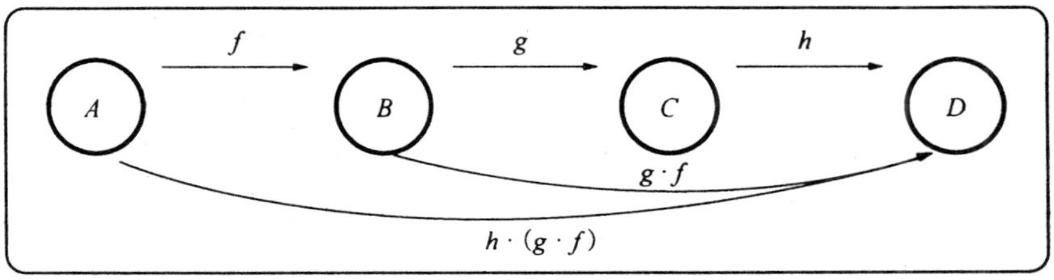

그림 I · 20

$h\circ(g\circ f)$와 $(h\circ g)\circ f$는 둘 다 A에서 D로의 함수이다. 함수의 합성의 연산에 관해서 다음 결합법칙이 성립한다.

■ 정리 3 · 4

$f: A\to B,\ g: B\to C,\ H: C\to D$이면

$$h\circ(g\circ f)=(h\circ g)\circ f$$

풀이 정의에 의하여 모든 $x\in A$에 대하여

$$(h\circ(g\circ f))(x)\equiv h((g\circ f)(x))\equiv h(g(f(x)))$$
$$((h\circ g)\circ f)(x)\equiv(h\circ g)(f(x))\equiv h(g(f(x)))$$

이므로, $h\circ(g\circ f)=(h\circ g)\circ f$이다.

정리 **3 · 4**에 의해서 괄호 없이 $h\circ g\circ f.A\to D$와 같이 표시할 수 있다.

문 제

1. 정리 **3 · 3**을 증명하여라.
2. 함수 $f: R^{\#}\to R^{\#}$, $g: R^{\#}\to R^{\#}$는 다음과 같이 정의된다.

$$f(x)=2x+1,\quad g(x)=x-2$$

합성함수 $g\circ f$와 $f\circ g$를 정의하는 식을 구하여라.

3. 실수 $R^{\#}$에서의 $R^{\#}$로의 함수 f와 g가

$$f(x)=x^2+2x-3,\quad g(x)=3x-4$$

로 정의될 때

(1) 합성함수 $g\circ f$와 $f\circ g$를 정의하는 식을 구하여라.

(2) $(g \circ f)(2) \equiv g(f(2))$와 $(f \circ g)(2) \equiv f(g(2))$를 구해 보고, 식이 옳은가를 알아보라.

4. 함수 $f: A \to B$, $g: B \to A$, $F: B \to C$, $G: A \to C$는 그림 Ⅰ·21과 같다.

다음에서 합성함수를 정의하는 것을 말하고, 그의 정의구역과 공변역을 말하여라.

(1) $g \circ f$ (2) $G \circ f$

(3) $h \circ G \circ g$

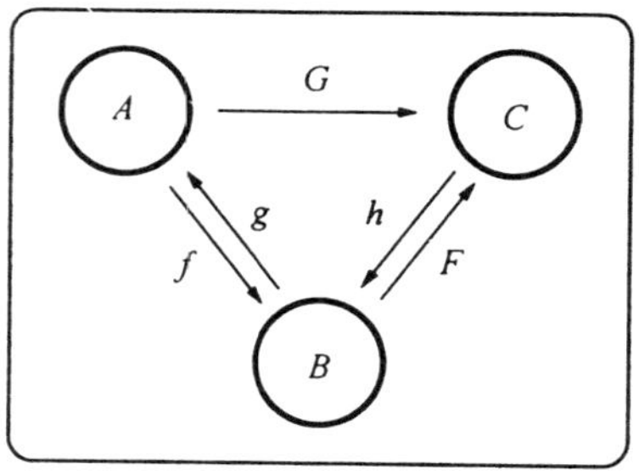

그림 Ⅰ·21

5. 역함수

1) 함수의 원상

f를 A에서 B로의 함수, $b \in B$라 하자. b로 사상되는 A의 원소를, 즉 b를 그의 상으로 갖는 A의 원소들을 b의 원상(inverse)이라고 하고,

$$f^{-1}(b)$$

로 표시한다. 다시 말하면 $f: A \to B$일 때

$$f^{-1}(b) = \{x \mid x \in A,\ f(x) = b\}$$

이다. 주의해야 할 것은 $f^{-1}(b)$는 항상 A의 부분집합이라는 것이다. 우리는 보통 f^{-1}을 'f inverse'라고 읽는다.

[예 3·15] 함수 $f: A \to B$가 그림 Ⅰ·22와 같이 정의되었다고 하자. 그러면 b와 c는 모두 x를 상으로 갖기 때문에 $f^{-1}(x) = \{b, c\}$, 또 y에 사상되는 것은 a뿐이므로, $f^{-1}(y) = \{a\}$, z의 원상 $f^{-1}(z)$는 z에 사상되는 A의 원소가 없으므로 공집합 $\varnothing$이다.

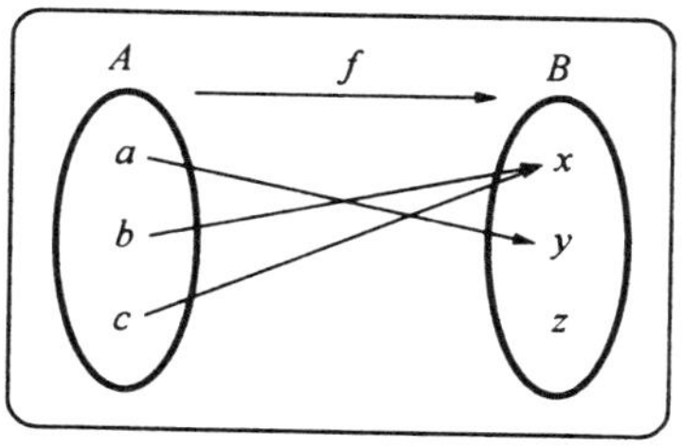

그림 Ⅰ·22

다음에 원상의 정의를 확장하여 보자. $f: A \to B$이고, $D \subset B$라 하면 사상 f에 의한 D의

원상을 $f^{-1}(D)=\{x \mid x \in A,\ f(x) \in D\}$로 정의한다.

역시 $f^{-1}(D)$도 f의 정의구역 A의 부분집합이다.

$f: A \to B$를 임의의 함수라 할 때, A의 모든 원소의 상이 B 안에 있으므로 $f^{-1}(B)=A$이다. 함수 f의 치역을 $f(A)$로 표시하면

$$f^{-1}(f(A))=A$$

또한 $b \in B$에 대하여 $f^{-1}(b)=f^{-1}(\{b\})$로 볼 수 있으므로, f^{-1}을 B의 어떤 원소의 원상을 나타내는 기호라고 할 수 있으나, 일반적으로 B의 부분집합의 원상을 나타내는 기호라고 볼 수 있다.

[예 3 · 16] 함수 $f: A \to B$를 그림 Ⅰ · 23에 의하여 정의되었다고 하자. r 또는 s에 사상되는 원소는 y뿐이므로 $f^{-1}(\{r, s\})=\{y\}$. 또 A의 각 원소는 그 상으로서 r 또는 t 를 가지므로

$$f^{-1}(\{r, t\})=\{x, y, z\}=A$$

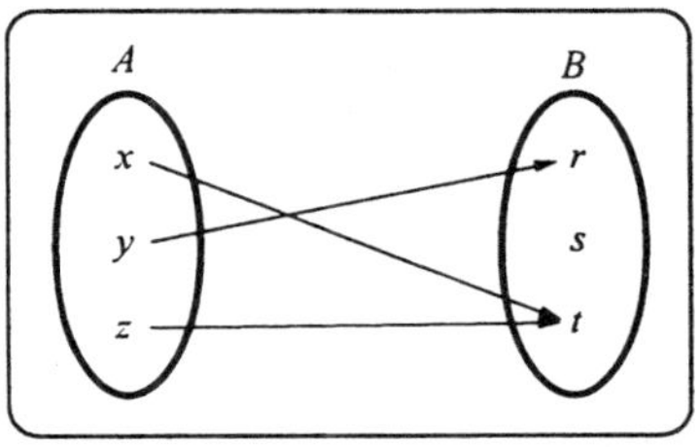

그림 Ⅰ · 23

[예 3 · 17] $f: R^{\#} \to R^{\#}$가 $f(x)=x^2$으로 정의되고, 또

$$D=[4,\ 9]=\{x \mid 4 \le x \le 9\}$$

이라면

$$f^{-1}(D)=\{x \mid -3 \le x \le -2 \text{ 또는 } 2 \le x \le 3\}$$

이다.

2) 역함수

■ 정리 3 · 5

$f: A \to B$가 단사함수이고 전사함수, 즉 전단사함수라 하면 역관계 f^{-1}는 B에서 A로의 함수이다. 이때 $f^{-1}: B \to A$를 f의 역함수(inverse function)라고 한다.

증명 역관계의 정의로부터 $f^{-1} \subset B \times A$

(1) $D(f^{-1})=f(A)=B$ .... f가 전사이므로

(2) $(b,\ a_1), (b,\ a_2) \in f^{-1}$이면 $(a_1,\ b), (a_2,\ b) \in f$ .... 정의 **2 · 3**

즉 $f(a_1)=f(a_2)$이므로 $a_1=a_2$ .... f가 단사이므로

[예 3·18] 함수 $f: A \to B$가 그림 I·24로 정의되었다고 하자. f는 단사이고 전사이다. 따라서 역함수 f^{-1}는 존재한다.

$f^{-1}: B \to A$를 그림으로 나타내면 그림 I·25와 같다.

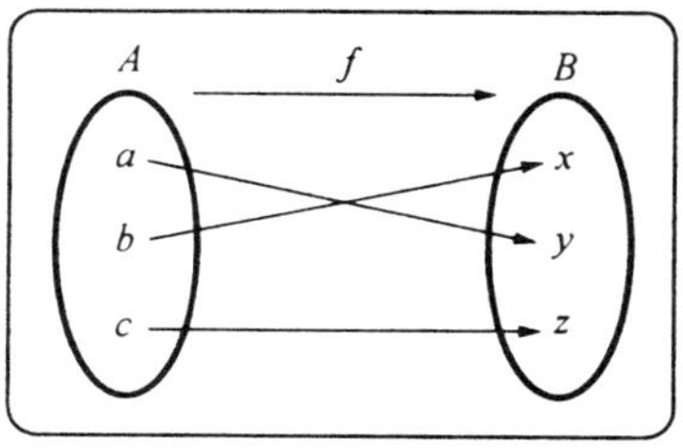

그림 I·24

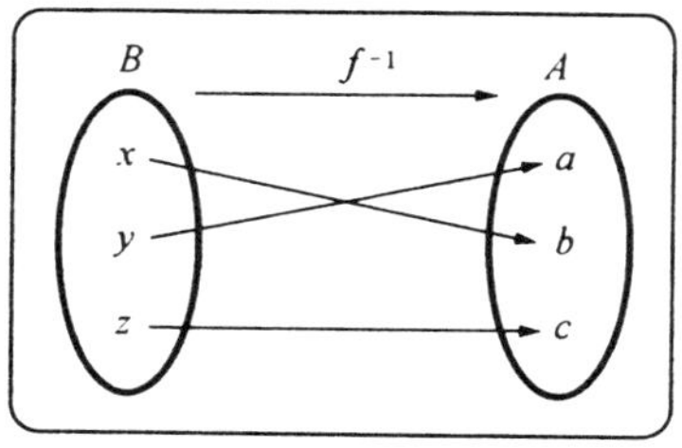

그림 I·25

f의 그림에 있는 화살을 반대방향으로 하면 f^{-1}의 그림을 얻을 수 있음에 주의하여라.

[예 3·19] 함수 $f: A \to B$가 그림 I·26과 같이 정의되었다고 하자.

$f(a)=y$, $f(c)=y$이므로 함수 f는 단사가 아니다. 따라서 역함수 f^{-1}는 존재하지 않는다.

$f^{-1}(y)=\{a, c\}$이기 때문에 a와 c 둘 다 원소 $y \in B$에 대응시킬 수 없다.

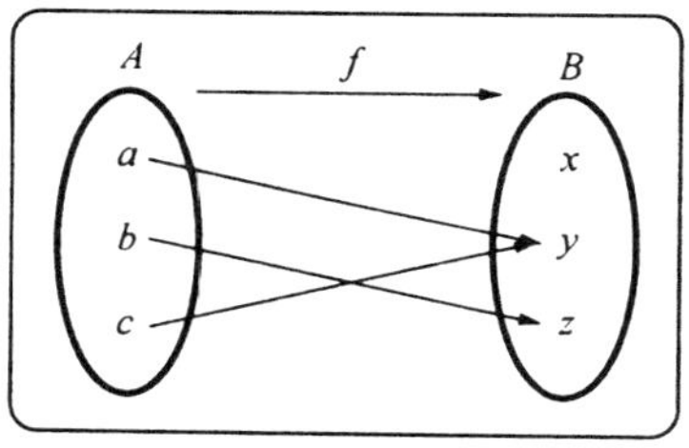

그림 I·26

[예 3·20] $f: R^{\#} \to R^{\#}$가 $f(x)=x^3$으로 정의되었다고 하자. f가 단사이고 전사임은 쉽게 알 수 있다. 따라서 $f^{-1}: R^{\#} \to R^{\#}$는 존재한다. 사실 역함수 f^{-1}를 함수 $f^{-1}(x)=\sqrt[3]{x}$으로 정의할 수 있다.

함수 $f: A \to B$가 한 역함수 f^{-1}를 갖는다고 하자. 그러면 A에서 A로 사상하는 합성함수 $(f^{-1} \circ f)$를 생각할 수 있고, B에서 B로 사상하는 합성함수 $(f \circ f^{-1})$을 생각할 수 있다. 여기서 역함수에 관한 다음 정리를 얻는다.

■ 정리 3·6

함수 $f: A \to B$가 전단사함수라 하자. 그러면

$$f^{-1} \circ f = I_A\text{이고,}\ \ f \circ f^{-1} = I_B$$

증명 임의의 원소 $x \in A$에 대하여 $(x, y) \in f$라고 하자. 그러면 $(y, x) \in f^{-1}$이다. 따라서

$$(f^{-1} \circ f)(x) \equiv f^{-1}(f(x)) = f^{-1}(y) = x$$

즉, $(f^{-1} \circ f) = 1_A$

$(f \circ f^{-1})$도 같은 방법으로 항등함수임을 증명할 수 있다.

■ 정리 3 · 7

$f : A \to B$이고, $g : B \to A$인 경우, $g \circ f = I_A$이고 $f \circ g = I_B$일 때, g는 f의 역함수이다. 즉 $g = f^{-1}$이다.

증명 우선 f가 전단사임을 보이자.

단사) $g \circ f = I_A$이므로 $f(a) = f(a')$이면 $g \circ f(a) = g \circ f(a')$이 되어서 $a = a'$

전사) $A \supset g(B)$이므로 $f(A) \supset f(g(B)) = I_B(B) = B$, 또한 $f(A) \subset B$이므로

$$f(A) = B$$

f가 전단사이므로 정리 **3 · 5**에서 f의 역함수 f^{-1}가 존재한다.

정리 **3 · 6**과 $f \circ g = I_B$에 의해

$$g = g \circ I_B = g \circ (f \circ f^{-1}) = (g \circ f) \circ f^{-1} = I_A \circ f^{-1} = f^{-1}$$

[예 3 · 21] $A = \{x, y\}$, $B = \{a, b, c\}$라고 하자. 함수 $f : A \to B$를 그림 I · 27과 같이 정의하고, $g : B \to A$를 그림 I · 28로 정의하자.

지금 $(g \circ f) : A \to A$를 나타내어 보면

$$(g \circ f)(x) \equiv g(f(x)) = g(c) = x$$

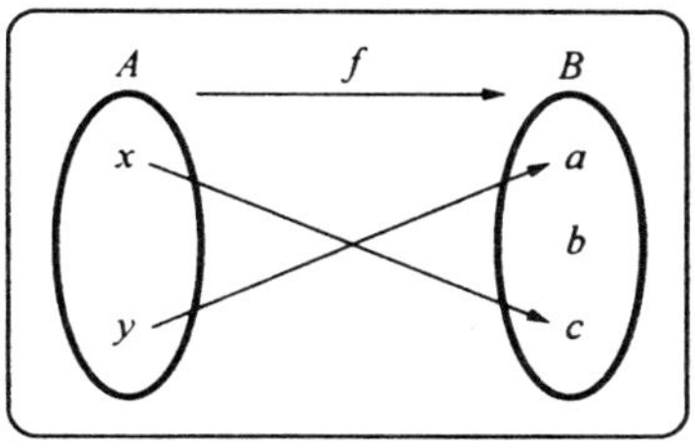

그림 I · 27

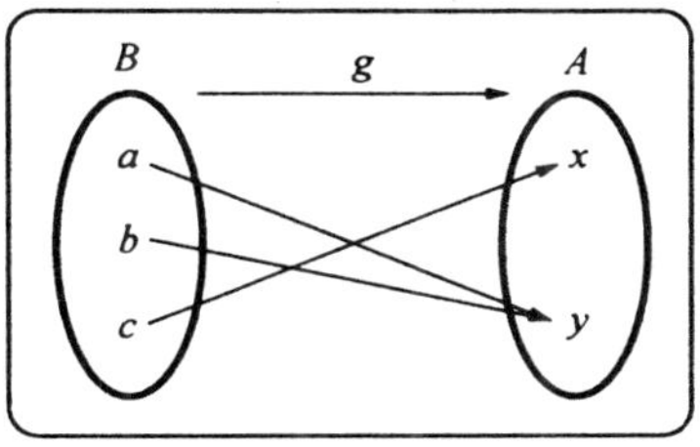

그림 I · 28

$$(g \circ f)(y) \equiv g(f(y)) = g(a) = y$$

따라서, 합성함수 $(g \circ f)$는 A에서의 항등함수이다. 그러나 g는 f의 역함수가 아니다. 왜냐하면 합성함수 $(f \circ g)$는 f가 전사함수가 아니므로, B에서의 항등함수가 될 수 없기 때문이다.

여기서 알 수 있듯이 정리 **3·7**에서의 $g = f^{-1}$이 되기 위한 두 조건은 모두 필요한 조건이다.

[예 3·22] $A = R^{\#} - \{3\}$, $B = R^{\#} - \{1\}$일 때

$$f(x) = \frac{x-2}{x-3}$$

에 의하여 정의된 함수를 $f: A \to B$라 하면 f는 전단사함수이다. 여기서 역함수 f^{-1}을 정의하는 식을 구하여라.

풀이 $y = \dfrac{x-2}{x-3}$를 x에 관하여 풀면 $x = \dfrac{2-3y}{1-y}$이고, 따라서 구하는 역함수는 $f^{-1}(x) = \dfrac{2-3x}{1-x}$이다(정리 **2·1** 참고).

문 제

1. f를 $f(x) = \sin x$로 정의되는 함수 $f: R^{\#} \to R^{\#}$라고 할 때 $f^{-1}(0)$, $f^{-1}(1)$, $f^{-1}(2)$, $f^{-1}([-1, 1])$를 구하여라.
2. $f(x) = x + 5$로 정의된 함수 $f: R^{\#} \to R^{\#}$에 의한 f^{-1}을 정의하는 식을 구하여라.
3. $f: A \to B$와 $g: B \to C$가 역함수 $f^{-1}: B \to A$, $g^{-1}: C \to B$를 가진다고 하면 합성함수 $(g \circ f): A \to C$의 역함수는 $(f^{-1} \circ g^{-1})$임을 증명하여라.

▣ 연습문제 ▣

1. $W=\{a, b, c, d\}$일 때 다음 W에서의 관계 중에서 함수인 것을 말하여라.

(1) $\{(b, a), (c, d), (d, a), (c, d), (a, d)\}$

(2) $\{(d, d), (c, a), (a, b), (d, b)\}$

(3) $\{(a, b), (b, b), (c, d), (d, b)\}$

(4) $\{(a, a), (b, a), (a, b), (c, d)\}$

2. 함수 $f: R^{\#} \to R^{\#}$가 다음 식으로 정의되어 있다.

$$f(x)=\begin{cases} 3x-1, & x>3\text{인 경우} \\ x^2-1, & -2 \leq x \leq 3\text{인 경우} \\ 2x+3, & x<-2\text{인 경우} \end{cases}$$

다음을 구하여라.

(1) $f(2)$ (2) $f(4)$

(3) $f(-1)$ (4) $f(-3)$

3. 다음 함수를 생각하자.

$f_1: [-2, 2] \to R^{\#}$, $f_2: [0, 3] \to R^{\#}$, $f_3: [-3, 0] \to R^{\#}$, $f_4: [-\infty, -5] \to R^{\#}$
$f_5: [-1, 4] \to R^{\#}$, $f_6: [-5, 3] \to R^{\#}$, 각 함수가 동일한 식 $f(x)=x^2$으로 정의되었다면 다음의 치역은 무엇인가?

(1) f_1 (2) f_2

(3) f_3 (4) f_4

(5) f_5 (6) f_6

4. 함수 $f: R^{\#} \to R^{\#}$, $g: R^{\#} \to R^{\#}$가 $f(x)=x^2-2|x|$, $g(x)=x^2+1$로 정의되어 있을 때 다음을 구하여라.

(1) $(g \circ f)(3)$ (2) $(f \circ g)(-2)$

(3) $(g \circ f)(-4)$ (4) $(f \circ g)(5)$

5. $f: R^{\#} \to R^{\#}$가 $f(x)=3x+4$로 정의되었다면 f는 전단사함수이다. f^{-1}을 정의하는 식을 구하여라.

6. $A=[-4, 4]$, $B=[0, 4]$, $C=[-4, 0]$일 때 열린문장 $p(x, y)$는 '$x^2+4y^2=16$'이라고 하자. 좌표평면에 각 관계를 도시하고, 함수인지를 말하여라.

(1) $R_1=\{(x, y)\in A\times B \mid p(x, y)\}$ (2) $R_2=\{(x, y)\in A\times C \mid p(x, y)\}$

(3) $R_3=\{(x, y)\in B\times C \mid p(x, y)\}$ (4) $R_4=\{(x, y)\in C\times B \mid p(x, y)\}$

7. $f: A\to B$가 전사함수이고, $g: B\to C$가 전사함수이면 합성함수 $(g\circ f): A\to C$도 전사함수임을 증명하여라.

8. $f: A\to B$ 단사함수이고, $g: B\to C$가 단사함수이면 $(g\circ f): A\to C$도 단사함수임을 증명하여라.

9. 함수 $f: R^\# \to R^\#$와 $g: R^\# \to R^\#$가 $f(x)=2x-3$, $g(x)=x^2+5$로 정의되었을 때, 다음을 구하여라.

(1) $f(5)$ (2) $g(-3)$

(3) $g(f(2))$ (4) $f(g(3))$

(5) $g(a-1)$ (6) $f(g(a-1))$

(7) $g(f(x))$ (8) $f(g(x+1))$

10. $f: A\to B$, $g: B\to C$, $g\circ f=1_A$라고 하자. 다음 명제 중에서 참인 것을 말하여라.

(1) $g=f^{-1}$ (2) f는 전사함수이다.

(3) f는 단사함수이다. (4) g는 전사함수이다.

(5) g는 단사함수이다.

11. 함수 $f: A\to B$가 $A\times B$의 좌표 다이어그램으로 표시되었을 때, 함수 f의 다음 경우의 기하학적인 성질을 말하여라.

(1) 단사함수 (2) 상수함수

(3) 전사함수 (4) 역함수를 갖는다

12. $A=\{a, b, c, d\}$일 때, 집합 $\{(a, b), (b, d), (c, a), (d, c)\}$는 A에서 A로의 전단사함수이다. 역함수를 구하여라.

13. 함수 $f: A\to B$와 $g: B\to C$가 모두 전단사함수라면 $(g\circ f)^{-1}=f^{-1}\circ g^{-1}$임을 증명하여라.

14. f를 A에서 B로의 1 대 1 대응이라 하자. 그렇다면 그의 역함수 f^{-1}이 존재한다. 이때 f의 그래프와 f^{-1}의 그래프 사이에는 어떤 관계가 있는가를 조사하여라.

제4장

집 합 론

1. 집합론의 성립

집합이 수학의 대상이 된 것은 19세기 말 칸토어(Georg Cantor, 1845~1918) 이래의 일이다. 칸토어에 의한 집합의 정의(1895)는 '집합이란, 우리들의 직관 또는 사고의 대상으로서 확정되어 있으며, 서로 명확히 구별되는 것을 하나의 전체로서 매듭지은 것이다'라는 것이었는데, 그때까지 관념적인 것에 불과했던 '무한'이 칸토어에 의하여 비로소 수학의 대상이 되었고, 계산할 수 있는 것이 되어 칸토어의 집합론은 이른바 '무한의 수학'으로 발전하게 되었다.

이에 앞서 19세기 중엽에 영국에서는 대중적인 수학의 기초화 운동과 논리의 기초화 문제가 대두되어 당시 영국학파에 속해 있던 불(G. Boole, 1815~1864)과 드 모르간(De Morgan, 1806~1871)은 Boole속을 탄생시켰다. 이것은 화이트헤드(A. N. Whitehead, 1861~1947)나 러셀(B. A. Russell, 1872~1970)에 의하여 집합론의 문제와 합류되어 19세기의 '무한의 수학'에 영향을 끼치게 되었다. 칸토어에 의해서 싹이 튼 '무한의 수학'과 불이나 모르간에 의해 이루어진 Boole속 등이 결합되어 오늘날의 집합론으로 발전한 것이다.

집합론은 집합수나 측도와 같은 양을 만드는 바탕으로서의 가치와, 대상(집합)에서의 법칙(공리)에 따라 구조를 추상화하는 방법의 유효성으로서의 가치 두 가지에 의해서, 수학의 기초로서 자리를 차지하게 된 것이다. 집합론을 수학의 언어, 또는 수학적 도구 등으로 불릴 정도로 수학에서의 집합론의 역할은 지대하다.

자연수에서 사칙연산을 자유로이 하기 위하여 정수로 유리수로 실수로 수개념이 확장되는 과정은 수학의 발달사와 함께 하여 왔음은 잘 알려져 있다. 칸토어의 집합론으로 인하여 자연수의 개수개념(유한집합의 기수)의 확장으로 무한집합의 크기를 나타내는 기수와 자연수의 순서개념의 확장으로 순서수가 새로 탄생되었다.

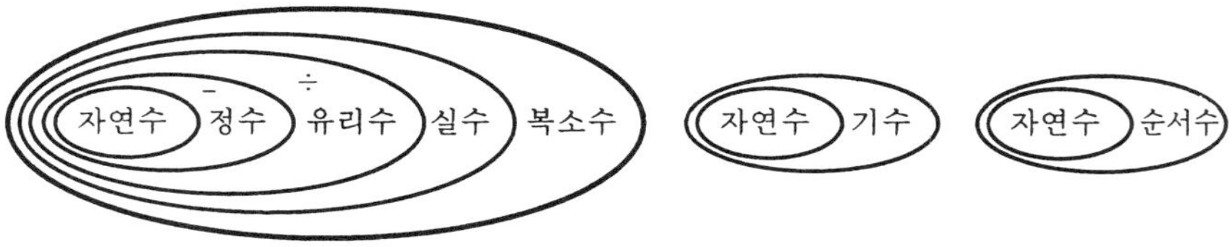

2. 첨자 붙은 집합 · 집합의 분할

1) 첨자 붙은 집합

집합 $A_1=\{1, 10\}$, $A_2=\{2, 4, 6, 10\}$, $A_3=\{3, 6, 9\}$,

$A_4=\{4, 8\}$, $A_5=\{5, 6, 10\}$, $A_6=\{1, 2, 3, 4, 5\}$

를 생각하여 보자. 각 원소 $i\in I$에 집합 A_i가 대응하는데, 이 경우 I를 첨자집합(index set)이라고 하고, 각 A_i를 첨자붙은 집합(indexed set)이라 하며, A_i의 i자, 즉 $i\in I$를 첨자(index)라고 한다.

이런 첨자 붙은 집합족을

$$\{A_i\}_{i\in I}$$

로 나타낸다.

【참고】 집합의 집합, 즉 모든 원소가 집합으로 이루어지는 집합을 집합족(family of sets, class of sets)이라고 한다.

[예 4 · 1] $B_n=\left\{x \mid 0\leq x\leq \frac{1}{n}\right\}$, $n\in N$이라고 하면

$$B_1=[0,\ 1],\quad B_2=\left[0,\ \frac{1}{2}\right],\quad B_3=\left[0,\ \frac{1}{3}\right],\ \cdots\cdots$$

[예 4 · 2] $D_n=\{x \mid x$는 n의 배수, $n\in N\}$, N은 자연수라고 하면

$$D_1=\{1,\ 2,\ 3,\ \cdots\cdots\},\quad D_2=\{2,\ 4,\ 6,\ \cdots\cdots\},\quad D_2=\{3,\ 6,\ 9,\ \cdots\cdots\},\ \cdots\cdots$$

2) 연산의 일반화

합집합과 교집합의 연산이 두 집합에 대하여 정의되었었다(제1장). 이 정의는 유한개의 집합에 대하여도 확장될 수 있다.

집합 A_1, A_2, ……, A_n에 대하여

$$A_1 \cup A_2 \cup \cdots\cdots \cup A_n = \cup_{i=1}^{n} A_i$$

$$A_1 \cap A_2 \cap \cdots\cdots \cap A_n = \cap_{i=1}^{n} A_i$$

이 개념은 다음과 같이 일반화할 수 있다. 첨자가 붙은 집합족 $\{A_i\}_{i \in I}$를 생각해 보자. $J \subset I$라 하면

$$\cup_{i \in J} A_i$$

는 $i \in J$인 적어도 한 A_i에 속하는 원소들로 구성되어 있다. 즉

$$\cup_{i \in J} A_i = \{x \mid \exists i \in J,\ x \in A_i\}$$

마찬가지로

$$\cap_{i \in J} A_i$$

는 $i \in J$인 모든 A_i에 속하는 원소로 구성된다. 즉

$$\cap_{i \in J} A_i = \{x \mid \forall i \in J,\ x \in A_i\}$$

[예 4 · 3] $A_1 = \{1, 10\}$, $A_2 = \{2, 4, 6\}$, $A_3 = \{3, 6, 9\}$, $A_4 = \{4, 8\}$, $A_5 = \{5, 6, 10\}$이라 하고, $J = \{2, 3, 5\}$라고 하자. 그러면

$$\cap_{i \in J} A_i = \{6\}$$

$$\cup_{i \in J} A_i = \{2, 4, 6, 10, 3, 9, 5\}$$

[예 4 · 4] $B_n = \left[0, \frac{1}{n}\right]$, 여기서 $n \in N$(자연수)이라 하면

$$\cap_{i \in N} B_i = \{0\}$$

$$\cup_{i \in N} B_i = [0, 1]$$

[예 4 · 5] $D_n = \{x \mid x$는 n의 배수, $n \in N\}$, 여기서 N은 자연수라고 하면

$$\cap_{i \in N} D_i = \phi$$

[예 4·6] $B_i=[i, i+1]$, $i \in Z$, Z는 정수라고 하자. 다음을 구하여라.

(1) $B_1 \cup B_2$, (2) $B_3 \cap B_4$, (3) $U_{i \in Z} B_i$, (4) $\cap_{i \in Z} B_i$

집합 B와 첨자 붙은 집합족 $\{A_i\}_{i \in I}$에 대한 배분법칙을 일반화하면 다음과 같다.

■ 정리 4·1

$\{A_i\}_{i \in I}$를 첨자 붙은 집합족, B를 임의의 집합이라고 하자.

$$B \cap (\cup_{i \in I} A_i) = \cup_{i \in I}(B \cap A_i)$$
$$B \cup (\cap_{i \in I} A_i) = \cap_{i \in I}(B \cup A_i)$$

3) 집합의 분할

집합 $A=\{1, 2, \cdots\cdots, 9, 10\}$과 그 부분집합 $B_1=\{1, 3\}$, $B_2=\{7, 8, 10\}$, $B_3=\{2, 5, 6\}$, $B_1=\{4, 19\}$를 생각하여 보자.

집합족 $B=\{B_1, B_2, B_3, B_4\}$는 다음 성질을 지닌다.

① $A=B_1 \cup B_2 \cup B_3 \cup B_4$

② $B_i=B_j$이거나 $B_i \cap B_j=\phi$

이와 같은 집합족 B를 A의 분할(partition)이라고 한다.

정의 4·1 집합족 $\{B_i\}_{i \in I}$에서 $B_i \neq \phi$인 A의 부분집합이라고 할 때

① $\cup_{i \in I} B_i = A$

② $B_i=B_j$이거나 $B_i \cap B_j=\phi$

이면 $\{B_i\}_{i \in I}$를 A의 분할이라고 한다.

이때, 각 B_i를 A의 동치류(equivalence class)라고 한다.

[예 4·7] $N=\{1, 2, 3, \cdots\cdots\}$, $E=\{2, 4, 6, \cdots\cdots\}$, $F=\{1, 3, 5, \cdots\cdots\}$라고 하자. $\{E, F\}$는 N의 한 분할이다.

[예 4·8] $T=\{1, 2, \cdots\cdots, 9, 10\}$이, $A=\{1, 3, 5\}$, $B=\{2, 6, 10\}$, $C=\{4, 8, 9\}$라고 하면

$$T \neq A \cup B \cup C$$

이므로, $\{A, B, C\}$는 T의 분할이 아니다.

[예 4·9] $T=\{1, 2, \cdots\cdots, 9, 10\}$, $F=\{1, 3, 5, 7, 9\}$, $G=\{2, 4, 10\}$, $H \doteq \{3, 5, 6$ $8\}$이라고 하면 $F \cap H \neq \emptyset$, $F \neq H$이므로 $\{F, G, H\}$는 T의 분할이 아니다.

동치관계와 분할 사이의 관계를 알아보자.

■ 정리 4·2

R를 집합 A에서의 동치관계라 하고, 임의의 $a \in A$에 대해서

$$B_a = \{x \mid (x, a) \in R\}$$

즉, a와 관계 있는 원소의 집합을 B_a라고 하면, 집합족

$$\{B_a\}_{a \in A}$$

는 A의 분할이다.

이 정리는 집합 A에서의 동치관계 R는 서로 관계되는 원소를 같은 동치류에 모아 놓음으로써 A를 분할하고 있음을 보여 준다.

이때, 집합 B_a를 a에 의해서 결정된 동치류라 하고, 동치류의 집합 $\{B_a\}_{a \in A}$를

$$A/R$$

로 나타내고, 이를 상집합(quotient set)이라고 한다.

앞의 정리는 그 역도 성립한다.

■ 정리 4·3

$\{B_i\}_{i \in I}$를 A의 분할, R를 열린문장 'x, y는 같은 집합(집합족 $\{B_i\}_{i \in I}$의 원소)에 속한다'로 정의되는 A에서의 관계라고 하자. 그러면 R는 동치관계이다.

따라서, 집합 A의 모든 분할과, A에서의 모든 동치관계 사이에는 1 대 1 대응이 이루어짐을 알 수 있다.

[예 4·10] 유클리드 평면에서 삼각형의 닮음은 동치관계이다. 따라서 평면상의 모든 삼각형은 닮은 삼각형끼리의, 서로 소인 집합으로 분할된다.

[예 4 · 11] R_3를 $x \equiv y(\text{mod } 3)$로 정의되는 정수에서의 관계라고 하면 동치관계이다.

각 정수 x는 $x=3q+r$(단, $0 \leq r < 3$)로 유일하게 표현되므로 x는 동치류

$$E_0=\{\cdots\cdots,\ -3,\ 0,\ 3,\ \cdots\cdots\}$$
$$E_1=\{\cdots\cdots,\ -2,\ 1,\ 4,\ \cdots\cdots\}$$
$$E_1=\{\cdots\cdots,\ -1,\ 2,\ 5,\ \cdots\cdots\}$$

중의 어느 하나의 원소이다. 따라서

$$Z/R_3=\{E_1,\ E_2,\ E_3\}$$

문 제

1. $A_n=\{x \mid x$는 n의 배수, $n \in N\}=\{n, 2n, 3n, \cdots\cdots\}$이라고 하자. 다음을 구하여라. 단, 여기서 n, s, t는 자연수이다.

(1) $A_2 \cap A_7$ (2) $A_6 \cap A_8$

(3) $A_3 \cap A_{12}$ (4) $A_3 \cup A_{12}$

(5) $A_s \cap A_t$ (6) $A_s \cup A_t$

2. $B_i=(i,\ i+1)$이라고 하자. 여기서 $i \in N$, N은 자연수라 하고 다음을 구간 기호로 나타내어라.

(1) $B_4 \cup B_5$ (2) $B_6 \cap B_7$

(3) $\cup_{i=1}^{2n} B_i$ (4) $\cup_{i \in N} B_{s+i}$, $s \in N$

3. $D_n=\left[0,\ \frac{1}{n}\right]$, $S_n=\left(0,\ \frac{1}{n}\right]$, $T_n=\left[0,\ \frac{1}{n}\right)$이라고 하자 $n \in N$, N은 자연수이다. 다음을 구하여라.

(1) $\cap_{n \in N} D_n$ (2) $\cap_{n \in N} S_n$

(3) $\cap_{n \in N} T_n$

4. $A=\{a, b, c, d, e, f, g\}$일 때, 다음 집합족이 A의 분할인지를 알아 보라.

(1) $\{B_1=\{a. c, e\},\ B_2=\{b\},\ B_3=\{d, g\}\}$

(2) $\{C_1=\{a, e, g\},\ C_2=\{c, d\},\ C_3=\{b, e, f\}\}$

(3) $\{D_1=\{a, b, e, g\},\ D_2=\{c\},\ D_3=\{d, f\}\}$

(4) $\{E_1=\{a, b, c, d, e, f, g\}\}$

5. $W=\{1, 2, 3, 4, 5, 6\}$일 때 다음 집합족은 W의 분할인가?

   (1) $\{\{1, 3, 5\}, \{2, 4\}, \{3, 6\}\}$ (2) $\{\{1, 5\}, \{2\}, \{3, 6\}\}$

   (3) $\{\{1, 5\}, \{2\}, \{4\}, \{1, 5\}, \{3, 6\}\}$ (4) $\{\{1, 2, 3, 4, 5, 6\}\}$

6. 정리 **4·2**와 정리 **4·3**을 증명하여라.

7. $V=\{1, 2, 3\}$의 모든 분할과 동치관계를 구하여라. 또한 정리 **4·2**와 정리 **4·3**에 의한 모든 V에서의 모든 분할과 모든 동치관계 사이의 1 대 1 대응을 짝지어 보아라.

3. 기 수

1) 대등한 집합

정의 4·2 $f: A \to B$에서 f가 단사(one-one)이고 전사인 함수, 즉 A에서 B로의 전단사함수 f가 존재할 때, A와 B는 대등(equivalent)하다고 하고, 이를 $A \sim B$로 나타낸다.

이때, 함수 f를 A와 B 사이의 1 대 1 대응(one to one correspondence)을 정의한다고 말한다.

[예 4·12] $R=\{1, 2, 5, 8\}$, $T=\{$박, 김, 이, 최$\}$라고 하자. $f=\{(1,$ 이$), (2,$ 김$), (5,$ 박$), (8,$ 최$)\}$와 같은 전단사함수가 정의되므로 R는 T와 대등이다. 즉

$$R \sim T$$

일반적으로 두 유한집합이 대등하다는 것은 원소의 수가 같다는 것과 동치이다.

[예 4·13] 자연수의 집합을 $N=\{1, 2, 3, \cdots\cdots\}$, 짝수의 집합을 $E=\{2, 4, 6, \cdots\cdots\}$이라고 하자. f를 $f(x)=2x$로 정의하면 전단사함수임을 알 수 있다. 즉

$$N \sim E$$

위 [예 4·13]에서 알 수 있는 바와 같이 N은 그 진부분집합인 E와 대등하다. 이것은 무한집합의 특징이다.

정의 4·3 한 집합이 그 진부분집합과 대등하면 무한집합(infinite set)이라 하고, 그렇지 않을 때를 유한집합(finite set)이라고 한다.

■ **정리 4 · 4**

$A \sim B$로 정의된 집합들의 관계는 동치관계이다. 즉

(1) 임의의 집합 A에 대하여 $A \sim A$

(2) $A \sim B$이면 $B \sim A$

(3) $A \sim B$, $B \sim C$이면 $A \sim C$이다.

정의 4 · 4 집합 D가 자연수의 집합 N과 대등하면 D를 가부번(denumerable)이라고 하고, 그 농도(cardinality)는 a라고 한다.

정의 4 · 5 한 집합이 유한이든가 가부번이면 '가산(countable)'이라 하고, 무한이면서 N과 대등이 아닌 집합을 비가부번(nondenumerable)이라고 한다.

[예 4 · 14] 서로 다른 원소로 된 무한수열 a_1, a_2, a_3, ……은 가부번이다. 이것은 변역이 N인 함수 $f(n) = a_n$을 정의하면 분명히 전단사함수이기 때문이다. 따라서 다음 각 집합은 가부번이다.

$$\left\{1,\ \frac{1}{2},\ \frac{1}{3},\ \cdots\cdots,\ \frac{1}{n},\ \cdots\cdots\right\}$$

$$\{1,\ -2,\ 3,\ -4,\ \cdots\cdots,\ (-1)^{n-1}n,\ \cdots\cdots\}$$

$$\{(1,\ 1),\ (4,\ 8),\ (9,\ 27),\ \cdots\cdots,\ (a^2,\ a^3),\ \cdots\cdots\}$$

[예 4 · 15] 오른쪽과 같이 곱집합 $N \times N$을 생각하여 보자. $N \times N$은 다음과 같이 서로 다른 무한수열로 쓸 수 있다.

$\{(1,\ 1),\ (2,\ 1),\ (1,\ 2),\ (1,\ 3),\ (2,\ 2),\ \cdots\cdots\}$ (화살표에 따라서 쓴 것이다) 따라서 $N \times N$은 가부번이다.

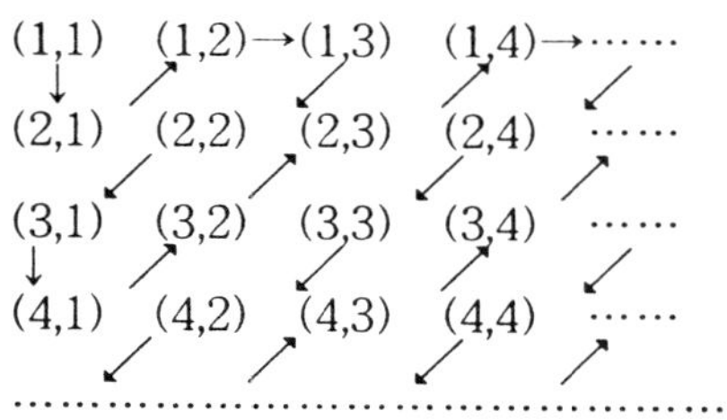

■ **정리 4 · 5**

모든 무한집합은 가부번인 부분집합을 포함한다.

■ **정리 4 · 6**

가부번집합의 부분집합은 유한이든가 가부번이다.

〈계〉 가산집합의 부분집합은 가산이다.

■ **정리 4 · 7**

A_1, A_2, A_3, ……을 모두 서로 소인 가부번집합이라고 하자. 그러면 다음은 가부번이다.

$$\cup_{i \in N} A_i$$

〈계〉 $\{A_i\}_{i \in I}$를 가산집합의 가산집합족이라고 하면 다음은 가산이다.

$$\cup_{i \in I} A_i$$

[예 4 · 16] Q^+를 양의 유리수의 집합, Q^-를 음의 유리수의 집합이라고 하면

$$Q = Q^- \cup \{0\} \cup Q^+$$

는 유리수의 집합이다.

함수 $f: Q^+ \to N \times N$을 $f\left(\frac{q}{p}\right) = (p, q)$로 정의하자. 여기서 $\frac{q}{p}$는 두 자연수의 비로 표현된 양의 유리수이다. f는 단사이므로 Q^+는 $N \times N$의 부분집합과 대등하다.

정리 4 · 6과 [예 4 · 15]에 의해서 Q^+는 가부번이다. 마찬가지로 Q^-도 가부번이다. 따라서 Q^+, $\{0\}$, Q^-의 합인 유리수의 집합은 가부번이다.

무한집합은 모두 가부번일까? 다음 정리를 보자.

■ **정리 4 · 8**

단위 구간 $[0, 1]$은 비가부번이다.

증명 결론을 부정하면 $[0, 1]$의 원소를 수열로 나타낼 수 있다. 즉 $A = \{x_1, x_2, \cdots\cdots\}$, 또 A의 각 원소는 다음과 같이 무한소수의 모양으로 쓸 수 있다.

$$x_1 = 0.a_{11}a_{12}a_{13}\cdots\cdots a_{1n}\cdots\cdots$$
$$x_2 = 0.a_{21}a_{22}a_{23}\cdots\cdots a_{2n}\cdots\cdots$$
$$x_3 = 0.a_{31}a_{32}a_{33}\cdots\cdots a_{3n}\cdots\cdots$$
$$\cdots\cdots\cdots\cdots\cdots\cdots\cdots\cdots$$
$$x_n = 0.a_{n1}a_{n2}a_{n3}\cdots\cdots a_{nn}\cdots\cdots$$
$$\cdots\cdots\cdots\cdots\cdots\cdots\cdots\cdots$$

여기서 $a_{ij}=\{0, 1, 2, \cdots\cdots, 9\}$이고, 각 소수는 무한히 많은 수를 포함한다(예를 들어 $1=0.99, \cdots\cdots,\ 0.5=0.499, \cdots\cdots,\ 0.1=0.1000, \cdots\cdots$).

A에 속하는 한 실수 y를 다음과 같이 정하여 보자.

$$y=0.b_1b_2b_3\cdots\cdots b_n\cdots\cdots$$

여기서 $b_1\neq a_{11}$, $b_1\neq 0$인 b_1을, $b_2\neq a_{22}$, $b_2\neq 0$인 b_2를 택하고 나머지도 같은 방법으로 정한다. 그러면 $y\neq x_1$($b_1\neq a_{11}$, $b_1\neq 0$이므로), $y\neq x_2$($b_2\neq a_{22}$, $b_2\neq 0$), $\cdots$ $y\neq x_n$(모든 n에 대하여).

따라서 $y\notin A$이다. 이것은 모순이므로 $[0, 1]$은 비가부번이다.

정의 4·6 집합 A를 구간 $[0, 1]$과 대등이라고 하자. 그러면 A를 농도 c를 가졌다고 하고, 이것을 연속체의 농도(power of continum)를 가졌다고 한다.

[예 4·17] $[a, b]$를 임의의 구간, f: $[0, 1]\to[a, b]$를 다음과 같이 정의한다.

$$f(x)=a+(b-a)x$$

그러면 f는 전단사함수이다. 따라서 $[a, b]$는 농도 c를 갖는다.

[예 4·18] $f(x)=\tan x$로 정의된 함수 $f:\left(-\frac{\pi}{2}, \frac{\pi}{2}\right)\to R^{\#}$는 전단사함수이다. 따라서

$$R^{\#}\sim\left(-\frac{\pi}{2}, \frac{\pi}{2}\right)$$

그러므로 $R^{\#}$는 연속체의 농도 c를 갖는다.

2) 기수

$A\sim B$로 정의된 집합에서의 관계는 동치관계이다. 동치관계에 관한 정리 **4·2**와 정리 **4·3**에 의하면 모든 집합은 대등한 집합끼리의 동치류로 분할된다.

정의 4·7 A를 임의의 집합, α를 A와 대등한 집합족을 표시한다고 하자. 이때, α를 기수(cardinal number)라 하고, $\alpha=\#(A)$로 나타낸다.

$$\phi,\ \{1\},\ \{1, 2\},\ \{1, 2, 3\},\ \cdots\cdots$$

인 집합의 기수를 기호 $0, 1, 2, 3, \cdots\cdots$으로 나타내고, 이를 유한기수(finite cardinal)

라고 한다.

자연수의 집합 N과 단위구간 $[0, 1]$의 기수를 다음과 같이 나타낸다.

$$\#(N) = a, \quad \#([0, 1]) = c$$

유한기수 0, 1, 2, 3, ……는 자연수 N과 0의 확대집합으로 생각할 수 있다.

[예 4 · 19] 기수 $1 = \#\{\{1\}\} = \{B \mid B \sim \{1\}\} = \{\{1\}, \{a\}, \{2\}, \{5\}, \cdots\cdots\}$,

기수 $2 = \#\{\{a, b\}\} = \{B \mid B \sim \{a, b\}\} = \{\{a, b\}, \{c, a\}, \{1, 2\}, \{a, 5\}, \cdots\cdots\}$

기수 3 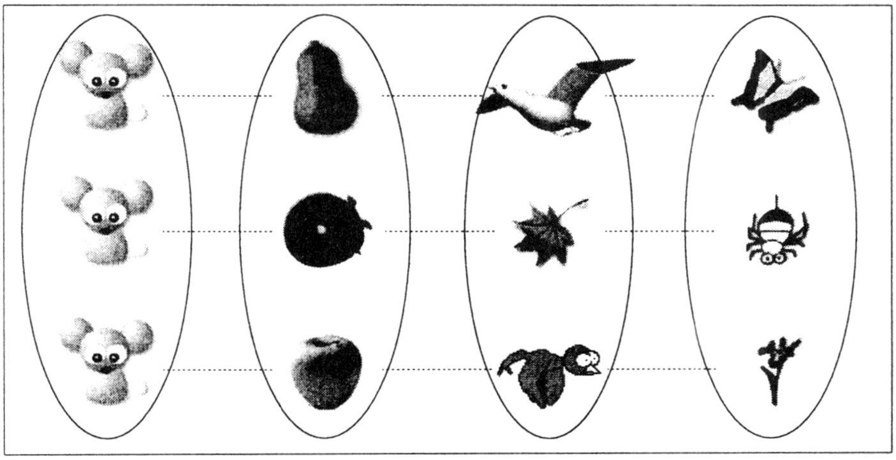

다음의 정의는 자연수에 관한 가법과 승법의 일반연산을 모든 기수에 관한 연산으로 확장한 것이다.

정의 4 · 8 α, β를 서로 소인 집합 A, B의 기수라고 하자. 즉

$$\alpha = \#(A), \quad \beta = \#(B)$$

그러면

$$\alpha + \beta = \#(A \cup B), \quad \alpha\beta = \#(A \times B)$$

위 정의는 특별한 집합 A와 B에 좌우되지 않는 $\alpha + \beta$, $\alpha\beta$의 정의이다. 곧 $A \sim A'$, $B \sim B'$, $A \cap B = \phi$, $A' \cap B' = \phi$이면 $\#(A \cup B) = \#(A' \cup B')$, $\#(A \times B) = \#(A' \times B')$, 여기서 A, B가 서로 소임을 가정하지 않을 때에는 $A \times \{1\}$, $B \times \{2\}$가 서로 소이므로, $\alpha = \#(A)$, $\beta = \#(B)$라고 하면 $\#(A \times \{1\}) = \alpha$, $\#(B \times \{2\}) = \beta$이므로

$$\alpha + \beta = \#(A \times \{1\} \cup B \times \{2\}), \quad \alpha\beta = \#(A \times B)$$

라고 생각할 수 있다.

[예 4·20] $3=\#(\{a, b, c\})$, $4=\#(\{1, 3, 5, 7\})$이고,

$$3+4=\#(\{a, b, c\}\cup\{1, 3, 5, 7\}=7$$

$$\begin{aligned}3\times4&=\#(\{a, b, c\}\times\{1, 3, 5, 7\})\\&=\#(\{(a, 1), (a, 3), (a, 5), (a, 7), (b, 1), (b, 3),\\&\quad(b, 5), (b, 7), (c, 1), (c, 3), (c, 5), (c, 7)\})\\&=12\end{aligned}$$

로서 유한기수의 덧셈, 곱셈은 자연수의 경우와 같다.

[예 4·21] $a=\#(\{1, 3, 5, 7, \cdots\cdots\}=\#(\{2, 4, 6, 8, \cdots\cdots\})$이다. 이때

$$a+a=\#(N)=a,\quad a\times a=\#(N\times N)=a$$

임을 알 수 있다.

기수의 덧셈, 곱셈에 대한 결합법칙, 교환법칙, 곱셈에 관한 덧셈의 배분법칙이 성립한다.

■ **정리 4·9**

α, β, γ를 임의의 기수라고 하면

(1) $(\alpha+\beta)+\gamma=\alpha+(\beta+\gamma)$　　(2) $(\alpha\beta)\gamma=\alpha(\beta\gamma)$

(3) $\alpha+\beta=\beta+\alpha$　　(4) $\alpha\beta=\beta\alpha$

(5) $\alpha(\beta+\gamma)=\alpha\beta+\alpha\gamma$

자연수의 덧셈, 곱셈에 관한 성질은 기수에 관해서는 성립되지 않는 것도 있다. 예를 들면 자연수에 대해서는 소거법칙(cancellation law)이 성립한다. 즉

$$a+b=a+c\text{이면}\quad b=c$$

$$ab=ac\text{이면}\quad b=c\,(a\neq0)$$

그런데

$$a+a=a=1+a\text{이지만 } a=1\text{이 아니다.}$$

$$aa=a=1a\text{이지만 } a=1\text{이 아니다.}$$

기수에서는 소거법칙이 덧셈, 곱셈에 관해 일반적으로 성립하지 않는다. 기수에 대한 부등관계는 다음과 같이 정의한다.

정의 4·9 $\alpha = \#(A)$, $\beta = \#(B)$라 하고, A를 B의 부분집합과 대등하다고 하자. 즉, 단사함수인 $f: A \to B$가 존재한다고 하자. 그러면 $A \precsim B$라 쓰고, A는 B의 앞(A precedes B)이라고 읽으며, $\alpha \leq \beta$라고 쓰고, 'α는 β와 같거나 작다'라고 읽는다. 또, 다음 기호도 쓴다. $A \prec B$는 $A \precsim B$이고 $A \not\sim B$를 뜻하며, $\alpha < \beta$는 $\alpha \leq \beta$이고, $\alpha \neq \beta$를 의미한다.

[예 4·22] A, B를 유한집합, $\alpha = \#(A)$, $\beta = \#(B)$라고 하자. 그러면 기수로서 $n \leq m$인 필요충분조건은 자연수로서 $n \leq m$일 것이다. 즉, 기수의 집합에서의 부등관계는 자연수의 집합체에서의 부등관계의 확장이다.

[예 4·23] 자연수집합 N은 실수의 집합 R의 부분집합이니

$$a \leq c$$

더욱이 $R^{\#}$는 가부번집합이 아니니, 즉 $a \neq c$이므로 $a < c$이다.

[예 4·24] 임의의 집합 A에 대하여 항등함수(identity function) $1_A: A \to A$는 단사이다. 따라서 $A \precsim A$. 그러므로 모든 기수 α에 대하여 $\alpha \leq \alpha$이다.

[예 4·25] $f: A \to B$가 단사이고 $g: B \to C$가 단사이면 합성함수 $g \circ f: A \to C$는 또 단사이다. 더욱이 $A \precsim B$, $B \precsim C$이면 $A \precsim C$이다. 임의의 기수 α, β, γ에 대하여

$$\alpha \leq \beta,\ \beta \leq \gamma \text{이면 } \alpha \leq \gamma$$

이다.

앞의 두 예에서 다음 정리를 얻는다.

■ **정리 4·10**

$A \precsim B$로 정의된 집합에서의 관계는 반사율, 추이율이 성립하고, $\alpha \leq \beta$로 정의된 기수에서의 관계도 반사율, 추이율이 성립한다.

우리는 지금까지 무한기수를 a, c만 취급하였다. 그 이외에도 무한기수가 있는지의 여부는 다음 칸토어의 정리가 대답하여 준다.

■ 정리 4 · 11

(칸토어의 정리) 임의의 집합 A에 대하여

$$A \prec 2^A$$

이다. 따라서 임의의 기수 α에 대하여

$$\alpha < 2^\alpha$$

여기서 $\alpha = \#(A)$, $2^\alpha = \#(2^A)$이고, 2^A는 A의 모든 부분집합의 집합, 즉 A의 멱집합(power set)을 뜻한다.

임의의 집합 A, B에 대하여 적어도 다음 한 경우는 참이다.

(1) $A \sim B$, 즉 $\#(A) = \#(B)$

(2) $A \prec B$, 즉 $\#(A) < \#(B)$

(3) $A \preceq B$ 또는 $B \preceq A$로, 즉 $\#(A) \leq \#(B)$, $\#(B) \leq \#(A)$

(4) $A \npreceq B$ 또는 $B \npreceq A$, 즉 $\#(A) \nless \#(B)$, $\#(A) \neq \#(B)$, $\#(B) \nless \#(A)$

■ 정리 4 · 12

(슈뢰더-베른슈타인의 정리) $A \preceq B$, $B \preceq A$이면 $A \sim B$이다.

따라서 임의의 기수 α, β에 대하여

$$\alpha \leq \beta,\ \alpha \geq \beta \text{이면 } \alpha = \beta$$

슈뢰더-베른슈타인의 정리는 동치인 다음과 같은 형식으로 쓸 수 있다.

■ 정리 4 · 13

$X_1 \subset Y \subset X$, $X_1 \sim X$이면 $X \sim Y$이다.

■ 정리 4 · 14

(삼자택-율) 두 기수 α, β에 대하여 다음 어느 하나만 반드시 성립된다.

$$\alpha < \beta,\ \alpha = \beta,\ \ \alpha > \beta$$

이 정리는 위의 (4)의 경우가 나타나지 않음을 보이고 있는 것으로 이 정리의 증명은 초한귀납법을 써서 증명할 수 있으나 여기서는 생략하겠다.

문 제

1. 2개의 동심원

$$C_1=\{(x, y)\mid x^2+y^2=a^2\},\quad C_2=\{(x, y)\mid x^2+y^2=b^2\},\quad 0<b<a$$

를 생각하자. C_1과 C_2 사이에 1 대 1 대응관계를 기하학적으로 입증하여라.

2. $[0, 1]\sim(0, 1)$임을 증명하여라.
3. 집합에서의 관계 $A\sim B$가 동치관계임을 증명하여라.
4. 임의의 집합 A, B에 대하여 $A\times B\sim B\times A$임을 증명하여라.
5. 임의의 기수 α, β, γ에 대하여

(1) $(\alpha+\beta)+\gamma=\alpha+(\beta+\gamma)$　　(2) $(\alpha\beta)\gamma=\alpha(\beta\gamma)$

(3) $\alpha+\beta=\beta+\alpha$　　(4) $\alpha\beta=\beta\alpha$

(5) $\alpha(\beta+\gamma)=\alpha\beta+\alpha\gamma$

이 성립함을 증명하여라.

4. 순서집합

1) 순서집합

정의 4·10 다음이 성립하는 A에서의 관계 R를 집합 A에서의 준순서(partial order)라고 한다.

(1) $\forall a\in A$, $(a, a)\in R$ (반사성)

(2) $(a, b)\in R$이고, $(b, a)\in R$이면, $a=b$(반대칭성)

(3) $(a, b)\in R$이고, $(b, c)\in R$이면, $(a, c)\in R$ (추이성)

관계 R가 A에서의 준순서를 정의하면 $(a, b)\in R$를 $a\precsim b$로 나타내고 a는 b의 앞(a precedes b)이라고 한다.

[예 4·26] R를 'x는 y의 배수'라고 정의한 자연수 N에서의 관계라고 하면 R는 N에서의 준순서이다. 이때 $6\precsim 2$, $15\not\precsim 3$, $17\precsim 17$이다.

[예 4·27] A를 실수의 한 부분집합이라 하자. "$x\leq y$"로 정의된 A에서의 관계는 A

의 준순서이다. 이것을 A에서의 자연순서(natural order)라고 부른다.

[예 4·28] R를 'x는 y를 나눈다'로 정의된 $V=\{1, 2, 3, 4, 5, 6\}$에서의 관계라고 하자. V에서의 이 준순서는 그림 I·29와 같은 선도로 나타내어진다.

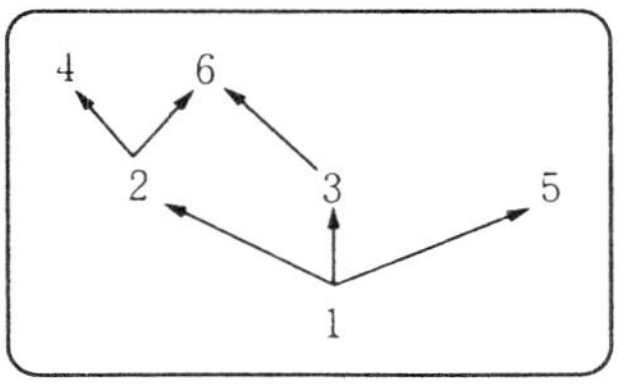

그림 I·29

정의 4·11 집합 A를 A에서의 한 준순서 관계 R과 함께 생각할 때 이를 준순서집합(partial ordered set)이라고 한다.

준순서집합은 집합 A와 A에서의 특별한 관계로 된 것이므로, 준순서집합을 가끔 순서쌍(A, R) 또는 $(A, \preceq)$로 나타낸다.

준순서집합에서 두원소 a, b가 $a \not\preceq b$, $b \not\preceq a$일 때 비교불가능(not comparable)이라고 한다. [예 4·26]에서 수 3, 5는 한 수가 다른 수의 배수가 아니므로 비교불가능이다.

준순서에서 '준'이란 말은 A에 속하는 어떤 두 원소가 비교 불가능이라도 된다는 뜻에서 쓰인다. 그 반면에 준순서집합 A의 임의의 두 원소가 비교가능할 때, A에서의 준순서를 전순서(total order)라고 한다.

정의 4·12 A의 임의의 두 원소 a, b에 대하여

$$a \prec b, \quad a=b, \quad a \succ b$$

의 어느 성질을 갖는 A에서의 준순서를 A에서의 전순서(total order)라 하고, 전순서가 주어진 집합을 전순서집합(totally ordered set)이라고 한다.

[예 4·29] 실수(대소관계를 가진)의 임의의 집합 A는 그 임의의 두 원소가 비교가능하므로 전순서이다.

[예 4·30] R를 'x는 y를 나눈다'로 정의된 $V=\{1, 2, 3, 4, 5, 6\}$에서의 관계라면 3과 5는 비교 불가능이므로, R는 전순서가 아니다.

[예 4·31] A와 B를 전순서집합이라고 하자. 그러면 데카르트적 $A \times B$는 다음과 같이 전순서가 되게 할 수 있다.

$$a \prec a' \text{ 또는 } a=a' \text{이고 } b \prec b' \text{이면 } (a, b) \prec (a', b')$$

이 순서는 단어가 사전에 나열된 방법과 비슷하므로, $A \times B$의 사전식순서라고 한다.

2) 순서집합의 부분집합

관계 R가 집합 A에서의 준순서로 정의되었다고 하자. 즉 (A, R)가 순서가 붙은 집합이라고 하자.

$B\subset A$이면 A에서의 준순서 R는 다음과 같은 방법으로 B에 준순서 R'를 줄 수 있다.

$a, b\in B$라고 하면 B의 원소로서

$$(a, b)\in R', \text{ 즉 } a\preceq b$$

일 필요충분조건은 $(a, b)\in R$, 즉 A의 원소로서 $a\preceq b$이다. 이런 경우, 순서집합 (B, R')를 순서집합 (A, R)의 (준순서)부분집합이라고 한다.

[예 4 · 32] $W=\{a, b, c, d, e\}$를 그림 I · 30과 같이 순서가 주어졌다고 하자. 그러면 둘째 그림과 같은 순서를 가진 $V=\{a, d, e\}$는 순서집합 W의 부분집합이다. 그러나 끝의 순서를 가진 V는 순서집합 W의 부분집합이 아니다.

A를 준순서집합이라고 할 때, A의 준순서는 A의 모든 부분집합에 준순서를 준다. 그런데 A의 부분집합 중에는 전순서인 경우도 있을 수 있다.

A가 전순서집합이면 그 모든 부분집합은 전순서집합이다.

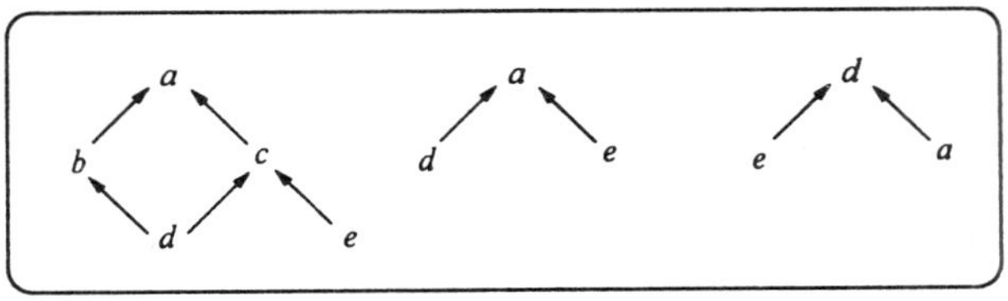

그림 I · 30

[예 4 · 33] 자연수의 집합 N에 'x는 y의 배수'로서 순서가 주어졌다고 하자. 그러면 4와 7은 비교 불가능이므로, N은 전순서집합이 아니다. 그러나 집합

$$M=\{2, 4, 8, \cdots\cdots, 2^n, \cdots\cdots\}$$

은 N의 전순서부분집합이다.

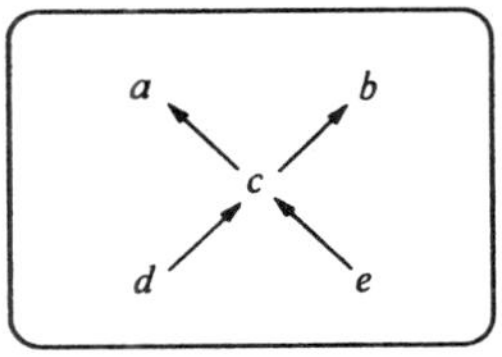

그림 I · 31

[예 4 · 34] 그림 I · 31과 같이 순서가 정의된 $W=\{a, b, c, d, e\}$의 준순서를 생각하면

$$\{a, c, d\},\ \{b, d\},\ \{b, c, e\},\ \{a, c\}$$

는 전순서부분집합이다.

그러나 $\{a, b, c\}$, $\{d, e\}$는 전순서집합이 아니다.

3) 상계와 하계

A를 순서집합이라고 하자. $a \in A$가 모든 $x \in A$에 대하여 $a \precsim x$일 때, a를 A의 첫 원소(first element)라고 한다. 즉 a는 A의 모든 원소의 앞이다.

마찬가지로 $b \in A$가 모든 $x \in A$에 대하여 $x \precsim b$일 때, b를 A의 마지막 원소(last element)라고 한다. 즉 b는 A에 속하는 모든 원소의 뒤에 있다.

[예 4·35] $W=\{a, b, c, d, e\}$가 그림 I·32와 같이 순서가 주어졌다고 하자. a는 모든 원소의 뒤이므로, a는 W의 마지막 원소이다.

원소 d는 e의 앞이 아니므로 첫 원소가 아니다.

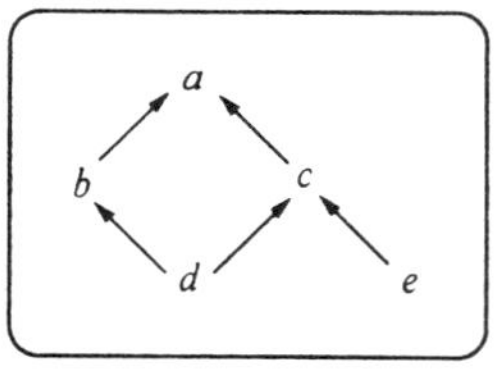

그림 I·32

[예 4·36] A를 임의의 집합, A의 멱집합을 2^A라고 하자. 'x가 y의 부분집합'에 의하여 2^A에 순서가 주어지면 $\emptyset$는 첫 원소이고 A는 마지막 원소이다.

준순서집합은 기껏해야 하나의 첫 원소와 하나의 마지막 원소를 가질 수 있다.

A를 순서집합이라고 하자. $a \in A$가 $a \precsim x$이면 $a=x$일 때, a를 극대원소(maximal element)라고 한다. 즉 a가 극대원소란 것은 a의 뒤가 없다는 뜻이다. 마찬가지로 b의 앞이 없을 때, 즉 $b \in A$가 $x \precsim b$이면 $b=x$일 때, b를 극소원소(minimal element)라고 한다.

[예 4·37] $W=\{a, d, c, d, e\}$가 그림 I·33과 같이 순서가 주어졌다면 d는 W의 극소원소이며, 첫 원소이고, a와 e는 극대원소이다.

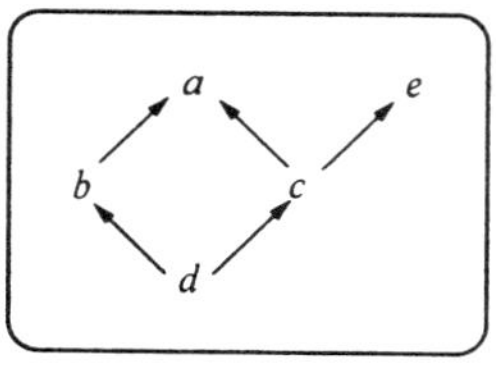

그림 I·33

[예 4·38] $W=\{a, b, c, d, e\}$가 그림 I·34와 같이 순서가 주어졌을 때, a와 b는 W의 극대원소이고, c와 d는 극소원소이다. 첫 원소와 마지막 원소는 없다.

[예 4·39] $V=\{x \mid 0<x<1\}$라고 하자. 그러면 V는 극대원소와 극소원소를 갖지 않는다.

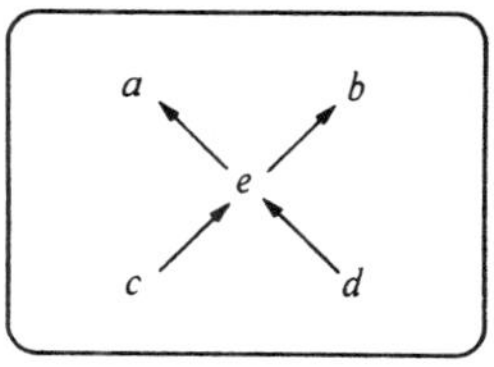

그림 I·34

다음 사실들은 앞의 개념들 사이의 관계를 보여 준다.

a가 A의 첫 원소라면 a는 극소원소이고 유일하다. 마찬가지로 A의 마지막 원소는 극대원소이고 유일하다.

A가 전순서이면 기껏해야 첫 원소인 하나의 극소원소를 포함할 수 있다. 마찬가지로 기껏해야 마지막 원소인 하나인 극대원소를 포함할 수 있다.

모든 유한준순서집합은 적어도 하나의 극대원소와 적어도 하나의 극소원소를 갖는다.

[예 4·39]에서와 같이 무한순서집합은 전순서집합일지라도 극대원소와 극소원소를 가질 필요가 없다.

B를 준순서집합 A의 부분집합이라고 하자. A의 한 원소 m이 모든 $x \in B$에 대하여 $m \precsim x$일 때, m을 B의 하계(lower bound)라고 한다. 즉 m은 B의 모든 원소의 앞에 있다.

B의 한 하계가 다른 모든 B의 하계의 뒤이면 이것을 최대하계(greatest lower bound) 또는 하한(infimum)이라 하고

$$\inf(B)$$

로 나타낸다.

일반적으로 B는 하나 또는 여러 개의 하계를 가질 수도 있고, 하나도 갖지 않을 수도 있다. 그러나 $\inf(B)$는 많아야 하나 있을 수 있다.

A의 한 원소 M이 B의 모든 원소의 뒤이면 B의 상계(upper bound)라고 한다. 즉, $\forall x \in B \;\; x \precsim M$이다.

B의 한 상계가 다른 모든 상계의 앞일 때, 이것을 최소상계(least upper bound) 또는 상한(supermun)이라고 하고

$$\sup(B)$$

로 나타낸다. $\sup(B)$는 많아야 하나 있을 수 있다.

[예 4·40] A를 실수의 임의 유계집합(상계와 하계가 있는 집합)이라 하자. 그러면 대소 순서에 따른 $\inf(A)$와 $\sup(A)$가 존재함을 알 수 있다.

[예 4·41] $V=\{a, b, c, d, e, f, g\}$가 그림 Ⅰ·35와 같이 순서가 주어지고, $B=\{c, d, e\}$라 하면, a, b, c는 B의 상계이고, f는 B의 유일한 하계이다. g는 d의 앞이 아니며 비교 불가능이므로 B의 하계가 아니다.

$c=\sup(B)$는 B에 속하지만 $\inf(B)=f$는 B에 속하지 않는다.

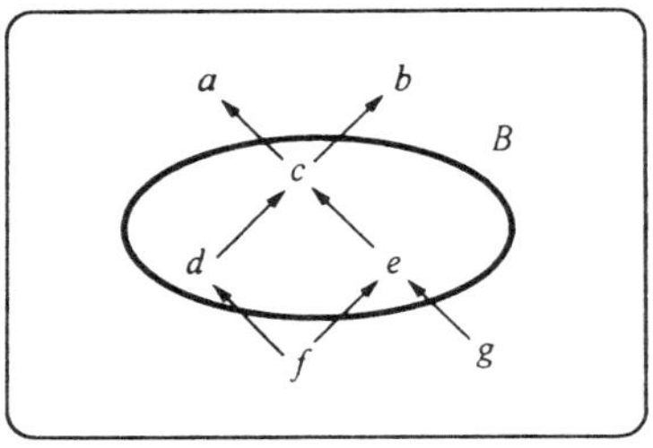

그림 Ⅰ·35

[예 4·42] Q를 유리수의 집합, $B=\{x \mid x \in Q, \sqrt{2}<x<\sqrt{3}\}$이라고 하자. 즉 Q는 실수직선상의 $\sqrt{2}$와 $\sqrt{3}$ 사이에 있는 유리수로 이루어졌다. 이 경우 B의 상계와 하계는 무한히 많지만, $\inf(B)$와 $\sup(B)$는 존재하지 않는다. 왜냐하면 $\sqrt{2}$와 $\sqrt{3}$은 Q에 속하지 않기 때문에 하계와 상계가 아니다. 이때 전체집합은 Q이다.

4) 닮은집합

정의 4·13 A, B는 순서집합이고, 모든 $a, a' \in A$에 대해서

$$a \prec a' \Leftrightarrow f(a) \prec f(a')$$

인 전단사함수 $f: A \to B$가 존재할 때 A와 B는 닮았다라고 하고, 기호

$$A \simeq B$$

로 나타낸다. 이때 함수 f를 A에서 B로의 닮음사상(similarity mapping)이라고 한다.

[예 4·43] $V=\{1, 2, 6, 8\}$은 'x는 y를 나눈다'로, 즉 그림 Ⅰ·36 (b)로 순서가 주어지고, $W=\{a, b, c, d\}$는 그림 (a)로 순서가 주어졌다고 하자. 이때 $f: V \to W$가 그림 (c)와 같이 정의되므로 $V \simeq W$이다. 즉, 순서 관계를 보존하고 원소 사이에 1 대 1 대응이 성립한다.

$g=\{(1, d), (2, c), (8, b), (6, a)\}$도 V에서 W에로의 닮음사상이다.

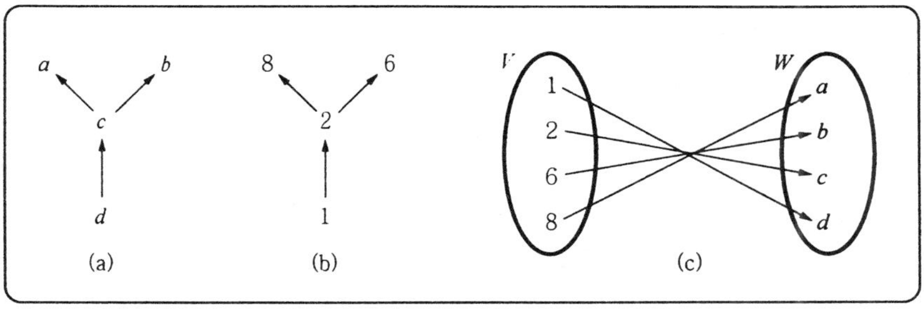

그림 I · 36

[예 4 · 44] 자연수의 집합 $N=\{1, 2, 3, \cdots\cdots\}$은 짝수의 집합 $E=\{2, 4, 6, \cdots\cdots\}$와 닮는다. 즉, 함수 $f: N \to E$를 $f(x)=2x$로 정의할 때 f는 N에서 E로의 닮음사상이다.

■ 정리 4 · 15

A가 전순서이고, $A \simeq B$이면 B도 전순서이다.

■ 정리 4 · 16

$f: A \to B$를 닮음사상이라고 할 때, $a \in A$가 첫(마지막, 극소, 극대)원소일 필요충분조건은 $f(a)$가 B의 첫(마지막, 극소, 극대)원소인 것이다.

■ 정리 4 · 17

$A \simeq B$이면 $A \sim B$

■ 정리 4 · 18

$A \simeq B$로 정의된 순서집합들의 관계는 동치관계이다. 즉

(1) 임의의 순서집합 A에 대하여 $A \simeq A$

(2) $A \simeq B$이면, $B \simeq A$이다.

(3) $A \simeq B$이고 $B \simeq C$이면 $A \simeq C$이다.

위 정리 **4 · 18**에 의하여 모든 순서집합은 서로 소인 닮은집합의 류(동치류, class)로 분할된다.

정의 4 · 14 A를 전순서집합, ξ를 A와 닮은집합의 집합족을 나타낸다고 하자. 이

때, ξ를 A의 순서형(order type)이라고 한다.

자연수, 정수, 유리수의 집합 N, Z, Q의 순서형을 ω, π, η로 나타내고, ξ가 A의 순서형일 때 역순서를 가진 A의 순서형을 ξ^*로 나타낸다.

[예 4·45] $E=\{2, 4, 6, \cdots\cdots\}$의 순서형은 E가 N과 닮았으므로 ω이다.

또, 자연순서를 가진 $N=\{1, 2, 3, \cdots\cdots\}$은 역순서를 가진 N과 닮음이 아니므로 $\omega \neq \omega^*$이다.

자연순서를 가진 $Z=\{\cdots\cdots, -2, -1, 0, 1, 2, \cdots\cdots\}$는 $f(x)=-x$로 하면 역순서를 가진 Z와 닮았다. 따라서 $\pi=\pi^*$.

문 제

1. 자연수의 집합 N에서의 관계를 'x는 y를 나눈다'로 정의하면 준순서이다.
   (1) 두 수 사이에 알맞는 기호 $\prec$, $\succ$ 또는 ∥(비교 불가능)을 넣어라.
   (a) 2____8, (b) 18____24, (c) 9____3, (d) 5____15
   (2) N의 다음 부분집합이 전순서인가 아닌가 말하여라.
   (a) $\{24, 2, 6\}$, (b) $\{3, 15, 5\}$, (c) $\{15, 5, 30\}$, (d) $\{2, 8, 32, 4\}$,
   (e) $\{1, 2, 3, \cdots\cdots\}$, (f) $\{7\}$

2. $V=\{a, b, c, d, e\}$를 그림 Ⅰ·37로 순서가 주어졌다고 하자.
   (1) 두 원소 사이에 알맞는 기호 $\prec$, $\succ$ 또는 ∥(비교 불가능)을 넣어라.
   (a) a____e, (b) b____c, (c) d____a, (d) c____d
   (2) V에서 역순서를 정의하는 그림을 만들어라.

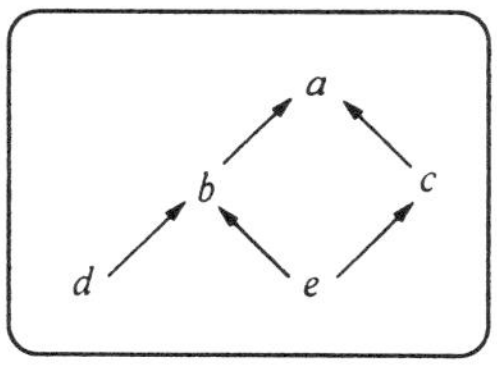

그림 Ⅰ·37

3. $N \times N$을 사전식순서가 주어졌다고 하자. $N \times N$의 다음 원소 사이에 기호 $\prec$, 혹은 $\succ$을 넣어라.
   (a) (5,78)____(7,1), (b) (4,6)____(4,2), (c) (5,0)____(4,23), (d) (1,3)____(1,2)

4. $A=\{a, b, c\}$가 그림과 같이 순서가 주어졌다. $\mathcal{A}$를 A의 공이 아닌 모든 전순서 부분집합족이다. $\mathcal{A}$의 순서는 집합의 포함 관계로 준순서가 주어졌다. $\mathcal{A}$의 그림을 만들어라.

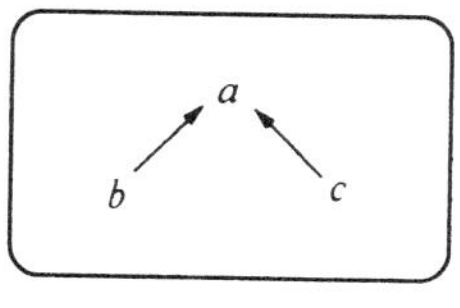

5. $B=\{1, 2, 3, 4, 5\}$가 그림 Ⅰ·38과 같이 순서가 주어졌다고 하자.

(1) 모든 극소원소를 구하여라.

(2) 모든 극대원소를 구하여라.

(3) B는 첫 원소를 갖느냐?

(4) B는 마지막 원소를 갖느냐?

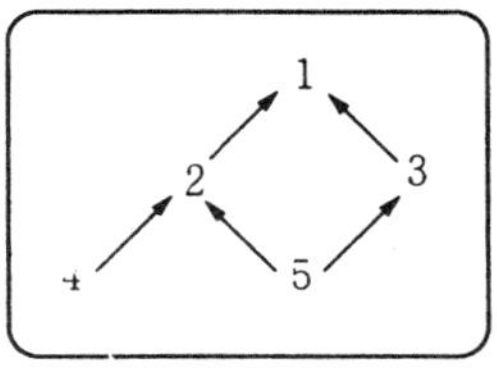

그림 Ⅰ·38

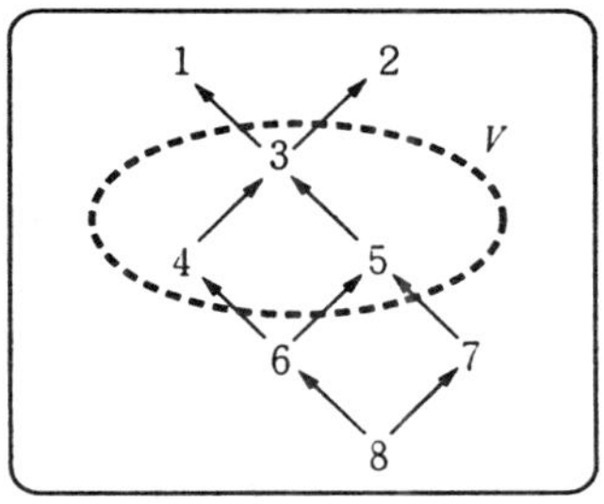

그림 Ⅰ·39

6. $W=\{1, 2, 3, \cdots\cdots, 7, 8\}$의 순서를 그림 Ⅰ·39와 같이 정의하고 그 한 부분집합을 $V=\{4, 5, 6\}$이라고 하자.

(1) V의 상계를 모두 찾아라.

(2) V의 하계를 모두 찾아라.

(3) $\sup(V)$가 존재하는가?

(4) $\inf(V)$가 있는가?

7. 유리수의 집합 Q와 그 부분집합 $A=\{x \mid x\in Q,\ x^3<3\}$을 생각하자.

(1) A는 위로 유계냐? 즉 A는 상계를 가졌느냐?

(2) A는 아래로 유계냐? 즉 A는 하계를 가졌느냐?

(3) $\sup(A)$는 존재하는가?

(4) $\inf(A)$는 존재하는가?

5. 정렬집합과 순서수

1) 정렬집합

집합이 전순서일지라도 첫 원소가 없는 경우도 있다. 자연순서를 준 자연수의 집합 N의 기본 성질의 하나는 N과 N의 부분집합에는 항상 첫 원소가 존재한다는 것이다.

순서집합이 이런 성질을 가질 때 우리는 그것을 정렬집합이라고 한다.

정의 4·15 A가 순서집합이고, A의 모든 부분집합이 첫 원소를 가질 때 A를 정렬집합(well-ordered set)이라고 한다.

임의의 정렬집합은 전순서집합이다. 왜냐하면 $a, b \in A$이면 A의 부분집합 $\{a, b\}$는 첫 원소를 갖는다. 따라서, A의 임의의 두 원소는 비교 가능하다.

다음 정리는 정의에서 곧 얻어진다.

■ 정리 4·19

정렬집합의 모든 부분집합은 정렬집합이다.

■ 정리 4·20

A가 정렬집합이고, $A \simeq B$이면 B는 정렬집합이다.

[예 4·46] 정렬집합 N의 순서가 주어진 부분집합 $A_1=\{1, 3, 5, \cdots\cdots\}$, $A_2=\{2, 4, 6, \cdots\cdots\}$을 생각하자. 그러면 합(좌로부터 우로 순서가 주어졌다) $A_1 \cup A_2=\{1, 3, 5, \cdots\cdots ; 2, 4, 6, \cdots\cdots\}$도 또한 정렬집합이다.

위 예는 다음과 같이 일반화할 수 있다.

■ 정리 4·21

$\{A_i\}_{i\in I}$를 서로 소인 정렬집합의 정렬집합족이라 하자. 그러면 $\cup_{i\in I}A_i$는 정렬집합이다.

[예 4·47] $V=\{a_1, a_2, \cdots\cdots, a_n\}$을 임의의 유한전순서집합이라 하자. 그러면 V를 다음과 같이 쓸 수 있다. $V=\{a_{i1}, a_{i2}, \cdots\cdots, a_{in}\}$, 여기서 a_{ij}는 순서에 따라 재배열된 原元素이다. V가 정렬집합임을 명심하여라. 더욱이 n원소의 다른 전순서집합 $W=\{b_{i1}, b_{i2}, \cdots\cdots, b_{in}\}$는 V와 닮음임도 명심하여라.

[예 4·47]에서 다음과 같이 말할 수 있다.

■ **정리 4 · 22**

원소의 개수가 같은 모든 유한전순서집합은 정렬집합이고 서로 닮는다.

정의 4 · 16 A가 정렬집합일 때 $a \in A$에 관해 다음과 같이 정의된 A의 부분집합 $S(a)$를 a의 절편(initial segment)이라고 한다.

$$S(a)=\{x \mid x \in A,\ x \prec a\}$$

[예 4 · 48] $D=\{1, 3, 5, \cdots\cdots\}$, $E=\{2, 4, 6, \cdots\cdots\}$이라고 하고, 정렬집합 $\{D; E\}=\{1, 3, 5, \cdots\cdots; 2, 4, 6, \cdots\cdots\}$에서 생각하자.

$$S(1)=\phi$$
$$S(5)=\{1,3\}$$
$$S(2)=\{1,3,5,\cdots\}$$
$$S(8)=\{1,3,5,\cdots;2,4,6\}$$

정의 4 · 17 순서집합 A의 두 원소 a, b에 대하여

$$a \prec c \prec b$$

인 $c \in A$가 존재하지 않을 때, b를 a의 직후(immediate successor)라고 하고, a를 b의 직전(immediate predecessor)이라고 한다.

[예 4 · 49] $A=\{a, b, c, d, e\}$가 그림 I · 40과 같이 순서가 주어졌다면 b는 d와 e의 직후이고, e는 b와 c의 직전이다.

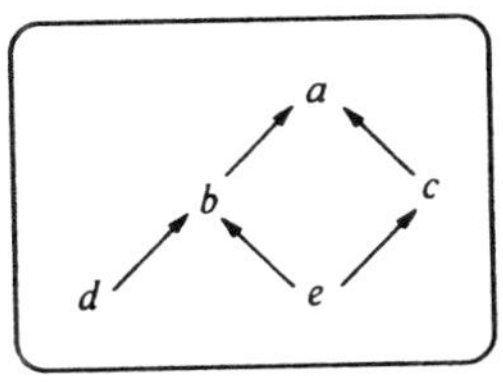

그림 I · 40

[예 4 · 50] 유리수집합 Q를 생각하자. Q의 어떤 원소도 직후나 직전을 갖지 않는다. 왜냐하면, $a, b \in Q$, $a<b$라면 $(a+b)/2 \in Q$이고, $a<(a+b)/2<b$이기 때문이다.

[예 4 · 51] A를 정렬집합, $M(a)$를 협의로 $a \in A$ 후인 원소의 집합이라 하자. $M(a) \neq \varnothing$, 즉 a가 마지막 원소가 아니면 $M(a)$는 첫 원소 b를 갖는다. 그러면 b는 a의 직후이다.

[예 4 · 51]에서 다음과 같이 말할 수 있다.

■ 정리 4 · 23

정렬집합에서의 모든 원소는 마지막 원소를 제외하고 직후를 가지고 있다.

직전에 대해서는 정리 **4 · 23**과 비슷하게 말할 수 없다. 즉 정렬집합에서 첫 원소를 제외하고 모든 원소는 직전을 갖는다고 할 수 없다.

[예 4 · 52] $D=\{1, 3, 5, \cdots\cdots\}$, $E=\{2, 4, 6, \cdots\cdots\}$이라고 하자, 그러면 정렬집합

$$\{D;\ E\}=\{1, 3, 5, \cdots\cdots;\ 2, 4, 6, \cdots\cdots\}$$

에서 1과 2는 직전을 갖지 않는다.

■ 정리 4 · 24

$S(A)$를 정렬집합 A의 원소의 모든 절편의 집합족이라고 하고 $S(A)$는 집합의 포함관계로 순서가 주어졌다고 하자.

그러면 A는 $S(A)$와 닮는다. 이때 $f(x)=S(x)$로 정의된 함수 $f: A\to S(A)$는 A에서 $S(A)$로의 닮음사상이다.

증명 정의에서 f는 전사이다. f가 단사임을 보이자. $x\neq y$라 가정하자. 그러면 그 중 어느 하나, 즉 x는 $x\in S(y)$이다. 그러나 절편(initial segment)의 정의에서 $x\notin S(x)$. 따라서 $S(x)\neq S(y)$. 그러므로 f는 단사이다. f가 순서를 보존함을 보이자.

즉, $x\precsim y$일 완전조건은 $S(x)\subset S(y)$

$x\precsim y$와 $a\in S(x)$라면 $a\prec x$, $a\prec y$, 따라서 $a\in S(y)$, $a\in S(x)$일 때 $a\in S(y)$이므로 $S(x)$는 $S(y)$의 부분집합이다. $x\not\precsim y$라고 가정하자. 절편의 정의에서 $y\in S(x)$. 따라서 $S(x)\not\subset S(y)$. 즉 $x\precsim y$일 완전조건은 $S(x)\subset S(y)$.

자연수의 집합 $N=\{1, 2, 3, \cdots\cdots\}$과 그 부분집합 $E=\{2, 4, 6, \cdots\cdots\}$을 생각하자.

$f(x)=2x$로 정의된 함수 $f: N\to E$는 N에서 N의 부분집합 E로의 닮음사상이다. 여기서, 모든 $x\in N$에 대하여 $x\precsim f(x)$임에 유의하자.

■ 정리 4 · 25

A를 정렬집합, B를 A의 부분집합, 함수 $f: A\to B$를 A에서 B로의 닮음사상이라고 하면, 모든 $a\in A$에 대하여

$$a\precsim f(a)$$

이 정리에서 마음 정리가 쉽게 증명된다.

■ **정리 4 · 26**

A와 B를 서로 닮은 정렬집합이라고 하면 A에서 B로의 닮음사상은 단 하나뿐이다.

■ **정리 4 · 27**

정렬집합은 그 절편의 어느 것과도 닮음이 될 수 없다.

2) 순서수

임의의 두 정렬집합은 서로 닮든가, 그 어느 하나가 다른 것의 절편과 닮는다.

정렬집합 A가 정렬집합 B의 절편과 대등하면 A는 B보다 작다(shorter) 또는 B는 A보다 크다(longer)고 한다. 이것에서 다음 정리가 성립함을 알 수 있다.

■ **정리 4 · 28**

A와 B를 정렬집합이라고 하면 A는 B보다 작든가, $A \simeq B$이든가 또는 A는 B보다 크다.

■ **정리 4 · 29**

$\mathscr{A}$를 서로 닮음이 아닌 정렬집합족이라고 하면 한 집합 $A \in \mathscr{A}$가 존재하여 A는 $\mathscr{A}$에 속하는 다른 어느 집합보다 작다.

[예 4 · 53] 두 유한정렬집합 $A=\{a_1, a_2, \cdots\cdots, a_n\}$, $B=\{b_1, b_2, \cdots\cdots, b_m\}$을 생각하자. $n<m$이면 A는 B의 절편과 닮는다. 따라서, A는 B보다 작다. 마찬가지로 $n>m$이면 A는 B보다 크다.

$N=\{1, 2, 3, \cdots\cdots\}$이 정렬집합 $\{1, 3, 5, \cdots\cdots; 2, 4, 6, \cdots\cdots\}$의 절편 $\{1, 3, 5, \cdots\cdots\}$와 닮았기 때문에, $\{1, 3, 5, \cdots\cdots; 2, 4, 6, \cdots\cdots\}$보다 작다.

$A \simeq B$로 정의된 순서집합들의 관계는 동치관계이다. 따라서 동치관계에 관한 기본정리에서 모든 순서집합, 특히 정렬집합은 서로 소인 닮은집합들로서 분할된다.

정의 4 · 18 A를 정렬집합, λ가 A와 닮음인 정렬집합족을 나타낼 때 λ를 순서수

(ordinal number)라고 하고

$$\lambda = \text{ord}(A)$$

로 표시한다.

정의 4·19 정렬집합 ϕ, $\{1\}$, $\{1, 2\}$, $\{1, 2, 3\}$, ……의 순서수를 각각 0, 1, 2, 3, ……로 나타내어 유한순서수(finite ordinal number)라고 하며, 이와 다른 순서수를 초한수(transfinite)라고 한다.

자연수의 집합 N의 순서수를 $\omega = \text{ord}(N)$로 나타낸다.

기호 0, 1, 2, 3, ……은 그것이 포함된 서술의 문맥에 따라서 자연수, 기수, 순서수로 해석한다.

원소의 개수가 같은 두 유한 정렬집합은 닮음이므로, 임의의 유한 순서집합은 ϕ, $\{1\}$, $\{1, 2\}$, $\{1, 2, 3\}$, ……의 어느 하나와 닮는다. 따라서 그 순서수는 유한순서수, 즉 0, 1, 2, 3, ……이다.

순서수를 전순서집합의 순서형을 써서 정의하면 다음과 같이 된다.

정의 4·20 λ를 전순서집합 A의 순서형이라고 하자. A가 정렬집합일 때 λ를 순서수라고 한다.

순서수에 관한 부등관계는 다음과 같이 정의한다.

정의 4·21 A와 B를 정렬집합 $\lambda = \text{ord}(A)$, $\mu = \text{ord}(B)$라고 하자. A가 B의 절편과 대등하면

$$\lambda < \mu$$

라고 한다.

위 정의에 의하면 다음과 같이 말할 수 있다. 즉, $\lambda = \text{ord}(A)$, $\mu = \text{ord}(B)$라 할 때

A가 B보다 작으면 $\lambda < \mu$

A가 B와 닮으면 $\lambda = \mu$

A가 B보다 크면 $\lambda > \mu$

[예 4 · 54] 유한정렬집합 $A=\{a_1, a_2, \cdots\cdots, a_n\}$, $B=\{b_1, b_2, \cdots\cdots, b_m\}$의 순서는 각각 왼쪽에서 오른쪽으로 주어졌다고 하자.

$n \leq m$이면 A는 B의 절편과 닮거나 $A \simeq B$이다. 따라서

$$\mathrm{ord}(A) \leq \mathrm{ord}(B)$$

이다. 즉, 순서수로서 $n \leq m$일 완전조건(필요충분조건)은 자연수로서 $n \leq m$이다.

따라서 순서수에 대한 부등관계는 자연수의 부등관계의 확장이다.

[예 4 · 55] $A=\mathrm{ord}(\{1, 3, 5, \cdots\cdots; 2, 4, 6\})$라고 하면 자연수의 집합 N은 절편 $\{1, 3, 5, \cdots\cdots\}$와 닮음이므로 $\omega < \lambda$이다.

다음 정리는 정리 **4 · 28**과 정리 **4 · 29**, 정의 **4 · 21**의 직접적인 결과이다.

■ 정리 4 · 30

순서수의 집합은 모두 $\lambda \leq \mu$인 관계에 의한 전순서집합이다.

또, 임의의 순서수의 집합은 $\lambda \leq \mu$인 관계에 의해서 정렬집합이 된다.

λ를 임의의 순서수, $S(\lambda)$를 λ보다 작은 모든 순서수의 집합이라고 하면 $S(\lambda)$는 정렬집합이므로, $\mathrm{ord}(S(\lambda))$는 존재한다.

■ 정리 4 · 31

$S(\lambda)$를 순서수 λ보다 작은 모든 순서수의 집합이라고 하면

$$\lambda = \mathrm{ord}(S(\lambda))$$

3) 순서수의 합과 곱

정의 4 · 22 집합 A, B는 서로 소이고, $\lambda = \mathrm{ord}(A)$, $\mu = \mathrm{ord}(B)$라고 하자.

$$\lambda + \mu = \mathrm{ord}(\{A ; B\})$$

[예 4 · 56] $\omega = \mathrm{ord}(\{1, 2, 3, \cdots\cdots\})$, $n = \mathrm{ord}(\{a_1, a_2, \cdots, a_n\})$라고 하면

$$n + \omega = \mathrm{ord}(\{a_1, a_2, \cdots\cdots, a_n ; 1, 2, 3, \cdots\cdots\}) = \omega$$

그런데

$$\omega + n = \text{ord}(\{1, 2, 3, \cdots\cdots ; a_1, a_2, \cdots\cdots, a_n\}) > \omega$$

그 이유는 N이 a_1의 절편 $S(a_1)$과 대등하기 때문이다.

위 [예 4 · 56]에서 알 수 있는 것은 순서수의 경우, 덧셈에 관한 교환법칙이 성립하지 않는다는 것이다. 그러나 다음은 성립한다.

■ 정리 4 · 32

(1) 순서수의 덧셈에 관한 결합법칙이 성립한다.

$$(\lambda + \mu) + \eta = \lambda + (\mu + \eta)$$

(2) 순서수 0은 덧셈에서의 항등원이다.

$$0 + \lambda = \lambda + 0 = \lambda$$

[예 4 · 57] 유한순서수를 $0^*, 1^*, 2^*, \cdots\cdots$로 표시하고, 두 유한이고 서로 소인 정렬집합

$$A = \{a_1, a_2, \cdots\cdots, a_n\}, \quad B = \{b_1, b_2, \cdots\cdots, b_m\}$$

을 생각하면

$$n^* + m^* = \text{ord}(A) + \text{ord}(B) = \text{ord}(\{A ; B\}) = (n + m)^*$$

따라서, 유한순서수의 덧셈은 자연수의 덧셈에 대응됨을 알 수 있다.

정의 4 · 23 $\lambda = \text{ord}(A)$, $\mu = \text{ord}(B)$라고 하면

$$\lambda\mu = \text{ord}(A \times B)$$

이때 $A \times B$의 임의의 두 원소 (a, b)와 (c, d)의 순서는 B에서의 b, d의 순서를 따르되, $b = d$일 때는 A에서의 a, c의 순서를 따르기로 한다. 이러한 순서를 반전사식순서이라 한다.

[예 4 · 58] $2 = \text{ord}(\{a, b\})$, $\omega = \text{ord}(\{1, 2, 3, \cdots\cdots\})$라고 하자.

$$2\omega = \text{ord}(\{(a, 1), (b, 1), (a, 2), (b, 2), \cdots\cdots, (a, n), (b, n), \cdots\cdots\}) = \omega$$

그러나

$$\omega 2 = \text{ord}(\{(1, a), (2, a), \cdots\cdots ; (1, b), (2, b), \cdots\}) > \omega$$

왜냐하면 절편 $\{(1, a), (2, a), \cdots\cdots\}$과 N이 닮았기 때문이다.

이 보기는 순서수의 곱셈이 교환법칙이 성립되지 않음을 보여 준다. 그러나 다음 정리는 성립한다.

■ 정리 4 · 33

(1) 곱셈에 관한 결합법칙이 성립한다.

$$(\lambda\mu)\eta = \lambda(\mu\eta)$$

(2) 좌배분법칙이 성립한다.

$$\lambda(\mu+\eta) = \lambda\mu + \lambda\eta$$

(3) 순서수 1은 곱셈에서의 항등원(단위원)이다.

$$1\lambda = \lambda 1 = \lambda$$

문 제

1. 반례로써 순서수에서 곱셈에 관한 덧셈의 우분배법칙이 일반적으로 성립하지 않음을 보여라. 다시 말해서, 3개의 순서수 λ, μ, η에 대하여 $(\lambda+\mu)\eta \neq \lambda\eta + \mu\eta$임을 보여라.
2. $\{A_i\}_{i\in I}$를 서로 소인 정렬집합의 정렬족이라 하고 $\mathrm{ord}(I)=\omega$, 모든 $i\in I$에 대해서 $\mathrm{ord}(A_i)=\omega$이라 하자. $\mathrm{ord}(\cup_{i\in I} A_i)$를 구하여라.
3. $\omega+\omega=\omega 2$를 증명하여라.

▣ 연습문제 ▣

1. 자연수의 집합 N에 "x는 y의 배수"라고 정의한 N에서의 관계는 준순서이다.

(1) 두 수 사이에 적당한 기호 $\prec$, $\succ$ 또는 $\parallel$를 넣어라.

(a) 3_____7, (b) 2_____8, (c) 6_____1, (d) 3_____33

(2) N의 다음 부분집합이 전순서인지 밝혀라.

(a) {8, 2, 24}, (b) {5}, (c) {5, 1, 9}, (d) {2, 4, 8, 24}, (e) {2, 4, 6, 8,……},

(f) {15, 3, 9}

2. $A=\{a, d, c\}$, ϕ를 제외한 A의 모든 부분집합으로 된 집합족을 $\mathcal{A}$라고 하자. $\mathcal{A}$에서의 순서를 집합의 포함관계로 정의할 때 이것을 그래프로 나타내어라.

3. $B=\{a, b, c, d, e, f\}$가 그림 Ⅰ·41과 같이 순서가 주어졌다고 하자.

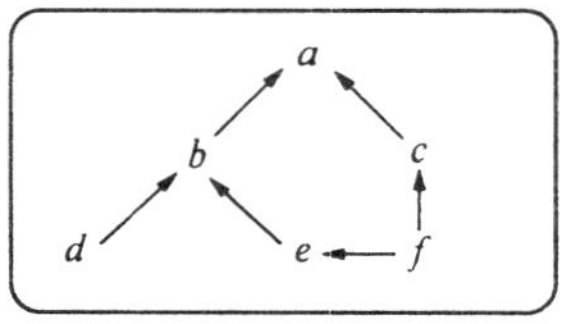

그림 Ⅰ·41

(1) (a) B의 모든 극소원소를 구하여라.

(b) B의 모든 극대원소를 구하여라.

(c) B는 첫 원소를 가지고 있는가?

(d) B는 마지막 원소를 가지고 있는가?

(2) B를 공이 아님 모든 전순서집합족이라 하고 B를 집합의 포함관계로 순서가 주어졌다고 하자.

(a) B의 모든 극소원소를 구하여라.

(b) B의 모든 극대원소를 구하여라

(c) B는 첫 원소를 가지고 있는가?

(d) B는 마지막 원소를 가지고 있는가?

4. 다음 명제가 참인가 거짓인가 말하여라. 거짓이면 반례를 들어라.

(1) 준순서집합 A가 유일한 극대원소 a를 가지면 a는 또한 마지막 원소이다.

(2) 유한준순서집합 A가 유일한 극대원소 a를 가지면 a는 또한 마지막 원소이다.

(3) 전순서집합 A가 유일한 극대원소 a를 가지면 a는 또한 마지막 원소이다.

5. $D=\{1, 2, 3, 4, 5, 6\}$이 그림 Ⅰ·42와 같이 순서가 주어졌다고 하자. D의 부분집합 $E=\{2, 3, 4\}$를 생각해서

(1) E의 상계의 집합을 구하여라.

(2) E의 하계의 집합을 구하여라.

(3) sup(E)가 존재하느냐?

(4) inf(E)가 존재하느냐?

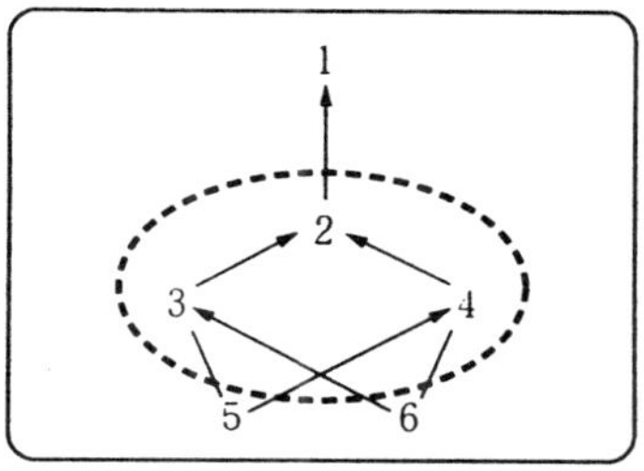

그림 I · 42

6. 자연순서를 가진 유리수의 집합 Q, 그 부분집합

$$A=\{x \mid x\in Q,\ 8<x^3<15\}$$

를 생각하자.

(1) A는 위로 유계냐?

(2) A는 아래로 유계냐?

(3) sup(A)가 존재하느냐?

(4) inf(A)가 존재하느냐?

7. 정렬집합의 서로 다른 두 절편은 닮을 수 없음을 증명하여라.

8. A, B를 정렬집합, $a\in A$일 때 $S(a)$가 B의 절편 $S(b)$와 닮으면 $S(b)$는 유일함을 증명하여라.

9. 임의의 순서수 $\dot{\lambda}$의 직후는 $\lambda+1$임을 보여라.

제 II 편

수와 연산의 개념과 대수적 구조

제1장

수와 연산의 개념

1. 수개념과 수체계의 발전

수학의 발전에서 수는 가장 기본적인 개념으로서 중심적 역할을 해왔다.

수체계의 확장과정은 수학의 발전과정과 다를 바 없으며 이는 수학사에서 광범위하게 연구하고 정리하였다. 우리는 조감적으로 수체계의 확장과정을 살펴보고 각각의 수영역에 대한 고찰은 다음 장에서 다룬다.

먼저 자연수의 발생은 인류 역사의 여러 가지 자취에서 찾을 수 있다. 예를 들면 뼈에 새김눈으로 수를 표시한 8000년경의 자이레(콩고)유적, 페루의 새끼매듭, B.C. 3400년경의 고대 이집트 상형문자, 파피루스의 숫자, 바빌로니아의 쐐기문자, 이후 가감법의 원리가 있는 로마숫자 등 다양한 수의 발생과 표기에 대한 자취가 남아 있다. 과거의 기수법은 밑수를 여러 개 정하고 가법적으로 표시하는 경우가 보통이었다. 오늘날 우리가 사용하는 위치 수체계(Positional numeral system)는 밑수 b를 선택한 후 $0, 1, 2, \cdots\cdots, b-1$을 기본 숫자로 사용한다. 즉

$$N = a^n b_n + a_{n-1} b^{n-1} + \cdots\cdots + a_2 b^2 + a_1 b^1 + a_0 b^0,$$

$$0 \le a_i \le b, \quad i = 1, \cdots\cdots, n.$$

밑수가 10인 위치기수법은 인도-아라비아 숫자라 하고 이 수체계의 최초 기록은 기원전 230년경의 인도 아소카왕 시대의 돌기둥에서 발견되었다. 이후 이 기수법은 A.D. 800년경에 이르러 위치값과 0을 사용한 것으로 보고 있다.

유리수를 나타내는 방법으로 분수와 소수가 등장하는데 분수의 경우는 B.C. 2000년경의 문헌 아메스 파피루스에 나타나 있으며, 소수는 그후 많은 세월이 지난 뒤 1584년 벨기에의 수학자 스티븐에 의하여 소개되었고, 오늘날과 같은 방법의 소수는 1617년 네이피어(Napier)가 제시하였다.

한편 수와 문자를 사용하여 식을 사용하는 데 핵심이 되는 +, −, = 등은 15세기에서 16세기를 거치는 동안 정비되었다고 한다.

미지수를 설정하여 방정식을 만들고 그 값을 구하는 방법은 이집트나 바빌로니아 기록에서 찾아볼 수 있는데 이것을 본격적으로 취급한 것은 실용수학을 강조한 헤론(Heron, B.C. 100년경)과 대수와 수론에 큰 영향을 미친 알렉산드리아의 디오판토스(Diophantos, B.C. 300년경)로 볼 수 있다.

그러나 일반 이차방정식 $ax^2+bx+c=0(a\neq0)$을 다루기 시작하여 인디아와 아라비아의 수학자들에 의하여 근이 $x=\dfrac{-b\pm\sqrt{b^2-4ac}}{2a}$임이 발견되었다. 여기서 근을 나타내는 기호 $\sqrt{\ }$는 1525년 크리스토프 루돌프가 처음으로 사용하였다.

인디아인들이 방정식 풀이에 사용한 방법은 역산(逆算)이었다. 인디아 최초의 천문학자 아리아바타는 그의 저서 아리아바티야(Aryabhatiyam)에서 역산에 의한 풀이 방법을 간결하게 진술하고 있다.

"승법은 제법으로, 제법은 승법으로, 이득은 손실로, 손실은 이득으로 방정식을 푼다". 인디아인들의 이러한 생각은 분수는 물론 음수의 개념으로 발전하게 되었다. 이후 많은 세월이 흘러 16~17세기에 이르러 음수의 사용이 나타나게 되었다. 음수에 대한 구체적 모델(자산, 부채, 방향)에서 수학적 모델로 확립한 사람은 해석기하학의 창시자 데카르트(R. Descartes, 1596~1650)이다.

인디아인들의 또 하나의 위대한 발견은 무리수이다. 인디아의 대수가 아리아바타(Āryabhātā, B.C. 500년경), 그리고 브라마굽타(Brahmagupta, B.C. 600년경), 바스카라(Bhaskara, 1150년경) 등을 거치면서 방정식의 해법은 제곱근으로 발전하였고 이 과정에서 무리수(Irrational number)를 발견하게 되었다. 바스카라의 다음 이야기는 놀랄만한 것이다. "양수의 제곱이나 음수의 제곱은 모두 양수이다. 양수의 제곱근은 둘이 있는데 그 중 하나는 양수이고 또 하나는 음수이다. 음수의 제곱근은 존재하지 않는다. 왜냐하면 음수는 곱수가 아니기 때문이다."

정수는 유한개의 대상을 세는 과정 또는 다양한 양의 측정과정에서 발생한 것으로 볼 수 있고 그들을 수직선상에 대응시킬 때 직선 위의 어떤 유리수에도 대응하지 않는 점의 존재는 피타고라스 학파에게 충격적으로 받아들여졌을 것이다.

방정식의 해와 관련하여 수개념이 유리수에서 무리수를 포함시킨 실수로 확장되었고 이후 방정식론의 연구와 더불어 더욱 확장되었다. 지라드가 근과 계수 사이에 존재하는 관계를 처음으로 증명하였으며, 또 허수가 대수적 허구라고 여겨졌던 것을 위셀(C. Wessel, 1790년경), 아그랑드(J. R. Agrand, 1768~1822), 가우스(C. F. Gauss, 1777~1855)가 시각화함으로써 수의 개념은 복소수까지 확장하게 되었다. 그후 수개념은 더욱 확장되어 다원수에 대한 것까지 생각해 내었다.

방정식론과 관련하여 16세기에는 이탈리아 수학자들이 3차 및 4차 방정식의 대수적 해법을 발견하는 성과를 거두었다.

즉, 3차 방정식은 타르탈리아(Tartaglia)가, 그리고 4차 방정식은 페라리(Ludovico Ferari)에 의하여 해법이 정리된 것으로 알려지고 있다.

방정식론으로부터 발전한 대수학은 노르웨이의 젊은 수학자 아벨(Abel, 1802~1829), 프랑스의 천재수학자 갈루아(Galois, 1811~1832) 등이 발전시켜 현대 추상 수학의 기초적인 개념인 군론(Group Theory)을 탄생시켰다. 여기에서 아벨은 일반 5차 방정식의 대수적 해법이 불가능함을 증명했고, 갈루아는 식의 인수분해와 근의 치환과의 대응성질을 발견했다.

16세기의 수학적 성취는 매우 의미가 큰 것으로 기호대수가 훌륭하게 시작되었고 인도-아라비아 숫자 계산의 표준화, 소수의 발견, 방정식론의 발전과 대수학의 시작, 음수의 수용 등으로 요약될 수 있다.

한편, 17세기에는 해석기하학 미적분학이 등장하여 수의 개념과 수학의 영역이 더욱 확대되었고 내용이 복잡하게 다루어지게 되었다. 따라서 수학자들은 수학을 간결하고 명확하게 하여 정리 통합하려는 노력을 하게 되었다.

집합론의 창시자 칸토어(G. Cantor, 1845~1918), 기호논리학을 전개한 불(G, Boole, 1815~1864), 수학의 공리론적 방법(기하학 기초)을 확립시킨 힐베르트(G. Hilbert, 1862~1943) 등은 수학의 전개방법을 변화시켰고 수의 개념에 대한 엄밀성 문제 등을 논하였다.

칸토어, 데데킨트(Dedekind, 1831~1916) 등은 실수에 관하여, 페아노(J. Peano, 1858~1932)는 공리론적 방법을 도입하여 자연수에 관한 논리를 전개하는 데 성공하였다. 이와 같이 19세기말부터 20세기에 들어와서 수학은 매우 추상적인 성격을 띠게 되었다. 이렇게 발생한 수학을 우리는 현대수학이라 하고 현대수학은 수학적 구조의 중요성을 강조하면서 기본 구조로서 브루바르키(Brubarki)학파는 대수적 구조, 위상구조, 순서구조 등을 주장하였다.

수학적 이론은 공준과 논리라는 두 핵심요소의 상호관계 속에서 전개된다.

집합론의 모순에서 야기된 20세기의 수학관은 러셀, 화이트헤드 등이 중심이 되어

"모든 수학의 정리는 논리의 정리로서 발전되어야 한다"고 주장한 논리주의, 그리고 크로넥커, 푸앵카레 등이 중심이 되어 "수학은 직관적으로 주어진 자연수의 수열에 관한 유한한 조립방법에 의하여 건설되어야 한다"고 주장한 직관주의, 그리고 베르누이와 폰 노이만 등이 중심이 되어 "수학은 형식적인 기호체계로 무모순성을 증명하는 일이 중요하다"고 주장한 형식주의로 요약된다.

2편에서는 주로 수개념과 연산에 관한 내용을 몇 가지의 서로 다른 관점에서 다뤄본다. 다른 이론적 배경으로 인하여 나타날 수 있는 수학 학습지도 방법은 매우 다를 수 있기 때문에 수연산 영역의 다양한 지도관점을 가지게 하는 데 본 편의 의의가 있다.

2. 자연수와 연산의 개념정의

자연수는 사물의 개수를 세거나 양의 크기를 나타낼 때 사용한다. 이것을 기수(cardinal number), 집합수 또는 계량수라 한다. 또한 어떤 집단에서 구성요소 사이에 순서가 주어져 있을 때, 첫 번째, 두 번째, 세 번째, …… 등과 같이 순서를 나타내기도 한다. 이것을 순서수(ordinal number)라고 한다.

이와 같이 자연수에는 계량수적 성격과 순서수적 성격이 있다. 이 자연수를 수로서 체계화하여 연역적으로 논하기 위하여는 자연수를 어떻게 정의하는가에 따라 전개하는 방법이 달라지게 된다. 여기서는 페아노 공리와 집합수, 순서수를 중심으로 알아보기로 한다.

1) 공리적 정의

(1) Peano공리

① 1은 자연수이다.

② 임의의 자연수 x에 대하여 x의 후자 x'가 꼭 하나 있고, x'도 자연수이다.

③ $x'=1$인 자연수는 존재하지 않는다.

④ $x'=y'$이면 $x=y$이다.

⑤ (귀납공리) M을 다음 조건을 만족시키는 공집합이 아닌 자연수의 집합이라 하자. 이때 M이 ⓐ, ⓑ를 만족하면 모든 자연수는 M에 속한다.

ⓐ 1은 M에 속한다.

ⓑ x가 M에 속하면 x'도 M에 속한다.

이것은 자연수의 순서수적 성격을 추상하여 공리계로서 정리한 것이다. 여기서 사용한 용어 1, 자연수, 후자 등은 무정의 용어이다.

우리들이 지금까지 알고 있는 자연수의 집합 $\{1, 2, 3, \cdots\cdots\}$을 N이라 하면 N은 위의 공리를 만족하는 것을 알 수 있다. 위의 공리계를 만족시키는 원소들의 집합은 그 내용이 무엇이든간에 자연수의 집합이라고 한다.

예를 들어 음의 정수집합은 조건 ③이 문제가 되고, 유리수의 집합은 이 조건 이외에 ②도 문제가 됨을 쉽게 알 수 있을 것이다.

위의 공리로부터 자연수에 관한 몇 가지 정리를 증명해 보기로 한다.

■ 정리 1·1

$x \neq y$이면 $x' \neq y'$이다.

증명 공리 ④($x'=y'$이면 $x=y$이다)의 대우.

■ 정리 1·2

임의의 자연수 x에 대하여 $x \neq x'$이다.

증명 $M=\{x : x \neq x'$인 자연수$\}$라 하자.

(i) 공리 ③에서 $1 \neq 1'$이므로 1은 M에 속한다.

(ii) x가 M에 속하면 $x \neq x'$이고 정리 **1·1**에 의하여 $x' \neq (x')'$이다. 따라서 x'도 M에 속한다.

즉, M은 공리 ⑤에 의하여 모든 자연수를 포함한다.

■ 정리 1·3

$x \neq 1$인 자연수 x에 대하여 $y'=x$인 자연수 y가 존재한다.

증명 $M=\{x \in N : \exists y \in N,\ y'=x\}$라 하고 $M'=M \cup \{1\}$라 하자.

(i) $1 \in M'$임은 당연하다.

(ii) $x \in M'$이면 $x \in N$이므로 따라서 $x' \in M \subset M'$이다.

즉, M'는 공리 ⑤에 의하여 모든 자연수를 포함한다.

그러므로 $M=N-\{1\}$.

(2) Peano 공리에 의한 자연수의 가법, 승법

자연수의 사칙연산은 위의 공리를 바탕으로 다음과 같이 정의한다.

정의 1·1 (가법 정의) x와 y를 임의의 자연수라고 할 때, 이들로부터 제3의 자연수(이것을 $x+y$라고 쓴다)를 정하는 연산으로서 다음 성질을 갖는 것을 가법이라고 한다.

(i) 임의의 x에 대해서 $x+1=x'$

(ii) 임의의 x, y에 대해서 $x+y'=(x+y)'$

이때, $x+y$를 x에 y를 더한 합이라고 한다.

위 정의의 (i)은 1을 더한다는 것을 정하고 있으며, (ii)는 y를 더하는 것으로부터 y'를 더하는 것을 정하고 있다. 임의의 자연수 x, y에 대해서 x, y의 합이 항상 존재하며, 또 오직 한 가지로만 정해진다는 것을 위의 공리로부터 엄밀하게 증명할 수 있다.

유일성에 관하여만 살펴보자. 지금 $x+y$에서 x를 고정하고 y에 대하여 살펴보면 $y=1$일 때 x'가 되어 명백하고, $x+y$가 유일하다면 $x+y'=(x+y)'$가 되어 후자는 유일하게 존재한다. 따라서 합은 항상 유일하게 존재한다.

■ 정리 1·4

임의의 자연수 x, y, z에 대해서

$$(x+y)+z=x+(y+z)$$

즉, 자연수의 가법은 결합법칙을 성립시킨다.

증명 x와 y를 고정시키고, 위 등식을 성립시키는 z 전체의 집합을 M이라고 한다.

(i) $z=1$이라고 하면

$$\begin{aligned}(x+y)+1&=(x+y)' &&\text{정의 1·1의 (i)}\\ &=x+y' &&\text{정의 1·1의 (ii)}\\ &=x+(y+1) &&\text{정의 1·1의 (i)}\end{aligned}$$

따라서 1은 M에 속한다.

(ii) z_1이 M에 속해 있다고 하면

$$(x+y)+z_1=x+(y+z_1) \cdots\cdots\cdots\cdots\cdots ①$$

이 성립한다. 이때

$$(x+y)+z_1'=\{(x+y)+z_1\}' \cdots\cdots \text{정의 } 1\cdot1\text{의 (ii)}$$
$$=\{x+(y+z_1)\}' \cdots\cdots (①)$$
$$=x+(y+z_1)' \cdots\cdots \text{정의 } 1\cdot1\text{의 (ii)}$$
$$=x+(y+z_1') \cdots\cdots \text{정의 } 1\cdot1\text{의 (ii)}$$

따라서 z_1'도 M에 속한다.

(i), (ii)에 의해서 M은 모든 자연수를 품는다. 즉 모든 자연수에 대해서 가법의 결합법칙이 성립한다.

■ **정리 1·5**

임의의 두 자연수 x, y에 대해서

$$x+y=y+x$$

즉 가법에 대한 교환법칙도 성립한다.

증명 x를 고정시키고, 이 등식을 성립시키는 y 전체를 M이라고 한다.

(I) 우선 $x+1=1+x$를 증명하자. 이 등식을 성립시키는 x 전체를 M_1이라고 하면

(i) $1+1=1+1$이므로 1은 M_1에 속한다.

(ii) x가 M_1에 속한다고 하면 $x+1=1+x$이므로

$$x'+1=(x+1)+1=(1+x)+1=1+(x+1)=1+x'$$

가 되어 x'도 M_1에 속한다. 따라서, 임의의 자연수에 대해서

$$x+1=1+x$$

(II) (i) (I)에 의하여 1은 M에 속한다.

(ii) y가 M에 속한다고 하면

$$x+y=y+x$$
$$\therefore x+y'=(x+y)'=(y+x)'=y+x'=y+(x+1)$$
$$=y+(1+x)=(y+1)+x=y'+x$$

가 되어 y'도 M에 속한다.

따라서 M은 모든 자연수를 포함하므로 이 정리는 성립한다.

[예제 1·1] 귀납법을 써서 $1^2+2^2+3^2+\cdots\cdots+n^2=\dfrac{n(n+1)(2n+1)}{6}$을 증명하여 보자.

정의 1·2 (승법 정의) x와 y를 임의의 자연수라고 할 때, 이들로부터 제3의 자연수(이것을 $x\cdot y$로 나타낸다)를 정하는 연산으로서 다음 성질을 갖는 것을 승법이라고 한다.

(i) 임의의 x에 대해서 $x\cdot 1=x$

(ii) 임의의 $x\cdot y$에 대해서 $xy'=x\cdot y+x$

이때 $x\cdot y$를 x에 y를 곱한 곱이라고 한다.

위의 정의로부터 임의의 자연수 x, y에 대하여 곱 $x\cdot y$는 항상 존재하여 유일하게 결정됨을 엄밀하게 조사할 수 있다.

존재성은 명백하다.

유일성을 살펴보면 $y=1$이면 $x\cdot 1=x$, $x\cdot y=k$로 유일하다면 $x\cdot y'=x\cdot y+x=k+x$. 합의 유일성에 의하여 $x\cdot y'$는 유일하게 존재한다. 따라서 임의의 x, y에 대하여 곱은 유일하다.

또, 이 정의와 공리로부터 가법의 경우와 마찬가지로 승법의 경우도 교환율, 결합률, 배분율이 성립함을 증명할 수 있다.

■ 정리 1·6

임의의 자연수 x, y, z에 대해서

$$x\cdot(y+z)=x\cdot y+x\cdot z$$

즉, 가법에 대한 승법의 배분율이 성립한다.

■ 정리 1·7

임의의 자연수 x, y에 대해서

$$x\cdot y=y\cdot x$$

즉, 승법에 대한 교환율이 성립한다.

■ **정리 1·8**

임의의 자연수 x, y, z에 대해서

$$(x \cdot y) \cdot z = x \cdot (y \cdot z)$$

즉, 승법에 대한 결합률이 성립한다.

증명 지금 x, y를 고정하고 만족하는 z의 집합을 M이라 하자.

$z=1$이면

$$(x \cdot y) \cdot 1 = x \cdot y = x \cdot (y \cdot 1), \quad \therefore 1 \in M$$

이제 $z \in M$이라 하자. 즉, $(x \cdot y) \cdot z = x \cdot y \cdot z$.

$$\begin{aligned}(x \cdot y) \cdot z' &= (x \cdot y) \cdot z + (x \cdot y) \\ &= x \cdot (x \cdot z) + x \cdot (y \cdot 1) \\ &= x \cdot (y \cdot z + y \cdot 1) \\ &= x \cdot (y \cdot z'), \quad \therefore z' \in M\end{aligned}$$

따라서 모든 자연수에 대하여 결합법칙을 만족한다.

정의 1·3 (감법정의) x, y를 $x<y$인 임의의 자연수에 대해서 '$x+z=y$'를 성립시키는 자연수 z를 $y-x$로 나타내고, $x+z=y$의 z를 구하는 연산을 감법이라고 한다. 이때 $y-x$를 y에서 x를 뺀 차라고 한다.

정의 1·4 (제법정의) x, y, z를 $x=y\times z$가 되는 자연수라고 할 때 '$x=y\times z$'를 성립시키는 자연수 z를 $x\div y$로 나타내고 $x=y\times z$에서 z를 구하는 연산을 제법이라고 한다. 이때 $x\div y$를 x를 y로 나눈 몫이라고 한다.

지금까지 자연수의 사칙연산을 정의하고 가법과 승법은 교환, 결합, 배분율을 만족함을 보았다.

문 제

1. 정리 **1·6**을 증명하여라.

2. 정리 **1 · 7**을 증명하여라.
3. 모든 자연수 n에 대하여 3^n-1은 2로 정제된다.
4. 모든 자연수 n에 대하여 5^n-2^n은 3으로 정제된다.

2) 집합수, 순서수에 의한 자연수의 정의

앞에서는 공리적 방법에 의하여 자연수와 그의 연산에 대한 개념과 성질들을 알아보았다. 여기서는 집합의 개념에 바탕을 두고 생각해 보기로 한다.

(1) 집합수와 순서수

A를 임의의 집합, $n(A)$를 A와 대등한($\sim$) 집합들의 집합족이라 할 때 $n(A)$를 A의 기수 또는 집합수라 한다. 즉

$$n(\{\})=0,\ \ n(\{0\})=1,\ \ n(\{0,1\})=2,\ \ n(\{0,1,2\})=3,\ \cdots\cdots$$

로 나타내고 이를 유한기수라 한다. 유한기수는 자연수의 확대집합이다.

A가 정렬집합이고 λ가 A와 닮음인 정렬집합족을 나타낸다고 하자. 이때 λ를 A의 순서수라 하고 $\lambda=\mathrm{ord}(A)$로 표시한다.

정렬집합 $\{\ \}, \{1\}, \{1,2\}, \{1,2,3\}, \cdots\cdots$의 순서수 λ를 각각 $0, 1, 2, 3, \cdots\cdots$로 나타내고 유한순서수(finite ordinal number)라 한다.

즉 순서수는 자연수의 확대집합이다.

모든 유한집합은 정렬집합으로 만들 수 있다. 따라서 유한집합의 집합수와 순서수는 0 또는 자연수로서 크기나 순서를 동시에 표시한다. 이후의 전개 내용은 집합수의 개념에 의한다.

(2) 자연수의 대소 상등 관계

m, n을 두 자연수라 하고, $m=n(A)$, $n=n(B)$로 놓자(1편 정리 **4 · 14**).

$$m>n \Leftrightarrow A\supset B',\ \ B\sim B'$$
$$m=n \Leftrightarrow A\sim B$$
$$m<n \Leftrightarrow A'\subset B,\ \ A\sim A'$$

(3) 자연수의 연산

두 자연수 m, n에 대하여 가법(+)과 승법(×)은 다음과 같이 정의한다.

$$m+n=n(A)+n(B)=n(A\cup B),\ \text{단},\ A\cap B=\phi$$
$$m\times n=n(A)\times n(B)=n(A\times B)$$

위와 같이 자연수를 집합수 순서수로 정의하면 앞의 페아노 공리로서 정의한 경우와는 성질의 증명방법도 달라지게 되고 간단하게 집합의 법칙을 적용할 수 있다. 앞장에서 살펴본 몇 가지 성질들을 살펴보자.

■ 정리 1·9

자연수 m, n에 대하여 $m\neq n$이면 $m+1\neq n+1$이다.

[증명] 직관적으로 명백하나 정의에 의하여 1 : 1 대응이 아님을 보이면 된다.

$$A=\{a_1,\ a_2,\ a_3,\ \cdots\cdots,\ a_m\},\quad B=\{b_1,\ b_2,\ b_3,\cdots\cdots,\ b_n\}$$

라 하자.

$$\{a_1,\ a_2,\ a_3,\ \cdots\cdots,\ a_m,\ a\}\text{와 }\{b_1,\ b_2,\ b_3,\ \cdots\cdots,\ b_n,\ b\}$$

는 대등하지 않다.

■ 정리 1·10

임의의 자연수 m에 대하여 $m+1\neq m$이다.

[증명] $m=n(\{a_1,\ a_2,\ a_3,\ \cdots\cdots,\ a_m\})$, $m+1=n(\{a_1,\ a_2,\ a_3,\ \cdots\cdots,a_m,\ a\})$인 유한집합 $\{a_1,\ a_2,\ a_3,\ \cdots\cdots,\ a_m\}$과 $\{a_1,\ a_2,\ a_3,\ \cdots\cdots,\ a_m,\ a\}$는 대등하지 않다(1편 정의 4·3).

■ 정리 1·11

$x\neq 1$인 자연수 x에 대하여 $y+1=x$인 자연수 y가 존재한다.

[증명] $x=n(A)$라 하자. $A\neq\phi$이므로 $a\in A$가 존재한다. $y=n(A-\{a\})$라 하면 $1=n(\{a\})$이므로 $y+1=x$임을 쉽게 알 수 있다.

■ **정리 1 · 12**

임의의 자연수 l, m, n에 대하여 $(l+m)+n=l+(m+n)$을 만족한다.

증명 $l=n(L)$, $m=n(M)$, $n=n(N)$, 단, L, M, N은 각각 서로 소인 집합이라 하자.

이때 $(L\cup M)\cup N=L\cup(M\cup N)$이므로 명백하다.

■ **정리 1 · 13**

임의의 두 자연수 m, n에 $m+n=n+m$을 만족한다.

증명 $m=n(M)$, $n=n(N)$, 단, M, N은 서로소인 집합이라 하자.

이때 $M\cup N=N\cup M$이므로 명백하다.

■ **정리 1 · 14**

임의의 두 자연수 m, n에 대하여 $mn=nm$이다.

■ **정리 1 · 15**

임의의 세 자연수 l, m, n에 대하여 $(lm)n=l(mn)$이다.

■ **정리 1 · 16**

임의의 자연수 l, m, n에 대하여 $l(m+n)=lm+ln$을 만족한다.

증명 $l=n(L)$, $m=n(M)$, $n=n(N)$이라 하자. 단, M, N은 서로소.

$$l(m+n)=n(L\times(M\cup N))=n((L\times M)\cup(L\times N))=lm+ln$$

집합수의 개념에 의하여 페아노 공리와는 다른 방법으로 감법, 제법을 정의한다.

① 감법정의 : $x<y$인 임의의 두 자연수 x, y에 대하여 $x+z=y$인 자연수 z를 $y-x$로 나타내고, z를 구하는 연산을 감법이라고 한다. 즉

$$z=n(Y)-n(X)=n(Y-X),\quad Y\supset X,$$

또는

$$z=n(Y-X'),\quad Y\supset X',\quad X\sim X'(\text{대등하다}).$$

② 제법정의 : 임의의 자연수 x, y, z에 대하여 $x=y\times z$일 때 z를 구하는 연산을

$$x \div y$$

로 나타내고 제법이라고 한다.

가법과 승법의 정의에 의하여 감법과 제법은 각각의 역연산으로 정의하고 있다. 다만 조건에 의하여 부분적으로 연산이 이루어질 수 있다.

문 제

1. 자연수의 개념의 정의에 알맞은 구체적인 예를 각각 들어라.
2. 정리 **1·4**를 증명하고 정리 **1·8**과 비교하여라.
3. 정리 **1·5**를 증명하고 정리 **1·9**와 비교하여라.
4. 정리 **1·9**를 두 가지(귀납적, 연역적)방법으로 증명하여라.
5. 정리 **1·10**을 두 가지(귀납적, 연역적)방법으로 증명하여라.

3. 정수의 개념과 연산

앞에서 자연수와 연산에 대한 개념정의를 중심으로 몇 가지 성질들을 다른 관점에서 살펴보았다. 즉 페아노 공리에 의한 정의와 성질의 증명, 그리고 집합론을 바탕으로 하는 집합수와 순서수로서의 자연수의 개념과 성질증명들이 그것이다.

우리는 자연수를 이해하고 증명하며, 또 구체적인 장면과 관련지어 보려할 때 위의 두 입장은 접근방법에서 큰 차이가 있음을 알 수 있을 것이다.

본 절에서 알아볼 정수의 개념과 성질 등에 관한 접근 방법도 공리적 방법과 직관적 방법에 따라 크게 차이가 있다.

자연수의 집합(N)에서는 두 자연수 a, b에 대한 가법과 승법에 의한 결과가 다시 자연수가 되었다. 즉 $a+b \in N$, $ab \in N$이다.

그러나 $a-b$, $a \div b$는 그렇지 않다. 이제 $a-b$가 자유로울 수 있게 자연수 집합을 확장하여 보자.

위에서 언급한 바와 같이 공리적 방법과 직관적 방법에 의하여 자연수의 집합에서 정수의 집합으로 확장하고 몇 가지 성질들을 살펴보자.

1) 공리적 방법에 의한 정수의 개념과 연산

(1) 정수의 개념

N을 확장하여 가는 동안 N의 원소를 a, b 등의 소문자를 사용하겠다. 순서쌍 (a, b), (c, d)에 관한 상등관계 $\sim$를 다음과 같이 정의한다.

정의 1·5 임의의 두 자연수 a, b의 순서쌍 (a, b) 전체의 집합을 S라 하고 $(a, b) \sim (c, d)$라 하는 것은 $a+d=b+c$를 뜻한다.

이와 같이 관계 $\sim$를 정의하면 다음 정리가 성립한다.

■ 정리 1·17

관계 $\sim$는 동치관계이다.

이것을 증명하기 위해서는 다음을 증명하면 된다(제1편 참조).

(1) $(a, b) \sim (a, b)$

(2) $(a, b) \sim (c, d)$이면 $(c, d) \sim (a, b)$이다.

(3) $(a, b) \sim (c, d)$, $(c, d) \sim (e, f)$이면 $(a, b) \sim (e, f)$이다.

집합 $N \times N$은 이 동치관계 $\sim$에 의하여 다음과 같이 유별할 수 있다.

$$\{(1, 1), (2, 2), (3, 3), \cdots\cdots\}$$
$$\{(1, 2), (2, 3), (3, 4), \cdots\cdots\}$$
$$\cdots\cdots\cdots\cdots\cdots\cdots\cdots\cdots\cdots$$
$$\{(2, 1), (3, 2), (4, 3), \cdots\cdots\}$$
$$\cdots\cdots\cdots\cdots\cdots\cdots\cdots\cdots\cdots$$

정의 1·6 집합 $N \times N$을 동치관계 $\sim$에 의해서 유별된 각 동치류를 정수라고 한다.

순서쌍 (a, b)를 품는 동치류, 즉 정수를 $[(a, b)]$로 나타내기로 한다. 그리고 두 정수가 같다는 것을 다음과 같이 정의한다.

정의 1·7 정수 $[(a, b)]$ 전체의 집합을 I라 하고, $[(a, b)]=[(c, d)]$라고 하는 것은 $(a, b) \sim (c, d)$를 뜻하는 것으로 한다.

앞으로는 $[(a, b)]$를 오해가 생기지 않으므로 간단하게 (a, b)라 쓰기로 한다.

(2) 정수의 가법, 감법

정의 1·8 정수의 가법을 다음과 같이 정의한다.

$$(a, b)+(c, d)=(a+c, b+d)$$

이와 같이 가법을 정의할 수 있기 위해서는 다음 정리가 성립해야 한다.

■ 정리 1·18

$(a, b)\sim(a', b')$이고, $(c, d)\sim(c', d')$이면

$$(a+c, b+d)\sim(a'+c', b'+d')$$

이다.

정수의 가법을 위와 같이 정의하면 자연수의 경우와 같이 교환, 결합법칙이 성립한다.

■ 정리 1·19

임의의 정수 α, β, γ에 대해서 다음 법칙이 성립한다.

교환법칙 $\alpha+\beta=\beta+\alpha$

결합법칙 $(\alpha+\beta)+\gamma=\alpha+(\beta+\gamma)$

$(a, a)+(c, d)=(a+c, a+d)=(c, d)$이므로, $(a, a)=0$이라고 쓰면 임의의 정수 a에 대해서 $0+a=a+0=a$가 성립한다. 이와 같은 성질을 갖는 원소를 가법의 단위원이라고 한다.

$(a, b)+(b, a)=(a+b, b+a)=0$이다. 이때 (a, b)와 (b, a)를 서로 역원이라고 한다. 이 역원을 써서 정수의 감법을 다음과 같이 정의한다.

정의 1·9 정수의 감법을 다음과 같이 정의한다.

$$(a, b)-(c, d)=(a, b)+(d, c)$$

이와 같이 정의하면 감법은 언제나 가능하게 되어 다음 정리가 성립한다.

■ 정리 1·20

임의의 정수 α, β, γ에 대해서

$$\alpha+\beta=\gamma \Leftrightarrow \beta=\gamma-\alpha$$

증명 $\alpha=(a, b),\ \beta=(c, d) \Rightarrow \gamma=(a+c,\ b+d) \Rightarrow \gamma-\alpha=(a+c,\ b+d)+(b, a)$
$=(a+b+c,\ a+b+d)=(c, d)=\beta$
역도 같은 방법으로 증명된다.

(3) 정수의 승법

정의 1·10 정수의 승법은 다음과 같이 정의한다.

$$(a,\ b)\times(c,\ d)=(ac+bd,\ ad+bc)$$

이와 같이 승법을 정의할 수 있기 위해서는 가법의 경우와 마찬가지로 다음 정리가 성립해야 한다.

■ 정리 1·21

$(a,\ b)\sim(a',\ b')$이고 $(c,\ d)\sim(c',\ d')$이면 $(ac+bd,\ ad+bc)\sim(a'c'+b'd',\ a'd'+b'c')$이다.

이상과 같이 승법을 정의하면 임의의 정수 a, b, c에 대해서 다음 법칙들이 성립한다.

■ 정리 1·22

임의의 정수 α, β, γ에 대해서 다음 법칙들이 성립한다.

교환법칙 $\alpha\times\beta=\beta\times\alpha$
결합법칙 $(\alpha\times\beta)\times\gamma=\alpha\times(\beta\times\gamma)$
배분법칙 $(\alpha+\beta)\times\gamma=\alpha\times\gamma+\beta\times\gamma,\ \ \alpha\times(\beta+\gamma)=\alpha\times\beta+\alpha\times\gamma$

앞에서 $(a,\ a)$를 0으로 나타냈었다. 승법의 경우, $(a,\ a)\times(c,\ d)=(ac+ad,\ ad+ac)=(a,\ a)$이므로, 임의의 정수 α에 대해서 $0\times\alpha=\alpha\times0=0$가 성립한다.

지금까지 살펴본 바와 같이 정수 전체의 집합 I에서는 가법, 감법, 승법이 자유롭게 이루어진다. 그러나 임의의 정수 α, β에 대해서, $\beta=\alpha\times\gamma$되는 γ는 반드시 존재하지는 않는다. 즉, 집합 I는 제법에 관해서 닫히지 않았다는 것을 알 수 있다.

문 제

1. 정리 **1 · 21**을 증명하여라.
2. 정리 **1 · 22**를 증명하여라.

(4) 자연수의 확장으로서의 정수

정수의 집합이 자연수의 집합을 확장한 것으로 보이기 위해서는 정수를 정의할 때, 사용하였던 순서쌍(정확하게는 순서쌍의 집합)과 자연수가 1 대 1 대응이 되고, 더욱이 가법, 승법, 대소 등도 마찬가지로 대응된다는 것을 밝힐 필요가 있다. 즉

$$(a+1,\ 1) \to a$$

와 같이 대응시킨다고 하면, 가법에 관해서는 $(a+1,\ 1)+(b+1,\ 1)$은 $a+b$에 대응되고, 승법에 관해서는 $(a+1,\ 1)\times(b+1,\ 1)$은 $a\times b$에 대응시킬 수 있다는 것을 증명할 수 있으면 된다.

또, 대소관계에 대해서는

$$(a,\ b)>(c,\ d) \leftrightarrow a+d>b+c$$

라고 정의하면

$$(a,\ b)\geq(c,\ d) \leftrightarrow a+d\geq b+c$$

로 정해져서, 이 관계들은 다음 법칙을 성립시킨다.

반사율	$(a,\ b)\geq(a,\ b)$
반대칭률	$(a,\ b)\geq(c,\ d)$이고 $(c,\ d)\geq(a,\ b)$이면 $(a,\ b)=(c,\ d)$
추이율	$(a,\ b)\geq(c,\ d)$이고 $(c,\ d)\geq(e,\ f)$이면 $(a,\ b)\geq(e,\ f)$
삼자 택일률	$(a,\ b),(c,\ d)$에 대해서
	$(a,\ b)>(c,\ d)$, $(a,\ b)=(c,\ d)$, $(a,\ b)<(c,\ d)$

중 어느 하나만이 성립한다.

위와 같이 대소관계 정의하면

$$(a+1,1)>(b+1,1) \ \leftrightarrow\ a>b$$

가 증명된다.

지금까지 언급한 것을 다시 종합하여 보자. 자연수 전체의 집합을 N이라 하고, 집합 $I^*=\{(a+1,\ 1)\mid a\in N\}$을 생각하면 N의 원소와 I^*의 원소 사이에 다음과 같이 1 대

1 대응을 시킬 수 있다.

$$a \to (a+1, 1)$$

여기서 $(a+1, 1)=a^*$로 나타내고, N에서 I^*에로의 사상을 f라고 하면

$$f(a)=a^*$$

이다. 이때 사상 f는 다음과 같은 성질을 갖는다.

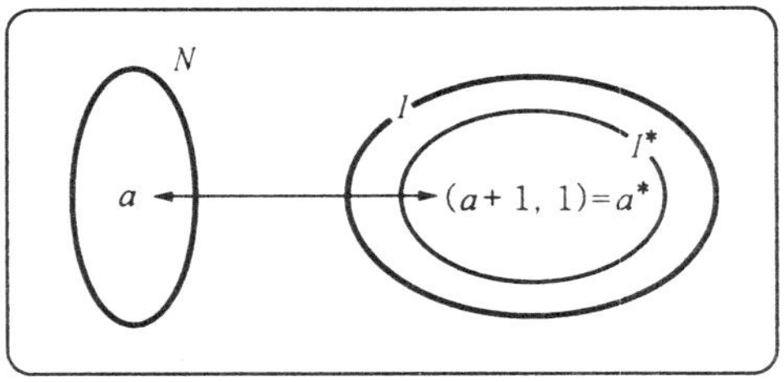

그림 Ⅱ·1

$$f(a+b)=f(a)+f(b)$$
$$f(a\times b)=f(a)\times(b)$$
$$a=b \to f(a)=f(b)$$
$$a>b \to f(a)>f(b)$$

이와 같은 사상 f가 존재할 때, 두 수 체계 N과 I^*는 동형이라고 한다. 여기서의 사상 f를 간단히 '+'로 나타내고, a에 대응하는 I^*의 원소 a^*를 $+a$라고 나타낸다. 그러면, f는 정수의 집합 I의 부분집합으로서 자연수 전체의 집합 N과 동형이므로, I^*는 자연수의 집합 N을 확장한 것이라고 볼 수 있다.

이런 뜻에서 우리는 1, 2, 3 등을 +1, +2, +3과 구별하지 않고 사용하여 왔던 것이다

다음에는 $I^{**}=\{(1, a+1) \mid a\in N\}$을 생각하자. N의 원소와 I^{**}의 원소는 1 대 1 대응시킬 수 있다.

$$a \to (1, a+1)$$

여기서 $(1, a+1)=a^{**}$로 나타내고, N에서 I^{**}에로의 사상을 g라고 하면

$$g(a)=a^{**}$$

이다.

이때, 사상 g는 사상 f와는 달리 동형이 아니다. 왜냐하면

$$g(a+b)=g(a)+g(b)$$
$$a=b \to g(a)=g(b)$$

이나,

$$g(a\times b)\neq g(a)\times g(b)$$

$$a > b \to g(a) < g(b)$$

이기 때문이다.

여기서 사상 g를 간단히 '$-$'로 나타내고, N의 원소 a에 대응하는 I^{**}의 원소 $(1, a+1)$을 $-a$로 나타내기로 한다.

$a \in N$일 때, $+a$를 양의 수, $-a$를 음의 수, a를 $+a$ 또는 $-a$의 절대값이라고 불리는 것은 여러분이 이미 알고 있는 바와 같다.

정수 전체의 집합은

$$I = I^{*} \cup I^{**} \cup \{(1, 1)\}$$

임을 우리는 알 수 있다. 여기서 $(1, 1)$이 수 0에 해당되는 것이라는 것은 앞에서 말한 바와 같다. 0의 절대값은 0으로 정한다. 0에 관해서는 다음이 성립한다.

I^{*}의 원소 a^{*}에 대해서 $a^{*} > 0$

I^{**}의 원소 a^{**}에 대해서 $a^{**} < 0$

I의 원소 a에 대해서 $a + 0 = a$, $a \times 0 = 0$

0이 $a+0=a$라는 성질을 갖기 때문에 0을 가법단위원이라고 불렀었다. 승법에 관해서 $(2, 1) = +1$이 다음 성질을 갖기 때문에 가법에서와 같이 $+1$을 승법단위원이라고 불린다.

I의 원소 a에 대해서 $a \times (+1) = a$

문 제

1. 정수의 대소 관계의 정의를 써서 $(a+1, 1) > (b+1, 1) \leftrightarrow a > b$를 증명하여라.
2. 0에 관한 위의 성질을 증명하여라.
3. $+1$에 관한 위의 성질을 증명하여라.

(5) 제 법

자연수 전체의 집합 N을 정수 전체의 집합 I까지 확장하여도 제법에 관해서는 닫히지 않는다. 제법에 관해서 닫히도록 하기 위해서는 집합 I를 다시 확장할 필요가 생긴다.

앞으로 정수의 이야기가 끝날 때까지 단서가 붙지 않는 한 α, β, γ 등은 정수를 나타내는 것으로 한다.

$\alpha \times \beta = \gamma$ 에서 $\gamma \neq 0$이라고 하면 α, β는 모두 0이 아니어야 한다. 왜냐하면 $\alpha = 0$이라 하면 $0 \times \beta = 0$, $\beta = 0$이라 하면 $\alpha \times 0 = 0$이기 때문이다. 이 경우 α(또는 β)는 γ의 약수라고 하고, γ는 α(또는 β)의 배수라고 한다.

즉, α가 γ의 약수이면 $\gamma = \alpha \times \xi$를 성립시키는 정수 ξ가 존재한다. 이 사실로써 정수의 제법을 다음과 같이 정의한다.

정의 1·11 $\gamma = \alpha \times \xi$를 성립시키는 ξ가 존재할 때 $\gamma \div \alpha = \xi$라고 정의한다.

이 정의에서 $\gamma \neq 0$이면 $\alpha \neq 0$이므로, $\gamma \div 0$과 같은 정수는 존재하지 않는다.

한편 $\gamma = 0$이라고 하면 $\alpha \times \xi = 0$이 된다. 이 경우 $\alpha = 0$이라고 하면 ξ는 어떤 정수라도 성립한다. 따라서 $0 \div 0$은 부정이다.

이 사실로부터 $\gamma = 0$이든 $\gamma \neq 0$이든 간에 0으로 나누는 제법은 생각하지 않기로 한다. 그러므로 $\gamma \div \alpha$라는 식이 씌어 있을 때에는 언제나 $\alpha \neq 0$이 전제되어 있는 것으로 간주한다.

$\alpha \neq 0$일 때 $0 \div \alpha = \beta$라고 하면 이 β는 0과 같다는 것을 증명할 수 있다.

이것은 다음 정리로 표현할 수 있다.

■ 정리 1·23

α, β가 정수일 때 $\alpha\beta = 0$이면 $\alpha = 0$ 또는 $\beta = 0$이다. 또 이 역도 성립한다. 즉

$$\alpha,\ \beta \in I \text{일 때 } \alpha\beta = 0 \leftrightarrow \alpha = 0 \text{ 또는 } \beta = 0$$

일반적으로 $\gamma = \alpha \times \beta$되는 β가 $\gamma \neq 0$, $\alpha \neq 0$라고 해서 반드시 존재한다고는 할 수 없다. 즉 $\gamma \div \alpha$는 언제나 정해지는 것은 아니다. 그러므로 정수 집합의 원소만으로 나눗셈을 처리하기 위해서는 소위 나머지가 있는 제법을 생각하지 않을 수 없다. 이와 같은 제법은 다음 정리가 바탕이 된다(정수의 제법을 생각할 경우에 나눗수는 양의 정수인 경우만을 생각하기로 한다).

■ 정리 1·24

임의의 정수 β 및 임의의 양의 정수 α에 대해서

$$\beta = \alpha q + \gamma \quad (0 \leq \gamma < \alpha)$$

되는 정수 q, γ가 일의적으로 정해진다. 이 정리는

$$\alpha q \leq \beta < \alpha(q+1)$$

이 성립한다는 것을 나타내고 있다.

이 사실은 '아르키메데스의 공리'라고 불리는 것으로, 길이라든가 무게 등의 양을 임의의 단위로 측정할 수 있다는 것에 해당되는 것이다.

정의 1·12 임의의 정수 β 및 임의의 양의 정수 q에 대해서

$$\beta = \alpha q + \gamma \ (0 \leq \gamma < \alpha)$$

되는 정수 q, γ를 구하는 것을 정수의 나머지가 있는 제법이라 하고, 정수 q를 $\beta \div \alpha$의 몫(정수 몫), 정수 γ를 나머지라고 한다.

문 제

1. 정리 **1·23**을 증명하여라.

(6) 잉여류와 잉여계

정수 $m(m>1)$을 나눗수로 하면 임의의 정수 α에 대해서

$$\alpha = mq + \gamma \ (0 \leq \gamma < m)$$

을 성립시키는 정수 q, γ는 제법의 정리(정리 **1·24**)에 의해서 일의적으로 결정된다. 따라서 모든 정수에 대해서 m으로 나누었을 때의 나머지를 일의적으로 대응시킬 수 있다. 그러므로 이 나머지에 착안하여 정수를 유별할 수 있다. 나머지가 γ인 정수의 집합을 M_γ라고 하자. 여기서 γ는 0에서 $m-1$까지의 정수이다.

0, 1, 2, ……, $m-1$이 정수의 집합 f의 원소라는 점에서 다음 정리가 성립함을 쉽게 알 수 있다.

■ **정리 1·25**

M_γ는 공집합이 아니다.

또 나머지는 일의적으로 확정된다는 사실에서 다음 정리가 성립함도 쉽게 알 수 있다.

■ 정리 1 · 26

$i \neq j$이면 $M_i \cap M_j = \phi$이다.

그리고 $I = M_0 \cup M_1 \cup M_2 \cup \cdots\cdots \cup M_{m-1}$이라는 것도 쉽게 알 수 있다.

이렇게 하여 얻어진 m개의 집합 $M_0, M_1, M_2, \cdots\cdots, M_{m-1}$을 각각 m을 mod로 한 잉여류라고 한다. M_γ에 속하는 임의의 두 원소의 차가 m의 배수가 된다는 것은 자명하다.

■ 정리 1 · 27

$\alpha, \beta \in M_\gamma$이면 $\alpha - \beta$는 m의 배수이다.

정의 1 · 13 α, β가 모두 M_γ의 원소일 때 $\alpha \equiv \beta (\mathrm{mod}\ m)$라고 쓰며, α와 β는 m을 mod로 하여 합동이라고 한다.

합동이란 말은 도형의 경우에서 사용되어온 말이다. 도형에서는 두 도형의 모양이나 크기만을 추상하고, 그 도형이 놓여 있는 위치 등은 사상하여도 형을 유별하기 위해서 합동이란 개념을 도입한 것이다.

m을 mod로 한 합동도 도형에서와 마찬가지로 나눈 몫은 무시하고 나머지만을 추상하여, 그것으로 정수를 유별하기 위해서 도입된 개념이다.

합동이라는 관계로서 정수가 유별되기 위해서는 합동관계가 동치관계임이 밝혀져야 한다.

■ 정리 1 · 28

관계 $\equiv$는 동치관계이다.

이 정리를 증명하기 위해서는(mod m의 기호는 생략한다)

반사율 $\alpha \equiv \alpha$

대칭률 $\alpha \equiv \beta$이면 $\beta \equiv \alpha$

추이율 $\alpha \equiv \beta$, $\beta \equiv \gamma$이면 $\alpha \equiv \gamma$

가 성립한다는 것을 증명하면 된다.

3을 mod로 하는 잉여류는 M_0, M_1, M_2이고, 이들을 다음과 같이 표시하기로 한다.

$$M_0=\{\cdots\cdots, -6, -3, 0, 3, 6, 9, \cdots\cdots\}=\overline{0}=\overline{-3}=\cdots\cdots$$

$$M_1=\{\cdots\cdots, -5, -2, 1, 4, 7, 10, \cdots\cdots\}=\overline{1}=\overline{4}=\cdots\cdots$$

$$M_2=\{\cdots\cdots, -4, -1, 2, 5, 8, 11, \cdots\cdots\}=\overline{2}=\overline{5}=\cdots\cdots$$

각 잉여류에서 원소 하나씩을 택하여 만든 집합을 잉여계라고 한다. 위의 경우

$$\{\overline{-3}, \overline{1}, \overline{5}\}$$

는 잉여계이다. 그러나 보통의 경우 잉여계로서 m을 mod로 하였을 때

$$\{0, 1, 2, \cdots\cdots, m-1\}$$

을 택하게 된다.

잉여류로서 가장 잘 알려져 있는 것은 짝수와 홀수일 것이다. 이것은 2를 mod로 하는 잉여류로서 M_0, M_1으로 나타내진다. 단, 잉여계로서는 $\{\overline{0}, \overline{1}\}$을 택할 수 있다.

짝수와 홀수에 관한 가법, 승법에는 다음 표와 같은 규칙이 있다.

+	짝수	홀수
짝수	짝수	홀수
홀수	홀수	짝수

×	짝수	홀수
짝수	짝수	홀수
홀수	홀수	짝수

이 표를 잉여계의 원소를 써서 나타내면 다음과 같다.

+	0	1
0	0	1
1	1	0

×	0	1
0	0	0
1	0	1

같은 방법으로 생각하여 일반 잉여계에서도 연산을 도입할 수 있다. 가령 3을 mod로 하는 잉여계에서의 가법과 승법은 다음과 같이 정의된다.

+	0	1	2
0	0	1	2
1	1	2	0
2	2	0	1

×	0	1	2
0	0	0	0
1	0	1	2
2	0	2	1

이것은 잉여계의 두 원소의 합 또는 곱이 어느 잉여류에 속하는 원소인가를 조사하여

잉여계의 두 원소의 합 또는 곱으로 정하여 얻은 것이다.

가령,

$$1+2\equiv 0(\mathrm{mod}3)$$
$$2\times 2=1(\mathrm{mod}3)$$

에서 $1+2$, 2×2를 각각 0, 1로 정한 것이다.

앞에서 만든 가법표와 승법표를 쓰면 감법과 제법이 가능하다는 것을 알 수 있다. 위의 가법표에서 보면, 어느 열, 어느 행에서도 잉여계의 원소 0, 1, 2가 있기 때문에 감법이 가능하게 된다. 또 승법표에서는 0을 품는 행과 열을 제외한 어느 행, 어느 열에도 반드시 1, 2가 있다. 그러므로 0으로 나누는 열을 제외한 제법이 가능하다. 즉 다음과 같은 감법, 제법이 가능하다.

$$1-2=2,\ 0-1=2,\ 0-2=1,\ 2\div 1=2,\ 1\div 2=2$$

이것은 a, b를 이 잉여계의 원소라고 할 때, $a+x=b$ 및 $ax=b(a\neq 0)$되는 x가 이 잉여계의 원소로 존재한다는 것을 나타내고 있다.

일반적으로 m을 mod로 하는 잉여계를 R_m이라고 하면, 위에서 본 바와 같이 R_3는 사칙연산에 관해서 닫혔다. 그러나 모든 잉여계가 사칙연산에 관해서 닫혔다고는 할 수 없다. 가령 R_6의 가법과 승법표를 만들면 다음과 같다.

가법표에서는 R_3와 마찬가지로 어느 행, 어느 열에도 0에서 5까지의 원소가 모두 들어 있으므로, 감법이 정의된다.

+	0	1	2	3	4	5
0	0	1	2	3	4	5
1	1	2	3	4	5	0
2	2	3	4	5	0	1
3	3	4	5	0	1	2
4	4	5	0	1	2	3
5	5	0	1	2	3	4

×	0	1	2	3	4	5
0	0	0	0	0	0	0
1	0	1	2	3	4	5
2	2	4	0	2	4	0
3	3	0	3	0	3	0
4	4	2	0	4	2	0
5	0	5	4	3	2	1

그러나 승법표에서는 2의 행 또는 열에는 0, 2, 4의 원소는 있으나 1, 3, 5의 원소는 없다. 그러므로 $1\div 2$, $3\div 2$, $5\div 2$는 정의되지 않는다. 더구나 $0\div 3$은 0도 되고 2도 되어, 일의적으로 되지 않는다.

이것은 $2\neq 0$, $3\neq 0$임에도 $2\times 3=0$이기 때문이다. 즉, 잉여계에서는 a, $b\in R_6$일 때,

$$a \cdot b = 0 \leftrightarrow a = 0 \text{ 또는 } b = 0$$

이 성립되지 않는다. 일반적으로 $a \neq 0$, $b \neq 0$일 때 $ab = 0$인 경우 a, b를 영인자라고 한다.

이와 같은 것은 3, 4행 또는 열에 대해서도 마찬가지이다. 따라서 R_6에서는 제법이 정의되지 않는다.

일반적으로 $m \geq 2$일 때, R_m에서는 다음 정리가 성립하나, 그의 증명은 생략하기로 한다.

■ **정리 1 · 29**

$R_m(m \geq 2)$에서는 가법과 그의 역산인 감법을 정의할 수 있다.

그러나 m이 소수가 아니면 승법은 정의되나, 그의 역산인 제법은 정의되지 않는다.

감법이나 제법을 생각할 때에는 음수나 분수를 생각하게 되는 것이 보통이나 R_3, R_5 등에서는 그럴 필요가 없었다. 이 사실은 대단히 중요하다.

문 제

1. 정리 **1 · 26**을 증명하여라.
2. 정리 **1 · 28**을 증명하여라.
3. 4를 mod로 하는 잉여계에서 위와 같은 가법표, 승법표를 만들어라.
4. 5를 mod로 하는 잉여계에서 가법표, 승법표를 만들고, 감법, 제법이 가능한가를 조사하여라.
5. 위 문제 3에서 만든 가법표, 승법표에서 감법, 제법이 정의되는가를 조사하여라.
6. 지금까지 조사하여 온 정수 전체의 집합 I의 성질을 조사하고, 자연수 전체의 집합 N의 성질과 비교하여 보아라.

2) 수직선상의 점과 정수의 집합

여기서는 정수를 직선상의 점에 수를 대응시켜서 수개념과 연산을 정의하는 직관적 방법으로 자연수의 집합을 확장하여 본다.

먼저 직선상의 기준점에 0, 그리고 우측으로 기본 단위 선분 끝점에 자연수 1을 정한다. 이것으로 모든 자연수의 위치가 정해진다.

다음으로 각 자연수 x에 대하여 0의 좌측에 길이가 같고 방향이 반대인 점에 수를 준다. 자연수 x에 대응하는 점에 해당하는 수를 x^+, 반대 방향인 점에 대응하는 수를 x^-로 표시한다. 이와 같이 자연수 x에 대응하는 수의 방향에 따라 x^+를 양의 정수로, x^-를 음의 정수라 한다.

. . 3− 2− 1− 0 1+ 2+ 3+ . .

(1) 정수의 상등관계

정수의 상등관계는 수직선상의 배열 순서에 따라 그 크기를 정의한다.

① $a^+ > b^+ \Leftrightarrow a > b$

② $a^- > b^- \Leftrightarrow a < b$

③ $a^+ = b^+ \Leftrightarrow a = b$

즉, 정수의 상등관계는 양수는 음수보다 크고, 같은 부호의 두수는 절대값(자연수)에 의하여 위와 같이 정리할 수 있다.

(2) 정수의 연산

① 가법 : x^+와 x^-는 서로 상쇄된다($1^+ + 1^- = 0 = 2^+ + 2^- = \cdots\cdots$)는 기본생각을 정리하면 다음과 같다.

$$a^+ + b^+ = (a+b)^+ \text{ (양수 + 양수)}$$
$$a^- + b^- = (a+b)^- \text{ (음수 + 음수)}$$
$$a^+ + b^- = (a-b)^+ \text{ (} a > b\text{일 때) 또는}$$
$$a^+ + b^- = (b-a)^- \text{ (} b > a\text{일 때)}$$

단, 임의의 정수 x에 대하여, $x + 0 = x$

② 승법

$$a^+ \times b^+ = (a \times b)^+ \text{ (양수×양수)}$$
$$a^- \times b^- = (a \times b)^+ \text{ (음수×음수)}$$
$$a^+ \times b^- = (a \times b)^- \text{ (양수×음수 또는 음수×양수)}$$

단, 임의의 정수 x에 대하여, $x \times 0 = 0$

[예 1 · 1] $2^+=1^++1^+$, $n^+=1^++1^++1^++\cdots\cdots+1^+$($1^+$이 n개)

$3^-=1^-+1^-+1^-$

$0=1^++1^-=2^++2^-=3^++3^-=\cdots\cdots$

$1^-=3^-+2^+=(1^-+1^-+1^-)+(1^++1^+)$

[예 1 · 2] $0=(x^++x^-)y^-=x^+y^-+x^-y^-$, 따라서 $x^+y^+=x^-y^-$.

[예제 1 · 2] $(x^-)^-=x^+$인가?

---

③ 감법 : 임의의 두 정수 a, b에 대하여 $x+a=b$인 정수 x를 구하는 연산을 감법이라 하고 $x=a-b$로 표시한다. 감법은 가법의 역연산이라 한다.

④ 제법 : 임의의 두 정수 a, b에 대하여 $xa=b$인 정수 x를 구하는 연산을 제법이라 하고 $x=a\div b$로 표시한다. 제법은 승법의 역연산이라 한다.

■ 정리 1 · 30

임의의 두 정수 a, b에 대하여 $a+b=b+a$이다.

상쇄의 원리로 설명하여라.

■ 정리 1 · 31

임의의 세 정수 a, b, c에 대하여 $(a+b)+c=a+(b+c)$이다.

상쇄의 원리로 설명하여라.

■ 정리 1 · 32

두 임의의 두 정수 a, b에 대하여 $ab=ba$이다.

■ 정리 1 · 33

임의의 세 정수 a, b, c에 대하여 $(ab)c=a(bc)$이다.

위의 두 정리는 승법의 정의에 의하여 명백하다.

4. 유리수의 개념과 연산

1) Peano 공리에 의한 유리수의 개념과 연산

물건의 길이나 무게 등을 측정할 때, 우리는 일정한 단위를 기준으로 사용한다. 만약 물건의 길이가 기준으로 한 단위의 정수배로 측정되지 않을 때에는 더 작은 단위를 새로 정하여 사용하게 된다. 이와 같은 때에도 수를 쓸 수 있게 하기 위해서는 사용하기에 적합한 수들을 새로 확장하지 않으면 안 된다.

정수의 집합은 가법, 감법, 승법에 관해서는 닫혀 있으나 제법에 관해서는 닫히지 않는다. 제법에 관해서도 닫히도록 하기 위해서는 정수의 집합을 다시 확장하여 유리수의 집합을 만들 필요가 있다.

제법을 정의하는 데는 나눈수가 0이어서는 안 된다. 그러므로 a, $b(b\neq 0)$가 I의 원소일 때, $a\div b$를 가능케 하기만 하면 된다. 그렇게 하기 위해서 $(a,\ b)$라는 순서쌍을 생각하자.

이와 같은 방법은 이미 자연수에서 정수를 만들 때 사용하였다. 그러므로 $(a,\ b)$가 $\frac{a}{b}$와 같도록 정의하고 있다는 사실만 이해한다면 거의 앞절과 똑같은 논조로 이야기가 전개되고 있다는 것을 알 수 있을 것이다. 이 절에서는 a, b, c 등은 모두 정수를 나타내는 것으로 한다.

정수의 집합 I의 원소 a, $b(\neq 0)$에 대해서 순서쌍 $(a,\ b)$를 생각하자. 이 절에서 사용된 순서쌍의 제2성분은 언제나 0이 아닌 것으로 한다. 두 순서쌍의 상등관계를 다음과 같이 정의한다.

정의 1·14 임의의 두 정수 a, $b(\neq 0)$의 순서쌍의 집합을 R라 하고, $(a,\ b)\sim(c,\ d)$는 $ad=bc$를 뜻하는 것으로 한다.

이와 같이 관계 $\sim$를 정의하면 다음 정리가 성립한다.

■ 정리 1·34

관계 $\sim$는 동치관계이다.

정리 **1 · 34**에 의해서 관계 ~이 동치관계이므로, 순서쌍의 집합을 유별할 수 있다. 가령

$$\{(1, 2), (2, 4), \cdots\cdots, (-1, -2), (-2, -4), \cdots\cdots\}$$
$$\{(1, 3), (2, 6), \cdots\cdots, (-1, -3), (-2, -6), \cdots\cdots\}$$
$$\cdots\cdots\cdots\cdots\cdots\cdots\cdots\cdots\cdots\cdots\cdots\cdots\cdots\cdots$$
$$\{(3, 5), (6, 10), \cdots\cdots, (-3, -5), (-6, -10), \cdots\cdots\}$$
$$\cdots\cdots\cdots\cdots\cdots\cdots\cdots\cdots\cdots\cdots\cdots\cdots\cdots\cdots$$

정의 1 · 15 $a, b(\neq 0)$가 I의 원소일 때, 순서쌍 (a, b)의 집합을 동치관계 ~에 의해서 유별된 각 동치류를 유리수라고 한다. 순서쌍 (a, b)를 품는 동치류, 즉 유리수 $[(a, b)]$로 표시하고, 두 유리수가 같다는 것을 다음과 같이 정의한다.

정의 1 · 16 유리수 $[(a, b)]$ 전체의 집합을 Q라 하고, $[(a, b)]=[(c, d)]$는 $(a, b) \sim (c, d)$임을 뜻하는 것으로 정의한다. 즉

$$[(a, b)]=[(c, d)] \leftrightarrow (a, b) \sim (c, d)$$

정수일 때와 마찬가지로 유리수 $[(a, b)]$를 간단히 (a, b)라고 써도 별 오해가 생기지 않으므로, 앞으로 $[(a, b)]$를 간단히 (a, b)라고 쓰기로 한다.

문 제

1. 정리 **1 · 34**를 증명하여라.

(1) 유리수의 사칙연산

유리수의 가법과 승법을 다음과 같이 정의한다.

정의 1 · 17 가법 $(a, b)+(c, d)=(ad+bc, bd)$

승법 $(a, b)\times(c, d)=(ac, bd)$

이와 같이 가법과 승법을 정의할 수 있기 위해서는 다음 정리가 보장되어야 한다.

■ 정리 1 · 35

$(a, b) \sim (a', b')$이고 $(c, d) \sim (c', d')$이면

(1) $(a, b)+(c, d) \sim (a', b')+(c', d')$

(2) $(a, b) \times (c, d) \sim (a', b') \times (c', d')$

이 정리는 쉽게 증명된다.

이와 같이 유리수의 가법과 승법을 정의하면 자연수, 정수일 때와 같이 다음 법칙들이 성립한다.

■ 정리 1 · 36

α, β, γ를 임의의 유리수라고 하면

교환법칙 $\alpha+\beta=\beta+\alpha$, $\alpha \times \beta=\beta \times \alpha$

결합법칙 $(\alpha+\beta)+\gamma=\alpha+(\beta+\gamma)$, $(\alpha \times \beta) \times \gamma=\alpha \times (\beta \times \gamma)$

배분법칙 $(\alpha+\beta) \times \gamma=\alpha \times \gamma+\beta \times \gamma$, $\alpha \times (\beta+\gamma)=\alpha \times \beta+\alpha \times \gamma$

다음에는 감법을 정의하자. 감법을 정의하기 위해서는 우선 가법의 단위원을 정의할 필요가 있다. 그러기 위해서는 유리수의 집합 Q의 임의의 원소 (a, b)에 대해서

$$(a, b)+(x, y)=(a, b)$$

를 성립시키는 I의 원소 x, y가 존재하면 된다. 윗식을 변형하면

$$(ay+bx, by)=(a, b)$$

여기서 $b^2x=0$가 얻어진다. 그런데 규약에 의해서 $b \neq 0$이므로, $x=0$이라야 한다. 따라서 가법에 관한 단위원은 $(0, y)$, 즉 $(0, 1)$로 나타난다.

이 사실을 써서 가법의 역원을 구할 수 있다. Q의 원소 (a, b)에 대해서

$$(a, b)+(x, y)=(0, 1)$$

이 되는 원소 (x, y)를 구할 수 있다. 윗식을 변형하면

$$ay+bx=0$$

$$\therefore (x, y) \sim (-a, b)$$

따라서 (a, b)의 가법역원은 $(-a, b)$이다.

이제 구한 가법 역원은 다음에 제시된 정리의 특별한 경우로서 $(c, d)=(0, 1)$일 때의 경우이다.

■ 정리 1 · 37

임의의 두 유리수 (a, b), (c, d)에 대해서

$$(a, b)+(x, y)=(c, d)$$

를 성립시키는 (x, y)가 꼭 하나 있고,

$$(x, y)=(bc-ad, ba)$$

이다.

[증명] $(a, b)+(x, y)=(c, d)$와 $(ay+bx, by)=(c, d)$와는 동치이다. 또 이것은 $ady+bdx=bcy$와도 동치이다. 이것을 $bdx=(bc-ad)y$라고 쓰면 $(x, y)=(bc-ad, bd)$이다.

이 정리는 유리수의 감법 가능성을 보장해 주고 있는 것이다. 이제 유리수의 감법을 정의하자.

정의 1 · 18 유리수의 감법은 다음과 같이 정의한다.

$$(a, b)-(c, d)=(a, b)+(-c, d)$$

이와 같이 정의하면 정수의 경우에서와 같이 유리수에서도 감법이 언제나 가능하게 되어, 다음 정리가 성립한다.

■ 정리 1 · 38

임의의 유리수 α, β, γ에 대해서

$$\alpha+\beta=\gamma \leftrightarrow \beta=\gamma-\alpha$$

이제 남은 일은 유리수의 제법을 정의하는 일이다. 그러기 위해서는 승법에 관한 단위원을 정하는 일이 필요하게 되는데, 그것은 Q의 임의의 원소 (a, b)에 대해서 다음 식을 성립시키는 Q의 원소 (x, y)가 존재한다는 것을 밝히면 된다.

$$(a, b)\times(x, y)=(a, b)$$

이 식을 변형하면 $abx=aby$.

여기서 (a, b)는 Q의 임의의 원소이므로, $a\neq 0$이라 하여도 좋다. 그런데 규약에서 $b\neq 0$이므로, $x=y$가 된다.

따라서, 승법 단위원소 (x, x), 즉 $(1, 1)$이 된다.

이체 승법 단위원 $(1, 1)$을 정하였으니 다음에는 승법에 관한 역원을 정하자.

(0, 1) 이외의 임의의 원소를 $(a,\ b)$라 하고

$$(a,\ b)\times(x,\ y)=(1,\ 1)$$

이라고 하면, 윗식으로부터 $ax=by$가 얻어져서

$$(x,\ y)\sim(b,\ a)$$

가 된다.

따라서 $(a,\ b)$의 승법역원은 $(b,\ a)$이다.

이것은 가법의 경우에서와 마찬가지로 유리수의 제법 가능성을 보장하여 주는 다음 定理의 특별한 경우로서 얻어진다.

■ 정리 1 · 39

(0, 1)이 아닌 임의의 유리수 $(a,\ b)$와 $(c,\ d)$에 대해서

$$(a,\ b)\times(x,\ y)=(c,\ d)$$

를 성립시키는 $(x,\ y)$가 꼭 하나 존재하고,

$$(x,\ y)=(bc,\ ad)$$

이다. 이제 유리수의 제법을 정의하자.

정의 1 · 19 $(c,\ d)\neq(0,\ 1)$일 때

$$(a,\ b)\div(c,\ d)=(a,\ b)\times(d,\ c)$$

이상과 같이 Q의 원소들 사이에 사칙연산을 정의하면 Q는 이들 모든 연산에 관해서 닫히게 된다.

(2) 정수의 확장으로서의 유리수

Q의 원소 중 $(a,\ 1)$인 꼴의 원소들의 집합을 Q^*라고 하면, 이 Q의 원소와 정수 전체의 집합 I의 원소와는 다음과 같이 1 대 1 대응을 시킬 수 있다.

$$(a,\ 1)\leftrightarrow a$$

이때

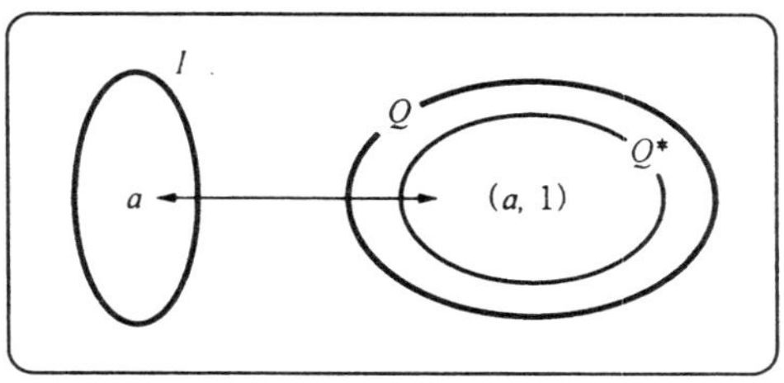

그림 Ⅱ · 2

$$(a,\ 1)+(b,\ 1)=(a+b,\ 1)$$
$$(a,\ 1)\times(b,\ 1)=(a\times b,\ 1)$$

이므로, Q^*의 원소의 합과 곱은 각각 I의 원소의 합과 곱에 대응된다.

정수에는 대소의 순서 관계가 있었다. 이것이 그대로 유리수에도 대소의 순서 관계가 있는가를 살펴보기로 하자.

Q의 원소 $(a,\ b)$와 $(c,\ d)$ 사이의 대소관계를 정의하기 위해서, 우선

$$(a,\ b)\sim(a',\ b')\quad(b'>0)$$
$$(c,\ d)\sim(c',\ d')\quad(d'>0)$$

에 적합한 $(a',\ b')$, $(c',\ d')$를 선택하자. 이것은 $(a,\ b)$에 대해서 말하면, $b>0$이면 $(a,\ b)$를 그대로 선택하고, $b<0$이면 $(a,\ b)$와 동치인 $(-a,\ -b)$를 선택하여도 좋다는 뜻이다.

이와 같이 선택한 $a',\ b',\ c',\ d'$를 써서 $(a,\ b)$, $(c,\ d)$의 대소 관계를 다음과 같이 정의한다.

정의 1·20 두 유리수 $(a,\ b)$, $(c,\ d)$에 대해서, $(a,\ b)>(c,\ d)$라고 하는 것은 $a'd'>b'c'$임을 뜻하는 것으로 정의한다.

즉, $(a,\ b)>(c,\ d)\leftrightarrow a'd'>b'c'$의 정의로부터 $(a,\ b)\geq(c,\ d)\leftrightarrow a'd'\geq b'c'$라고 정의할 수 있다.

이 사실로부터 우리는 다음을 쉽게 알 수 있다.

$$(a,1)\geq(b,1)\ \leftrightarrow\ a\geq b$$

즉, 다음 예제 1·3에서와 같이 $(a,\ 1)=a^*$, I에서 Q^*에로의 사상을 f라고 하면

$$a\geq b\Rightarrow f(a)\geq f(b)$$

이다.

다음 예제 1·3과 이 사실은 두 수체계 I와 Q^*가 순서까지를 포함한 동형임을 나타내고 있다. 따라서 유리수의 집합은 정수의 집합을 확장한 것이라고 할 수 있다.

유리수의 대소의 정의는 일반적으로 다음과 같이 기술된다.

$$\alpha=(a,\ b),\ \ \beta=(c,\ d)$$

라고 할 때

$$\alpha<\beta\leftrightarrow adb^2<b^2cd$$

그러나 b, d가 모두 양수가 되도록 하는 표현을 쓴다면, 이 조건은 간단히 $ad > bc$라고 나타내진다. 여기서의 정의 **1 · 20**은 후자의 것을 택한 것이다.

[예제 1 · 3] 위에서 $(a, 1) = a^*$라 쓰고, I에서 Q^*에로의 사상을 f, 즉 $f(a) = a^*$라고 하면

$$f(a+b) = f(a) + f(b),\ \ f(a \times b) = f(a) \times f(b),$$

$$a = b \Rightarrow f(a) = f(b)$$

임을 보여라.

---

2) 수직선상의 점과 유리수의 집합

앞의 1)절에서 우리는 유리수와 연산의 개념을 정수의 순서쌍과 그의 동치류를 토대로 정의하고 성질을 알아보았다.

본 절에서는 직관적 방법으로 정의하고 앞에서 알아본 성질을 다른 관점에서 확인하여 보도록 하겠다.

우선 정수가 배열된 수직선상에서 단위선분의 길이 1을 기준으로 등분한 길이의 양을 나타내는 방법으로 유리수의 개념을 도입하여 보자.

단위선분 [0, 1]에 대하여 임의의 자연수 n에 의한 n등분이 가능하고 등분한 각점에 대하여 수(유리수)를 대응시키는 방법으로 모든 구간에 확대하여 유리수를 대응시키는 과정을 생각하기로 한다.

(1) 유리수의 도입

단위구간 [0, 1]의 2등분, 3등분, 4등분, ……, n등분, …… 한 점에 수를 대응시키고 각각 1/2, 1/3, 1/4, …, $1/n$, …… 표시하자.

단 0등분은 생각하지 않기로 한다.

(2) 유리수의 동치

등분한 선분의 길이에 따라 유리수를 대응시키면 같은 길이에 다른 표현의 수가 대응될 수 있다. 즉 크기가 같고 표현이 다른 경우가 있는데 이와 같은 관계를 유리수의 동치

라고 한다.

$$1/2=2/4=3/6=\cdots\cdots$$
$$1/3=2/6=3/9=\cdots\cdots$$
$$1/4=2/8=3/12=\cdots\cdots$$
$$1/n=2/2n=3/3n=\cdots\cdots$$

(2) 유리수의 대소상등

우선 수직선에서 양의 정수방향에 해당하는 경우(양의 유리수)의 등분을 먼저 생각하고 음의 정수방향에 해당하는 경우(음의 유리수)는 정수에서의 정의와 같이 대칭적 관점에서 직관적으로 정의하기로 하자.

양의 유리수의 비교 : $a/b>c/d \Leftrightarrow ad>bc$($a$, b, c, d는 양의 정수)

음의 유리수의 비교 : $(a/b)^{-}>(c/d)^{-} \Leftrightarrow ad<bc$(단, $(a/b)^{-}=a^{-}/b=a/b^{-}$)

음의 유리수는 양의 유리수보다 작다.

[예 1·3] 유리수 $a/b=c/d$는 동치에서 보듯이 $ad=bc$인 경우이다.

(3) 유리수의 가법, 감법

유리수의 가법, 감법은 정수의 직관적 도입의 경우와 같이 양의 크기를 합한 개념으로 정의한다.

예를 들어 $1/3+1/3$은 3등분한 선분의 2개 분에 대응하는 유리수의 값이 된다.

이와 같은 관점에서 정리하면 다음과 같다.

가법 : $a/b+c/d=(ad+bc)/bd$

감법 : $a/b-c/d=a/b+(c/d)^{-}$

(4) 유리수의 승법, 제법

유리수의 승법은 길이의 배의 개념을 토대로 정의하고 이는 앞의 정수의 승법과 같이 동수누가의 한 모델이 된다.

제법은 승법의 역연산으로 정의한다. 이와 같은 내용을 정리하면 다음과 같다.

승법 : $a/b\times c/d=ac/bd$(단, b, d는 0이 아닌 정수)

제법 : $a/b\div c/d=a/b\times d/c$(단, b, c, d는 0이 아닌 정수)

■ 정리 1 · 40

임의의 세 유리수 a, b, c에 대하여 다음이 성립한다.

① 교환법칙; $a+b=b+a$, $ab=ba$

② 결합법칙; $a+(b+c)=(a+b)+c$, $a(bc)=(ab)c$

③ 배분법칙; $(a+b)c=ac+bc$, $a(b+c)ab+ac$

■ 정리 1 · 41

유리수의 집합 Q에서 다음이 성립한다.

① 임의의 유리수 x에 대하여 $x+0=0+x$인 0은 가법의 항등원으로 유일하다.

② 임의의 유리수 x에 대하여 $x1=1x$인 1은 승법의 단위원으로서 유일하다.

③ 유리수의 집합에서 감법은 역원에 대한 가법이다.

④ 유리수의 집합에서 제법은 역원에 대한 승법이다.

문 제

1. 정리 **1 · 38**을 증명하여라.
2. $y\neq 0$일 때, $(0, y)\sim(0, 1)$임을 증명하여라.
3. 정리 **1 · 40**을 증명하여라.
4. $x\neq 0$일 때, $(x, x)\sim(1, 1)$임을 증명하여라.
5. 정리 **1 · 41**을 증명하여라.
6. $\alpha\neq 0$, $\alpha\beta=\alpha\gamma$이면 $\beta=\gamma$임을 증명하여라(여기서 α, β, γ는 유리수이다).
7. 유리수의 특징을 조사하고, 정수의 특징과 비교하여라.

5. 실수의 개념과 그 밖의 수

유리수의 범위까지는 공리적 방법을 중심으로 확장하는 단계를 거쳤다. 그러나 실수의 범위는 무리수의 도입과 절단이라는 개념으로 확장한다.

1) 실수의 개념

(1) 무리수의 존재

유리수는 두 정수를 사용하여 분수(p/q, q는 0이 아님)로 표시될 수 있는 수이다. 직선 위의 모든 점에 대하여 기하학적인 의미(선분의 길이의 비율)를 갖는 유리수로 채우는 것이 불가능한 일임을 안 것은 무리수의 발견에서 비롯된다. 즉 한 변의 길이가 1인 정사각형의 대각선의 길이는 유리수로 표현이 안됨을 피타고라스 학파는 알게 되었다. 이에 따라 무리수(irrational number)의 개념이 생겨나고 발전하게 된다. 결국 수직선상의 점에 대응하는 수들은 유리수와 무리수로 이루어진 실수로 채워지게 되는 데 무리수에 대한 현대적 해석은 19세기 후반에 와서 데데킨트에 의하여 수학적으로 정리된다. 유리수의 소수표현은 1617년 네이피어에 의하여 현재와 같은 형태로 제시하게 되었는데 유한소수와 순환하는 무한소수로 분류될 수 있다. 따라서 무리수는 순환하지 않는 무한소수로 정의된다.

(2) 실수의 개념과 성질

① 유리수와 무리수의 합집합으로서의 실수의 개념.

수직선상의 점에는 유리수와 무리수로 채울 수 있으며 유리수는 정수, 분수를 포함하고 이는 유한소수와 순환소수로 정리할 수 있다. 하나의 유리수에 한없이 접근하면서 순환하지 않는 무한소수로서의 무리수를 생각할 수 있고 이렇게 하여 수직선은 완전히 채워진다. 이런 성질을 유리수의 조밀성, 실수는 연속성이라 한다.

② 데데킨트의 절단에 의한 실수의 개념.

수직선상에 배열된 수들 전체(실수)를 어느 한 점 P에 의하여 2개의 부분 A, B로 나누는 절단을 생각하자.

A부분은 작은 수들의 집합, B부분은 큰 수들의 집합이며 두 집합은 공유점을 갖지 않는다. 점 P가 어떤 수인지, A와 B 중 어느 쪽에 속하는지 등에 의하여 다음과 같은 네 종류의 절단이 주어진다.

절단의 종류	A집합의 최대수	B집합의 최소수	수집합(Z, Q, R)
제1종	있다	없다	Q, R
제2종	없다	있다	Q, R
제3종	없다	없다	Q
제4종	있다	있다	Z

위의 표에서 정수의 집합은 어떻게 절단해도 최대, 최소의 수를 갖는 제4종, 유리수의 집합은 유리수에 의한 절단이면 제1종과 제2종, 그렇지 않으면 제3종의 경우이다.

실수의 경우는 P가 유리수이든 아니든 항상 제1종 아니면 제2종의 절단이다. 이와 같이 데데킨트는 절단의 개념으로서 실수를 정의하고 있다.

정의 1·21 (Dedikind) 유리수 전체의 절단에 의해서 만들어지는 수를 실수라고 한다.

이와 같이, 실수를 정의하면 유리수는 자연히 실수의 일종이 되어 유리수집합은 실수집합의 부분집합으로 존재하게 된다. 다시 말하면 실수는 유리수의 확장으로써 얻어진 것이다.

실수에 대해서도 지금까지의 수와 마찬가지로 대소상등과 연산을 정의할 수 있으나, 그들에 관해서는 여기서 생략하기로 한다.

유리수가 조밀성을 가지고 있다는 것은 앞에서 말하였다. 유리수가 조밀성을 가지고 있기는 하나 유리수와 유리수 사이에는 틈이 있다. 이 틈을 메우는 수가 무리수인 것이다. 그러므로 유리수와 무리수를 합친 실수에는 틈이 없게 되어 수직선상에 빈틈없이 나열되어 연속성을 갖게 된다.

문 제

1. 고등학교 과정까지에서 배운 것을 회상하여 실수의 성질을 조사하고, 유리수의 성질과 비교하여라.

2) 복소수

지금까지 자연수를 공리적으로 파악하고 실수 범위까지 확장하여 왔다. 실수를 바탕으로 또 다른 새로운 수를 구성하여 보기로 한다.

유리수나 실수의 경우, 우리들은 이미 알려져 있는 수를 바탕으로 하여 새로운 수를 구성하여 왔다. 여기서도 실수에 대해서는 잘 알고 있는 것으로 하고, 실수를 바탕으로 하여 복소수를 전개하겠다.

정의 1·22 두 실수 a, b의 순서쌍 (a, b)을 복소수라고 한다. 이때 a를 실수성분, b를 허수성분이라고 한다.

정의 1·23 복소수의 상등, 가법 승법은 다음과 같이 정의한다.

(1) 상등 : $a=c,\ b=d$일 때에만 $(a,\ b)=(c,\ d)$

(2) 가법 : $(a,\ b)+(c,\ d)=(a+c,\ b+d)$

(3) 승법 : $(a,\ b)\times(c,\ d)=(ac-bd,\ ad+bc)$

이와 같이 정의하면 상등에 관한 동치율 및 가법, 승법에 관한 교환율, 결합률, 배분률 등이 성립함을 증명할 수 있다.

또, 복소수의 집합에는 가법의 항등원, 승법의 단위원이 존재하고, 임의의 복소수에 대한 가법역원, 가법 단위원을 제외한 임의의 복소수에 대한 승법역원이 존재한다. $(a,\ 0)$, 즉 허수 성분이 0이 되는 복소수의 집합을 생각하여 $(a,\ 0)$에 실수 a를 대응시키면 이 대응은 가법, 승법에 관해서 동형 대응이 된다. 따라서 $(a,\ 0)$과 a를 동일시할 수 있다.

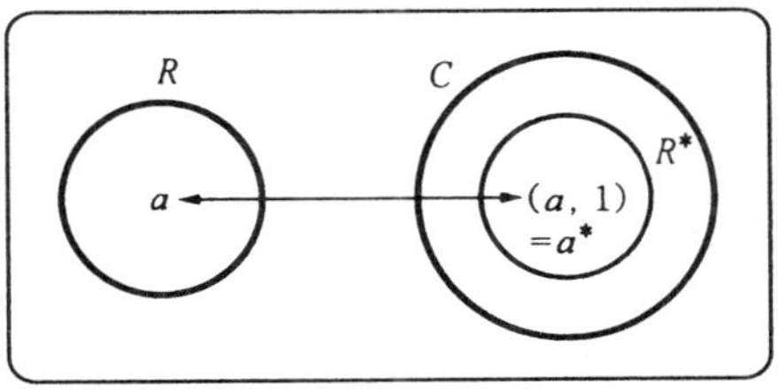

그림 II·3

위와 같은 표현은 방정식 $x^2+1=0$의 근 i 또는 $i^2=-1$에 의하여 $(a, b)=a+bi$로 바꾸어 상등관계, 연산 등을 정의하고 전개할 수 있다.

문 제

1. 복소수의 가법, 승법이 가법, 승법에 관한 교환율 결합률, 배분율을 성립시키고 있음을 증명하여라.
2. 임의의 두 복소수 (a, b), (c, d)에 대해서 $(x, y)=(c-a, d-b)$라고 하면 $(a, b)+(x,\ y)=(c,\ d)$임을 밝혀라.
3. 가법 항등원은 무엇인가? 또 $(a,\ b)$의 가법 역원은 무엇인가?(가법 항등원을 여기서

도 0으로 나타낸다)

4. (a, b)를 0이 아닌 복소수, (c, d)를 임의의 복소수라고 할 때 $(x, y)=\left(\frac{ac+bd}{a^2+b^2}, \frac{ab-bc}{a^2+b^2}\right)$는 $(a, b)(x, y)=(c, d)$를 성립시킴을 보여라.

5. 승법 역원은 (1, 0)임을 보여라.

3) 사원수

Gauss'는 복소수를 기하학적으로 표시하였다. 그리하여 직관적으로 파악할 수 있게 되었다.

새로운 수를 만들 때에는 이미 알고 있는 수에서 성립한 계산의 법칙을 되도록 그대로 성립하도록 새로운 수의 계산법칙을 정하려는 노력에 따라 복소수까지 확장하여 왔다.

여러 가지 새로운 수의 확장 중에서 해밀턴(Hamilton, 1805～1865)의 4원수를 알아보자.

$$z=a+bi+cj+dk\,(a, b, c, d\text{는 실수})$$

의 꼴을 한 수로서

$$i^2=-1,\ \ j^2=-1,\ \ k^2=-1$$
$$jk=-kj=i,\ \ ki=-ik=j,\ \ ij=-ji=k$$

를 만족시키고, a, b, c, d, i, j, k에 대해서는 보통 사용되는 가법, 승법의 계산 법칙을 가능한 한 성립시키도록 만들어진 것으로서, 승법의 교환율을 제외하고는 체의 공리(제2장 참조)를 모두 성립시키고 있다는 것이 증명되어 있다.

여기서 소개한

$$z=a+bi+cj+dk+\cdots\cdots(a, b, c, d, \cdots\cdots\text{는 실수})$$

꼴의 수에 관해서 '프로베니우스(Frobenius, 1849～1917)'는 다음과 같은 중요한 사실을 밝힌 바 있다. $z=a+bi+cj+dk+\cdots\cdots(a, b, c, d$는 실수) 중에서 승법의 교환율을 제외한 체의 공리를 만족시키는 것은 실수와 복소수 및 해밀턴의 4원수 세 가지뿐이다. 이 중에서 승법의 교환율을 성립시키는 것은 실수와 복소수뿐이다.

제2장

수집합과 대수적 구조

제1장에서 우리는 자연수의 개념을 몇 가지 관점에서 정리하고 그 성질을 알아보았다. 법칙의 유도나 정리의 증명과정도 접근 방법이 크게 차이가 있음을 알 수 있다. 정수와 유리수의 확장과정도 공리적 방법과 직관적 방법에 따라서 전개방법의 차이가 있음을 알았다. 본 장에서는 집합이 연산에 의하여 어떤 구조, 어떤 성질, 어떤 법칙 등을 가지는가에 대하여 생각하여 보기로 한다. 일반적인 집합에서의 구조보다는 수집합에 중심을 두기로 한다.

1. 대수적 구조

주어진 집합에 어떤 조건을 붙이면 그 조건에 의하여 구조가 생겨나게 된다.

여기서는 연산이라는 조건에 의하여 생겨나는 대수적 구조에 대하여 학교수학에서 활용할 수 있는 정도의 아주 초보적인 개념과 성질을 다루고자 한다.

1) 집합과 이항연산

집합 S의 두 원소 a, b에 대하여 어떤 규칙에 의한 조작을 약속하고 그 결과로 제 삼의 원소 c에 대응시키는 것을 우리는 지금까지 연산이라는 용어를 사용했다. 사칙연산은 그런 예들이며 다른 연산도 얼마든지 정의할 수 있다.

연산에 의한 대수적 구조를 알아보는 데 필요한 조건들을 정리하여 보자.

정의 2·1 집합 S에 연산 $\cdot$이 주어져 있을 때

① S에 속하는 임의의 a, b에 대하여 $a \cdot b$가 S의 원소이면 $\cdot$를 이항연산이라 하고 " S는 $\cdot$에 관하여 닫혀 있다(closed)"고 한다.

② 임의의 S의 원소 a, b에 대하여 $a \cdot b = b \cdot a$일 때 " $\cdot$는 교환법칙(distributive law)을 만족한다"고 한다.

③ 임의의 세 원소 a, b, c에 대하여 $(a \cdot b) \cdot c = (a \cdot b) \cdot c$일 때 $\cdot$는 "결합법칙(associative law)을 만족한다"고 한다.

④ 집합 S의 임의의 원소 x에 대하여 $x \cdot e = e \cdot x = x$인 원소 e가 S에 속하면 e를 연산 $\cdot$에 대한 항등원이라 하고, $x \cdot y = y \cdot x = e$일 때 y는 x의 역원, x는 y의 역원이라 한다.

[예제 2·1] 자연수의 집합에서

① 가법, 승법과 연산에 닫혀 있다. 감법, 제법은 그렇지 않다.

② 사칙연산에서 교환, 결합법칙은 만족하는가?

[예제 2·2] 자연수의 집합에서 가법, 승법에 대한 항등원, 역원은 존재하는가?

---

2) 기본성질

대수적 구조의 기본요건인 [정의 2·1]의 내용은 분명하게 확인되어야 한다.

즉 집합 S와 임의로 주어진 연산 $\cdot$에 대하여 보통의 4칙연산과 달리 다음사항에 대하여 확인이 필요하다.

① 연산은 잘 정의되었고 닫혀 있는가?

② 항등원은 존재하는가? 또 유일한가?

③ 역원은 존재하는가? 또 유일한가?

④ 교환법칙, 결합법칙은 만족하는가?

⑤ 두 가지의 연산이 주어졌을 때 좌우 배분법칙은 만족하는가?

집합 S에 두 가지의 연산이 주어진 경우를 생각하여 보자.

두 연산을 각각 ∘과 *로 표시할 때

$$a\circ(b*c)=(a\circ b)*(a\circ c)$$

라고 쓸 수 있으면 ∘은 *에 대해서 좌배분적이라고 하고,

$$(b*c)\circ a=(b\circ a)*(c\circ a)$$

라고 쓸 수 있으면 ∘은 *에 대해서 우배분적이라고 한다.

[예 2·1] 1·2절의 문제 1에서 정의된 연산 *에 대해서 조사하여 보자.

$$a*b=a+b+ab$$
$$b*a=b+a+ba$$

이나, 가법 및 승법은 모두 교환적이므로,

$$a+b=b+a,\quad ab=ba$$

따라서 $a*b=b*a$이므로, 연산 *은 교환적이다. 또

$$\begin{aligned}a*(b*c)&=a*(b+c+bc)\\&=a+(b+c+bc)+a(b+c+bc)\end{aligned}$$

그런데 승법은 배분적이므로,

$$a*(b*c)=a+b+c+bc+ab+ac+abc$$

한편,

$$\begin{aligned}(a*b)*c&=(a+b+ab)*c\\&=a+b+ab+c+(a+b+ad)c\\&=a+b+ab+c+ac+bc+abc\\&=a+b+c+bc+ab+ac+abc\end{aligned}$$

따라서 $a*(b*c)=(a*b)*c$이므로, 연산 *은 결합적이다.

[예 2·2] 이번에는 보통의 제법 ÷에 관해서 조사하여 보자.

÷는 교환적이지도 않고, 결합적이지도 않다는 것을 말하기 위해서는 반례를 하나씩만 들면 된다. 가령,

$$3\div7\neq7\div3$$

또

$$8\div(4\div2)\neq(8\div4)\div2$$

제법 $\div$는 가법$+$에 관해서 배분적일까? 가령,

$$8\div(4+2)=8\div6=\frac{4}{3}$$

이나

$$(8\div4)+(8\div2)=2+4=6$$

이므로,

$$8\div(4+2)\neq(8\div4)+(8\div2)$$

따라서 $\div$는 $+$에 관해서 좌배분적이 아니다. 그러나

$$(4+2)\div8=6\div8=\frac{3}{4}$$

또

$$(4\div8)+(2\div8)=\frac{1}{2}+\frac{1}{4}=\frac{3}{4}$$

일반적으로 모든 수에 대해서

$$(a+b)\div c=(a\div c)+(b\div c)$$

이므로 $\div$는 $+$에 관해서 우배분적이다.

정수 전체의 집합의 원소 중 수 0과 수 1은 특별한 성질을 가지고 있다.

즉 임의의 수에 대해서

$$x+0=x,\quad x\times1=x$$

라는 성질이다.

이 사실을 일반화하여, 어떤 집합 S에 있어서 S에서의 연산 $\circ$이 정해졌을 때 S의 임의의 원소 a에 대해서

$$a\circ e=e\circ a=a$$

되게 하는 원소 e가 S에 있으면, 이 e를 연산 에 관한 S의 단위원이라고 한다. 여기서 $a\circ e$와 $e\circ a$를 가지고 단위원을 정의한 것은 연산 $\circ$이 일반적으로는 교환적이 아니기 때문이다.

[예 2 · 3] 집합 $M=\{a, d, c\}$에서의 연산 $*$을 다음 표로 정의한다. 이 경우 집합 M은 결합법 $*$에 관한 단위원 0를 갖는다. 왜냐하면

$$a*b=b*a=a$$
$$b*b=b*b=b$$
$$c*b=b*c=c$$

주어진 수 a에 대해서 $a+x=b$을 성립시키는 x를 a의 가법역원이라고 하고, 또 $a\times x=1$을 성립시키는 x를 a의 승법역원이라고 함은 이미 알고 있는 사실이다.

이 개념은 일반화하여 연산 $\circ$에 관한 역원을 다음과 같이 정의한다. 집합 S의 원소들 사이의 결합법 $\circ$이 정의되어 있고, 또 $\circ$에 관한 단위원 e가 S에 존재할 때, 임의의 $a\in S$에 대해서

$$a\circ x=x\circ a=e$$

를 성립시키는 x를 a의 연산 $\circ$에 관한 역원이라고 하고, 보통 a^{-1}이라고 쓴다.

*	a	b	c
a	a	a	b
b	a	b	c
c	b	c	c

[예 2 · 4] 문자의 집합 $M=\{a, b, c, d\}$의 원소들 사이의 연산 *을 오른쪽 표와 같이 정의한다. 그러면 단위원이 b임을 쉽게 알 수 있다. 또 $a*c=b$, $c*a=b$이므로, c는 a의 역원이고, 동시에 a는 c의 역원이다. 마찬가지로 b의 역원은 b이고, d의 역원은 d임을 알 수 있다.

*	a	b	c	d
a	d	a	b	c
b	a	b	c	d
c	b	c	a	d
d	c	d	a	b

문 제

1. [예 2 · 3]의 집합 M은 연산 *에 관한 대수계인가? 또 *은 교환적인가, 결합적인가?
2. [예 2 · 3]에서 a, b, c의 역원은 각각 있는가? 있다면 어느 것인가?
3. [예 2 · 4]에서 M은 연산 *에 관해서 닫혔는가? *는 교환적인가, 결합적인가?
4. 집합 $\{a, d, c, d\}$에서 연산 *과 $\circ$이 다음 표와 같이 정의되어 있다

*	a	b	c	d
a	d	a	b	c
b	a	b	c	d
c	b	c	a	d
d	c	d	a	b

*	a	b	c	d
a	d	a	b	c
b	a	b	c	d
c	b	c	a	d
d	c	d	a	b

(1) 연산 * 및 ∘은 교환적인가?

(2) 결합적인가?

(3) *는 ∘에 관해서 배분적인가?

(4) ∘은 *에 관해서 배분적인가?

(5) * 및 ∘에 관한 단위원이 존재하는가?

(6) * 및 ∘에 관한 역원은 존재하는가?

5. 6개의 함수가 다음과 같이 정의되어 있다.

$$f_1(x)=x, \quad f_2(x)=\frac{1}{1-x}, \quad f_3(x)=\frac{x-1}{x}$$

$$f_4(x)=\frac{1}{x}, \quad f_1(x)=1-x, \quad f_6(x)=\frac{1}{x-1}$$

한 함수를 다른 함수에 대입하는 것으로 연산을 정한다. 가령,

$$f_2 \circ f_3(x)=f_2[f_3(x)]=\frac{1}{1-\frac{1-x}{x}}=x=f_1(x)$$

이때, 다음 물음에 답하여라.

(1) 집합 $M=\{f_1, f_2, f_3, f_4, f_5, f_6\}$는 연산 ∘에 관한 대수계인가?

(2) 결합법 ∘은 교환적인가? 또, 결합적인가?

(3) M에는 ∘에 관한 단위원이 있는가?

(4) ∘에 관한 단위원이 있다면 f_i의 ∘에 관한 역원을 구하여라.

2. 정수집합의 대수적 구조

대수학은 방정식의 해법과 관련된 연구로부터 발전하여 왔다. 대수학의 발전에서 아벨(Niels Henrik Abel, 1802~1829), 갈루아(Evariste Galois, 1811~1832)는 추상대수학의 새로운 영역을 개척하는 데 매우 큰 공로를 세웠다. 이후 추상대수학의 발전은 그 영역을 더욱 넓혀왔고 오늘날 군론, 환론, 체론은 기본 영역으로 자리잡고 있다.

본 절에서는 대수적 구조의 가장 기본적인 유형인 군(Groups), 환(Rings), 체(Fields)에 대하여 수집합의 범위 내에서 살펴보고자 한다.

1) 군의 개념과 성질

자연수의 집합은 가법에 관하여 닫혀 있다. 그러나 항등원 0이나 어떤 원소의 역원은 가지고 있지 않다. 이에 반하여 정수의 집합은 0이나 역원을 가지고 있다. 이와 같은 성질들은 군(Group)을 정의하는 데 필요한 조건들이다.

정의 2·2 집합 G가 주어진 연산 $\cdot$에 대하여 다음 조건을 만족하면 G는 연산에 관하여 군이라 하고 이것을 군$(G, \cdot)$로 표시한다.

G1. 연산에 닫혀 있다;

G의 임의의 원소 a, b에 대하여 $a \cdot b$도 G에 속한다.

즉 $\forall a, b \in G$에 대하여 $a \cdot b \in G$이다.

G2. 결합법칙을 만족한다;

a, b, c가 G의 원소일 때, $(a \cdot b) \cdot c = a \cdot (b \cdot c)$이다.

G3. 항등원이 존재한다;

G의 임의의 원소 x에 대하여 $x \cdot e = e \cdot x = x$인 원소 e가 G에 속한다.

G4. 역원을 갖는다;

x가 G의 원소이면 $x \cdot y = y \cdot x = e$인 y가 G에 존재한다.

이때 x는 y의 역원, y는 x의 역원이다.

[예제 2·3] 정수의 집합 I는 군의 조건을 만족하는가?

실제로 정수의 집합은 군의 조건을 만족하며 조건 G5도 만족한다.

G5. 교환법칙을 만족한다;

임의의 G의 원소 a, b에 대하여

$$a \cdot b = b \cdot a$$

이다.

이와 같이 G가 조건 G1~G5를 만족할 때 가환군(commutative group) 또는 아벨군(Abelian group)이라 한다.

[예제 2·4] $G=\{1, 0, -1\}$은 가법군인가? 승법군인가? 그 이유를 설명하여라.

[예제 2·5] G를 복소수의 집합 $\{1, -1, i, -i\}$라 할 때 G는 가법군인가? 승법군인가?

[예제 2·6] 정수의 집합 I는 감법연산에 관하여 군인가? 또 승법에 관하여 군이 되는가? 이유를 설명하여라.

우리는 군에서 항등원 ,역원을 연산에 따라 편의상 구분하는데 가법의 경우는 항등원으로, 승법의 경우는 단위원으로 표시한다.

■ 정리 2·1

정수의 집합 I는 가법군이다.

(1) 항등원은 0이 유일하다.

(2) x가 정수일 때 그의 역원은 $-x$이고 유일하다.

(3) x, y가 정수일 때 $(x+y)$의 역원은 $(-x)+(-y)$이다.

[예 2·5] 정수의 집합 I를 법 n에 의하여 동치류로 분류하면 나머지 r는 각각 0, 1, 2, ……, $n-1$이 되고 각각의 동치류의 집합을 $Z_n=\{0, 1, 2, \cdots\cdots, n-1\}$이라 하자. 이때 Z_n의 집합에서 $a+b=a+b$로 정의하면 $(Z_n, +)$는 Abel군이 된다.

[예 2·6] 집합 $Z_5=\{0, 1, 2, 3, 4\}$는 유한집합으로서 가법군을 이룬다. 이와 같이 유한집합이 군을 이루는 경우 유한군이라 한다.

[예 2·7] 집합 $Z_5-\{0\}=\{1, 2, 3, 4\}$는 유한군으로 승법군이다.

2) 부분군

$(G, \cdot)$가 군이고 $H\subset G$라 해도 $(H, \cdot)$가 반드시 군이 되는 것은 아니다. 예를 들어 자연수의 집합은 가법군인 정수의 집합의 부분집합이나 군은 아니다.

정의 2·3 $(G, \cdot)$이 군이고 부분집합 H가 G에서 정의된 연산 $\cdot$에 관하여 군이면 $(H, \cdot)$를 $(G, \cdot)$의 부분군(subgroup)이라 한다.

[**예제** 2·7] 정수의 집합 I는 가법군이다.

$H=\{nx;\ x$는 정수, n은 고정된 양의 정수$\}$는 I의 부분군이 되는가?

[**예제** 2·8] 법이 4일 때 잉여류의 집합 $Z_4=\{0, 1, 2, 3\}$은 가법군이다. 부분군을 모두 몇 개 있는가?

[**예제** 2·9] 법이 5인 경우 잉여류의 집합 $Z_5=\{1, 2, 3, 4, 5\}$는 승법군이다. 부분군은 모두 몇 개 있는가? 또 p가 소수일 때 $Z_p=\{1, 2, 3, \cdots\cdots, p-1\}$의 경우 승법군이 되는가? 부분군은 단 2개라고 할 수 있는가?

■ **정리 2·2**

$(H, \cdot)$가 $(G, \cdot)$의 부분군일 때 항등원은 같다. 또 $h\in H$에 대하여 h의 H에서의 역원과 G에서의 역원은 같다.

증명 e를 G의 항등원이라면 임의의 H의 원소 x에 대하여 $xe=xe=x$를 만족한다. 따라서 e는 H의 항등원이고 항등원은 유일하므로 G의 항등원과 같다.

같은 방법으로 H의 원소 h의 역원도 유일성에 의하여 같다.

■ **정리 2·3**

$(G, \cdot)$가 군일 때 G의 부분집합 H가 부분군일 필요충분조건은

(1) $a, b\in H$이면 $a\cdot b\in H$이다.

(2) $a, b\in H$이면 $a\cdot b^{-1}\in H$이다.

증명 (1)에 의하여 연산 $\cdot$에 닫혀 있다.

H에서의 결합법칙은 H가 G의 부분집합이므로 명백하다.

(2)에 의하여 $a=b$이면 항등원 e가 존재한다.

또 H의 원소 h에 대하여 $e\cdot h^{-1}\in H$이므로 $h^{-1}\in H$이다.

[예제 2 · 10] 정수의 집합에서 위의 두 정리에 해당하는 구체적인 예를 들 수 있는가?

■ **정리 2 · 4**

$(M, \cdot)$, $(N, \cdot)$이 $(G, \cdot)$의 부분군이라 하자. $(M \cap N, \cdot)$도 $(G, \cdot)$의 부분군이다.

증명 ① 닫힘성 : $a, b \in M \cap N \Rightarrow a \cdot b \in M,\ a \cdot b \in N,\quad \therefore a \cdot b \in M \cap N$

② 결합법칙은 명백하다.

③ 항등원 $0 \in M \cap N$

④ $x \in M \cap N$이면 $x^{-1} \in M,\ x^{-1} \in N$이고 유일하다. $\therefore x^{-1} \in M \cap N$

정수의 집합 I는 가법군으로서 nZ꼴의 부분군을 갖는다. 군의 구조로서 이둘 사이에 어떤 점이 같은가?

두 군 사이에 원소 사이의 대응관계뿐 아니라 연산이 보존된 대응으로서 군의 구조관계를 살펴볼 수 있다.

정의 2 · 4 군 $(G, \cdot)$와 $(H, \circ)$ 사이의 함수 ϕ에 대하여

i) 임의의 G의 원소 x, y에 대하여 $\phi(x \cdot y) = \phi(x) \circ \phi(y)$일 때 ϕ를 군준동형사상(group homomorphism)이라 한다.

ii) 준동형사상 ϕ가 $1:1$이고 onto인 경우 동형사상(isomorphism)이라 할 때 군 $(G, \cdot)$와 $(H, \circ)$는 동형(isomorphic)이라 한다.

[예제 2 · 11] 원소의 개수가 같은 두 군은 반드시 동형인가?

■ **정리 2 · 5**

ϕ가 군 $(G, \cdot)$에서 $(H, \circ)$로의 동형사상일 때 다음이 성립한다.

(1) $\phi(e) = e'$, e, e'는 각각 G, H의 항등원

(2) $\phi(x^{-1}) = \phi(x)^{-1}$, $x \in G$

(3) M이 G의 부분군일 때 $\phi(M)$은 H의 부분군이다.

(4) N이 H의 부분군일 때 $\phi^{-1}(N)$은 G의 부분군이다.

[예제 2 · 12] 정수의 군 Z와 그의 부분군 nZ는 동형인가?

[예제 2 · 13] 가법군 Z_4와 승법군 $Z_5-\{0\}$는 동형인가?

3) 순회군

정수의 집합은 가법군이다. 임의의 정수 n은 $n=1+1+1+\cdots\cdots+1$과 같이 1을 n번 더하여 나타낼 수 있다.

앞으로는 군의 한 원소 g의 n개의 반복된 연산 $ggg\cdots\cdots g$을 g^n로 표시하기로 한다.

위와 같이 군의 모든 원소가 하나의 원소의 반복되는 연산에 의하여 표시할 수 있는 경우를 생각하여 보자.

정의 2 · 5 $(G, \cdot)$이 군이고 $G=\{g^n;\ n\in N\}$라 하자. 이때 $(G, \cdot)$를 순회군(cyclic group)이라 하고 원소 g를 생성원(generator)이라 한다.

[예제 2 · 14] 정수의 집합은 순회군인가? 또 생성원은 무엇인가?

[예제 2 · 15] 승법군 $\{1, -1, i, -i\}$는 순회군인가? 또 생성원은 무엇인가?

[예제 2 · 16] 유리수의 집합은 가법군이다. 순회군인가?

[예제 2 · 17] $(Z_5, +)$는 가법군이다. 순회군인가? 생성원은 무엇인가?

[예제 2 · 18] $(Z_6, +)$는 가법군이다. 순회군인가? 생성원은 무엇인가? 모든 부분군은 순회군인가?

■ **정리 2 · 6**

$(G, \cdot)$가 순회군이면 G의 모든 부분군은 순회군이다.

증명 $G=\{e, g, g^2, g^3, \cdots\cdots\}$, 단 g는 생성원.

e를 G의 항등원이라면 $\{e\}$는 순회군이다.

H를 또 다른 부분군이라 하면 H는 g^k꼴로 표시되는 원소를 갖는다.

g^t를 H에 속하는 원소로서 t는 최소의 양의 정수라 하자$(1<t<k)$.

그러면 g^t는 H의 생성원임을 보이자.

$$g^k = g^{tq+r} = g^{tq}g^r, \quad k = tq + r, \ 0 \le r < t$$

$g^r = g^k g^{-(tq)}$, $g^{-(tq)}$는 H의 원소이고 $r=0$이다.

즉, H는 g^t를 생성원으로 하는 순회군이다.

■ 정리 2·7

군 G가 순회군이고 g가 생성원일 때, G가 무한집합이면 $g^m \neq g^n$일 필요충분조건은 $m \neq n$이다.

증명 $g^t = e$인 양의 정수가 존재한다면 군 G는 유한군이다.

따라서 $m \neq n$이고 $g^m = g^n$이면 $g^{m-n} = e$가 되므로 $g^m \neq g^n$이어야 한다. 역도 당연하다.

■ 정리 2·8

정수집합 Z의 가법에 관한 모든 부분군은 nZ로 표시되고 순회군이다. 또 동형이다.

증명 $\{0\}$은 $0Z$이다.

부분군 H의 원소 중에서 0이 아닌 최소의 양의 정수를 m이라면 H는 m의 배수로 이루어진 집합이다.

만약 $x = mk + r$, $0 < r < m$이 H의 원소라면 r도 H의 원소가 된다. 이는 가정에 모순이다.

즉 H는 m을 생성원으로 갖는 순회군이다.

[예제 2·19] 두 유한집합 G, H가 각각 군동형인 순회군등이면 G의 생성원 g는 H의 생성원 h에 대응하는 동형사상이 존재함을 알 수 있는가?

[예제 2·20] $Z[i] = \{a+bi : a, b \in Z\}$라면 순회군인가? 또 순회 부분군은 어떤 것들이 있는가?

[예제 2·21] 가법군 Z_6에서 승법에 관하여 역원을 갖는 원소를 찾아보고 이들이 승법군을 이루는지 알아 보라. 또 순회군인지 확인하여 보자.

[예제 2·22] $G=\{1, 2, 3, 4, 5, 6\}$은 승법군이다. G는 가법군 Z_6와 어떤 점이 같은가? 또 이들은 동형인가?

문 제

1. R는 0을 제외한 유리수의 집합이다. R의 승법에 관한 무한부분군을 찾아라.
2. 2·3절의 문제 2에서 정의한 $\{f_1, f_2, f_3, f_4\}$의 부분군을 모두 찾아라.
3. 승법에 관한 8을 법으로 하는 소수의 집합 $\{1, 3, 5, 7\}$의 모든 부분군을 써라.
4. $Z_2 \times Z_2 = \{(0, 0), (0, 1), (1, 0), (1, 1)\}$에서 가법연산을 다음과 같이 정한다.

$$(a, b)+(c, d)=(a+c, b+d)$$

(1) 가법군인가? (2) 가법군 Z_4와 동형인가?

5. $G=\{e, x, x^2, x^3\}$ (단, $x^4=e$)가 순회군일 때 Z_4와 동형인가?

3. 유리수 집합의 대수적 구조

군의 구조에서는 하나의 연산에 대하여 살펴보았다. 환의 구조에서는 2개의 연산을 생각한다. 이것을 수집합에서의 연산은 각각 가법(+), 승법(·)으로 표시하자.

정수의 집합은 가법에 대하여 가환군임을 보았다. 이제 가법, 승법에 관한 성질로 군의 구조를 확대하여 보자.

1) 환의 개념과 성질

정의 2·6 집합 R가 다음조건을 만족하면 환(Ring)이라 한다.

R1. R는 가법(+)연산에 관하여 가환군이다.

R2. R는 승법(·)연산에 관하여 결합법칙을 만족하고, 가법에 관하여 배분법칙을 만족한다.

이것을 환(R, +, ·)로 표시한다. 특히 승법이 교환법칙을 만족하면 환(R, +, ·)을 가환환(commutative Ring)이라 한다. 환에서는 승법에 관한 단위원, 역원의 조건은 생각하지 않는다.

[예제 2 · 23] ① 정수의 집합은 환의 조건을 만족하는가?

② 승법에 관한 단위원은 존재하는가?

③ 승법에 관하여 역원이 존재하는 원소는 무엇인가?

[예제 2 · 24] 법 $n(n>2)$에 관하여 잉여류 전체의 집합 $Z_n=\{0, 1, 2, \cdots\cdots, n-1\}$은

$$a+b\equiv r_1(\text{법 } n), \quad 0\leqq r_1<n$$

$$a\cdot b\equiv r_2(\text{법 } n), \quad 0\leqq r_2<n$$

로 정의하면 다음을 만족하는가?

① Z_n은 가환환이다.

② 단위원을 갖는 환이다.

③ n이 소수(prime number)일 때 $Z_n-\{0\}$은 승법군이다.

■ 정리 2 · 9

정수의 집합 I는 환이다. 즉 환(I, +, ·)에서 임의의 정수 a, b에 대하여 다음을 만족한다.

(1) $a0=0=0a$

(2) $a(-b)=(-a)b=-(ab)$

(3) $(-a)(-b)=ab$

증명 (1) $a0=a(0+0)=a0+a0$ (환의 배분법칙)

$a0=x$라면 $x=a0+x$에서 $a0=0$이다.

$0a$도 같은 방법으로 보이면 된다.

■ 정리 2 · 10

환(I, +, ·)에서 승법에 관하여 역원을 갖는 집합은 승법군이다.

증명 승법에 관하여 역원을 갖는 집합을 G라 하자. 항등원 e는 G의 원소이다.

$a, b\in G$라 하자. $(ab)^{-1}=b^{-1}a^{-1}$이므로 $ab\in G$이다. 결합법칙은 명백하다.

정수의 집합에서 승법의 단위원은 1이다. $ab=1$이 되는 경우는 1×1, $(-1)\times(-1)$뿐이다. $\{1, -1\}$이 승법군이 되는 것은 명백하다.

[예 2·8] 정수, 유리수, 실수, 복소수의 집합은 각각 환을 이룬다.

즉 $(I, +, \cdot)$, $(Q, +, \cdot)$, $(R, +, \cdot)$, $(C, +, \cdot)$ 등은 가환환으로서 단위원을 갖는다.

[예 2·9] $Q(2)=\{a+2b;\ a, b$는 유리수$\}$라 할 때 $(Q(2), +, \cdot)$는 가환환이다. 또 승법에 관한 항등원을 갖는다.

정의 2·7 $(R, +, \cdot)$가 환일 때 집합 H가 다음조건을 만족하면 R의 부분환이라 한다.

i) $H\neq\varnothing$, $H\subset R$

ii) $(H, +, \cdot)$는 환이다.

[예 2·10] $nZ=\{nx;\ n$은 양의 정수, $x\in Z\}$는 n의 배수인 정수의 집합으로 $(Z, +, \cdot)$의 부분환이다.

[예제 2·25] Z_4는 환이다. 부분환은 $\{0\}$, Z_4 외에 어떤 것이 있나? 환 Z_p의 부분환에 대하여 알아 보아라.

■ 정리 2·11

환 R의 부분집합 H가 R의 부분환이 될 필요충분조건은 i), ii)이다.

i) $(H, +)$는 $(R, +)$부분군이다.

ii) $a, b\in H$이면 $ab\in H$이다.

[예제 2·26] 정수의 집합 Z는 환이다. 그의 부분환 $2Z$, $3Z$도 환이다. $2Z\cap3Z$도 부분환인가?

■ 정리 2 · 12

H, K를 환 R의 부분환이라면 $H \cap K$도 R의 부분환이다.

증명 $H \cap K$는 정리 2 · 4에 의하여 부분군이고 가환군이다. 또 $a, b \in H \cap K$이면 $ab \in H$, $ab \in K$이다. $H \cap K \subset R$이므로 배분법칙은 자명하다.

정의 2 · 8 $(R, +, \cdot)$과 $(S, +, \cdot)$가 환일 때 사상(Mapping) $f: R \to S$가 R의 임의의 원소 x, y에 대하여

i) $f(x+y) = f(x) + f(y)$

를 만족하면 (군)준동형사상(Homomorphism)

ii) $f(xy) = f(x)f(y)$

i), ii)를 만족하면 (환)준동형사상이라 한다.

iii) f가 1 대 1 대응(one to one onto)이다.

특히 f가 i), ii), iii) 을 만족하면 환동형사상(Isomorphism)이라 한다.

또, 환$(R, +, \cdot)$과 $(S, +, \cdot)$는 동형이라 한다.

[예제 2 · 27] $f: Z \to Z_n$에서 $f(x) = x$로 정의하면 f는 환준동형사상이다. 그러나 $(Z, +, \cdot)$과 $(Z_n, +, \cdot)$는 동형은 아니다. 이유를 설명하여라.

■ 정리 2 · 13

$f: (R, +, \cdot) \to (R', +, \cdot)$가 환준동형사상이면 다음을 만족한다.

i) $f(0) = 0'$, 단 0, $0'$는 각각 R, R'의 항등원.

ii) R, R'가 각각 1, $1'$를 단위원으로 가지면 $f(1) = 1'$이다.

iii) $x \in R$, 승법의 역원 x^{-1}이 존재하면 $f(x^{-1}) = f(x)^{-1}$이다.

[예 2 · 11] $f: Z \to 2Z$, $f(x) = 2x$, $x \in Z$일 때

(1) f는 $(Z, +)$에서 $(2Z, +)$으로 $1:1$이고 onto인 군준동형사상이므로 군동형사상이다.

(2) f는 환준동형사상은 아니다. 당연히 두 환의 구조는 동형은 아니다.

[예제 2 · 28] 정수의 집합과 유리수의 집합은 환으로서 동형인가?

---

2) 체의 개념과 성질

실수의 집합에서 $ab=0$는 $a=0$ 또는 $b=0$와 동치이다. 일반적으로는 그렇지 않다. 즉 군이나 환의 연산구조에서는 $a\neq 0$이고 $b\neq 0$일 때도 $ab=0$가 가능하다. 이와 같은 원소를 영인자(zero divisor)라 한다.

예를 들면 Z_6에서 $2\times 3=0$이고 2와 3은 영인자이다.

정의 2·9 R가 단위원 1을 갖는 가환환(commutative ring)일 때 R가 영인자를 갖지 않으면 R를 정역(Integral Domain)이라 한다.

[예 2·12] $R=\{(a, b); a, b$는 실수$\}$라 하고 덧셈과 곱셈을 다음과 같이 정의하면 R은 가환환이다. 그러나 정역은 아니다. 영인자를 구체적으로 찾아보라.

[예 2·13] 수집합에서 정수, 유리수, 실수, 복소수 등은 정역이다. Z_n에서는 n이 소수일 때만 정역이다.

■ **정리 2·14**

R가 정역일 때 0아닌 임의의 원소 a, b, c에 대하여

$$ab=ac\text{이면 } b=c\text{이다.}$$

증명 가정에서 $a(b-c)=0$이고, R가 정역으므로 $a=0$ 또는 $b-c=0$이다. 조건에 의하여 $b=c$이다.

정의 2·10 F가 단위원을 갖는 가환환이고 $F-\{0\}$의 모든 원소가 곱셈에 관하여 역원을 가지면 $(F, +, \cdot)$를 체(Field)라고 한다.

[예 2·14] 수집합에서 유리수, 실수, 복소수의 집합은 체이다. 그러나 정수의 집합은 가환환이나 체는 아니다.

[예제 2·29] $Z_n=\{0, 1, 2, \cdots\cdots, n-1\}$은 가환환이다. Z_n이 체가 되려면 n이 어떤 양의 정수이어야 하는가?

■ **정리 2 · 15**

체$(F, +, \cdot)$는 정역이다.

증명 체는 단위원을 갖는 가환환으로 0이 아닌 원소가 역원을 갖는다. 따라서 정역의 조건인 영인자를 갖지 않음을 보이면 된다.

$a, b \in F$, $a \neq 0$라 하자. 만약 $ab=0$면 a의 역원 a^{-1}가 존재하므로 $b = a^{-1}(ab) = a^{-1}0 = 0$. 따라서 영인자를 갖지 않는다.

[예제 2 · 30] $F = \{x_1, x_2, x_3, \cdots\cdots, x_n\}$ 정역인 유한집합이라 하자. 그러면 F는 체인가? 이유를 설명하여라.

■ **정리 2 · 16**

n이 소수일 때만 잉여류환$(Z_n, +, \cdot)$은 체가 된다.

증명 $(Z_n, +, \cdot)$이 가환환임은 명백하다. 또 $ab=0$면 ab는 n이거나 n의 배수이다. 그런데 n이 소수이므로 이것은 불가능하다. 즉 $(Z_n, +, \cdot)$는 정역이다. x가 0이 아니면 $(x, n)=1$이다. 이때 적당한 정수 a, b가 존재하여, $ax+bn=1$이 된다(나머지정리).

이것은 $ax \equiv 1 (\text{mod } n)$이다. 즉 x는 역원을 갖는다.

$(Z_n, +, \cdot)$는 정역이고 0 아닌 원소가 역원을 가지므로 체이다.

[예제 2 · 31] $Q(2) = \{a+2b;\ a, b \in Q\}$는 체가 되는가?

문 제

1. 복소수 전체의 집합은 체인가? 조건을 확인하여라.
2. 5를 법으로 하는 잉여류의 집합 $\{0, 1, 2, 3, 4\}$의 가법표와 승법표를 만들고 체가 됨을 확인하여라.
3. 2의 문제를 일반화하여라.
4. $\{e, a, b, c\}$가 e를 항등원으로하는 가환군이 되도록 연산표를 작성하여라.
5. $Z_4 = \{0, 1, 2, 3\}$는 가법에 관하여 가환군이나 위의 4번의 경우와는 동형이 아님을

설명하여라.

6. 다음의 것이 실수의 부분환이 아님을 보여라.

   (1) 홀수 전체의 집합　　　　(2) 양의 정수 전체의 집합

   (3) 유리수 전체의 집합

7. 집합 $\{a, b\}$의 부분집합 전체의 집합이 대칭차(가법)및 교집합(승법)에 관해서 환을 이룸을 보여라. 이 경우, 승법에 관한 항등원이 있는가?

8. $6Z$는 환이다. 모든 부분환을 구하고 이들간의 포함관계를 알아 보아라.

9. ϕ가 환 G에서 환 H로의 동형사상일 때 M이 G의 부분환이면 $\phi(M)$도 H의 부분환이다. 예를 들어 보라.

10. 복소수 전체의 집합은 체인가? 조건을 확인하여라.

제 III 편

기 하 학

제1장

기하학의 발전

1. 기하학의 발전사

고대 여러 나라에서 생겨난 기하학 지식은 이미 플라톤의 시대에는 학문의 형태를 취하였는데, 이는 유클리드, 아르키메데스, 아폴로니우스의 저서로 알 수 있다. 유클리드의 〈원론〉은 이 같은 내용을 종합한 것으로, 평면과 입체 기하 이외에도 정수론과 무리수마저 다루고 있어, 그 시대의 모든 수학을 망라한 것이라 볼 수 있다. 그 정연한 논증법은 오랫동안 다른 학문의 모범이 되었다.

인류가 기하학을 시작한 것은 도구를 사용하거나 만들며 주거를 시작한 때부터로 생각할 수 있다. 특히 농경을 하고부터 이집트의 나일江은 범람이 잦아 토지를 측량하는 문제해결이 인간에게 요구되어 이 지역에서 고대부터 기하학이 연구되었음이 유물을 통해 알려지고 있다. 기하학(geometry)의 어원 자체가 토지(geo)를 잰다(metry)는 뜻에서 유래된 것으로 보아도 잘 알 수 있다.

이와 같이 실용지식에서 발달된 기하학을 처음으로 그리스에 옮긴 사람은 탈레스(Thales, B.C. 624~546?)였다. 그는 이들 실용수학에 이론적 연구를 더하여, 많은 사람들이 경험적으로 참이라고 인정한 도형의 성질에 만족하지 않고, 그들 사실에 대한 證明을 시도하였다. 이로부터 실용기하에서 이론 및 증명기하로 발전하기 시작하였고, 기하학은 구체적인 도형에 관한 연구에서 추상적이며 일반적인 도형의 성질을 연구하는 추상과학으로 발전하였다고 볼 수 있다.

탈레스의 뒤를 이어 증명기하를 발전시킨 사람은 피타고라스(Phytagoras, B.C. 580?

~500?)이다. 그는 피타고라스 학파를 조직하여, 유명한 피타고라스의 정리를 비롯하여 정수에 관한 연구와 무리수의 발견 등 많은 공적을 남겼다.

기하의 내용이 점점 풍부해지고, 철학자 플라톤(Platon, B.C. 429~347)이나 논리학자 아리스토텔레스(Aristoteles, B.C. 384~322) 등에 의하여, 정의와 공리 및 추론 형식에 대한 연구가 진행되면서 演繹的 증명방법이 확립되어 갔다.

이와 같은 학문의 발전을 바탕으로, 그리스시대까지 알게 된 수학 지식을 집대성하여 하나의 논리적인 체계를 확립한 것이 유클리드(Euclid, B.C. 300년?)의 〈원론 : Stoicheia, Element〉이다. 이 원론은 도형에 관한 것 외에도 양에 관한 일반론이나 정수론까지도 포함하고 있다. 당시의 그리스인들은 수학 전체를 기하학으로 여겼고, 이 생각은 중세까지 계속되었다고 볼 수 있다.

르네상스 이후 유럽에서는 아라비아의 영향을 받은 대수학이 발달하였고, 17세기 이후에 미·적분학이 생겨남에 따라, 기하학은 대수학, 해석학과 함께 수학의 三大 분야를 이루게 되었다.

데카르트(R. Descartes, 1596~1650)는 그의 저서 〈방법서설; 1637〉의 부록 '기하학'에서 도형사이의 관계를 방정식으로 나타내고 이 방정식을 풀어서 기하학의 문제를 해결하는 도형의 관계를 수 사이의 관계로 나타낼 수 있게 하였다. 이것이 기하의 대수화를 달성시킨 해석기하학이다. 그 결과, 17세기 이후 미·적분학을 비롯한 해석학의 발전에 초석이 다져졌다. 18세기에는 오일러에 의하여 해석기하학이 더욱 발전되었고, 아폴로니우스 이래 2천년간 연구되던 원뿔곡선 이론은 2차식으로 나타나는 2차곡선과 2차평면의 이론으로 정리되었다. 해석기하학은 그후 미·적분학과 결합되어 크게 발전하여 원추곡선론, 가우스(C.F. Gauss, 1777~1855)의 곡면론으로, 다시 몽주(G. Monge, 1746~1818)의 미분기하학으로 발전하였다.

한편, 모든 기하의 문제 해결에 해석기하적 방법만이 좋은 것은 아니며, 좌표를 쓰지 않고 도형을 직접 고찰하는 방법을 고집하고 연구하는 것을 종합기하학(또는 순수기하학)이라 한다. 이 종합기하학은 파푸스(Pappus, 320?)의 정리와 데자르그(G. Desargues, 1593~1662)의 정리 등 사영기하학의 발전과 맥을 같이 한다고 볼 수 있다. 이 방면에서는 파스칼(B. Pascal, 1623~1662)이 원뿔곡선의 기본적인 성질을 발견한 것을 비롯하여, 일반적으로 한 평면 위의 도형을 다른 평면으로 한 점에서 사영하였을 때 변하지 않는 도형의 성질을 연구하는 사영기하학이 활발히 연구되었으며, 퐁슬레(J. V. Poncelet, 1788~1867)에 의해 대성되었다.

그리스시대부터 유클리드의 평행선공리는 공리인가 증명되는 것인가 논란이 있어 왔는데, 19세기 전반에는 이 문제가 해결되었다. 즉 "직선 밖의 한 점을 지나 그 직선에 2

개 이상의 평행선을 그을 수 있다"는 것을 공리로 하여도 모순이 없는 기하학을 만들 수 있음을 가우스(Gauss, 1777~1855), 로바체프스키(N. I. Lobachevskii, 1793~1856), 보여이(J. Bolyai, 1802~1860)가 발견하였다. 이것을 쌍곡선형 비유클리드 기하학이라 부른다. 가우스의 제자 리만(Riemann, 1826~1866)은 "마찬가지 가정 밑에서 평행선을 그을 수 없다"는 것을 공리로 하는 기하학을 발견하였는데 이것을 타원형 비유클리드 기하학이라 부른다. 유클리드 기하학의 선험성을 믿던 사람들에게는 큰 충격이었지만 그 논리적인 무모순성과 유클리드 기하학 안에서 그 모형을 만들 수 있게 되어 그 성립이 입증되었다.

〈원론〉의 기하학 부분을 발전시키고, 또 그것을 임의의 n차원공간으로까지 확장하여 해석기하학의 방법으로 연구하는 것을 오늘날에는 유클리드 기하학이라 부른다. 즉, 현상 세계의 평면이나 공간은 각각 2차원, 3차원의 유클리드 공간으로 표현되고, 이것을 해석적으로 일반화하여 n개의 실수의 쌍(x_1, x_2, ……, x_n)으로 점을 정의하여 n차원 유클리드 공간을 얻고, n차원 유클리드 기하학을 연구하기에 이르렀다. 또, 사영기하학이나 비유클리드 기하학에 대하여도 n차원의 것을 생각할 수 있다.

17세기 이후 미·적분학이 계속하여 크게 발전됨에 따라, 그것을 써서 19세기에는 가우스가 곡면의 굽은 정도를 나타내는 곡률이나, 곡면 위의 두 점 사이의 최단곡선인 측지선을 직선 대신에 도입하여 "곡면 위에서의 기하학"을 창안하였다. 이것을 더욱 확장시킨 리만의 연구를 리만 기하학이라 부르며, 이처럼 미·적분학과 그 확장으로 연구되는 기하학을 미분기하학이라 하고, 이 분야는 발전되어 일반적인 미분가능다양체 기하학으로 바뀌었다.

이와 같이 19세기 중반까지 여러 형태의 기하학이 나타남에 따라 견해 차이가 있었는데, 이는 클라인(F. Klein, 1849~1925)의 에를랑겐 프로그램(Erlangen Program)(1872)으로 해결되었다. 그는 공간의 변환군에 의하여 불변인 성질을 연구하는 것이 기하학이라 하여, 군(群)이 달라지면 기하학이 달라진다는 견해로써, 기하학을 통일하려는 것이었다. 오늘날에는 약간 수정되었으나 그 정신은 남아 있다.

19세기 이후 기하학은 확대되어 수학 일반과 구별하기 어렵게 되었지만, 대략 다음의 세 방향으로 발전되었다고 정리할 수 있다.[1)]

그 하나는 비유클리드 기하학의 발견으로 수학에 있어서의 공리의 의미를 재검토하게 하였고, 그 결과 힐베르트(D. Hilbert, 1862~1943)는 유클리드 원론의 이론적 결함을 보완하여 직관을 배제하고, 순수하게 논리적으로 완전한 공리계를 설정하여 기하학기초론

---

1) 遠山啓 編, 現代數學敎育辭典, 明治圖書, 1965, p. 499.

(1899)을 저술하였다. 이 方法은 기하학뿐만 아니라, 모든 수학에 확대 적용되어 현대 수학의 중요한 성격인 공리주의(axiomatism) 및 형식주의로 발전시켰다.

기하학의 또 다른 발전은 앞에서 언급된 해석적 방법에 의한 기하학의 대상(공간)에 관한 확대이며, 끝으로 리만에 의한 다양체의 개발과 리만 기하학[2)]의 탄생으로 미분기하학을 발전시켰다는 점이다. 그후 20세기의 기하학은 해석학, 위상수학, 정수론 등의 수학의 광범위한 지식이 동원되어 연구되는 대수기하학과 위상기하학 등으로 발전되었다.

2. 유클리드의 원론

알렉산더 대왕의 이집트 정복 이후, 그리스 문화는 동양의 문화와 결합되어 헬레니즘 문화를 낳았다. "헬렌"이라 함은 그리스를 뜻한다. 그의 사후, 프톨레마이오스(톨레미) 왕은, 서울 알렉산드리아에 여러 가지 문화를 도입하고 각지의 학자를 초빙하여, 학문과 문화의 중심으로 만들었다. 즉, 이집트에서 태어나 그리스로 건너가서 육성되었던 문화는 다시 이집트로 돌아와 번영하게 된다.

유클리드(Euclid, B.C. 300?)의 생애에 대하여는 잘 알려져 있지 않지만, 아마도 플라톤의 아카데미에서 공부한 뒤, 프톨레마이오스 왕의 초청에 따라 알렉산드리아로 온 그 시대의 대표적인 학자로 생각된다.

그는 그때까지 알려져 있던 거의 모든 수학 지식을 깊이 연구한 뒤에 그것을 한 이론 체계로 조직하여 저술한, 전 13권으로 된 대저작 〈원론〉으로 불멸의 이름을 남겼다. 여기에서 권(books)이라 함은 단순히 "부분"이란 뜻에 불과하다. 이 책은 당시의 교과서로 쓰여진 듯하며 실제로, 프톨레마이오스(톨레미 : 2세기의 수학자와 다름) 왕이 유클리드로부터 〈원론〉을 통해 기하학을 배울 때, 그 엄밀함에 지쳐서, "좀더 쉬운 방법은 없겠는가?"하고 유클리드에게 물었더니, "기하학에 왕도는 없다"는 대답을 들었다는 유명한 얘기가 있다.

유클리드의 〈원론〉은 1500년경 서구의 인쇄술이 보급되기 전까지는 필사본으로 전해져 왔으며, 현존하는 가장 오래 된 필사본은 10세기경의 것이다. 20세기 초까지 〈원론〉은 중등학교의 교과서로 쓰여져 왔으며, 실제로 역사상 가장 많이 읽힌 책 중의 하나이다.

원론은 13권으로 구성하고, 465개의 명제와 그 증명으로 이루어져 있다. 제1권은 평

2) 1854년 論文, "Uber die Hypothesen, die der Geometie Zu Grund liegen"에서 창조된 Riemann 空間의 幾何學

면직선도형의 성질을 다루었는데, 삼각형에서 시작하여 면적론, 피타고라스의 정리와 그 역의 증명으로 끝나고, 제2권은 기하학적 대수, 제3권은 원, 제4권은 정다각형의 작도 문제를 다루고 있다. 제5권은 비례론(실수논), 제6권은 비례론을 도형에 응용, 제7~9권은 정수론, 제10권은 특수한 무리수, 제11~13권까지는 입체기하학인데, 제13권에 정다면체가 다섯 가지밖에 없다는 것을 작도로써 자세히 논하고 있다.

〈원론〉의 전체가 아직 국어로 번역되지는 못했지만, 개략적인 정의 및 명제가 번역된 것은 박한식저 〈교직수학 I〉이 참고가 될 것이다.

〈원론〉은 정의가 없는 권도 있지만, 각 권에 정의를 포함시키고 있으며, 특히 제1권은 다른 권과 달리 23개의 정의뿐만 아니라 5개의 공준과 5가지로 요약되는 일반공리로 시작하고 있다. 그 정의의 몇 개와 공준과 공리를 열거하면 아래와 같다.

23개의 정의 중 몇 개를 예를 들면, ① 점은 부분을 갖지 않는 것이다. ② 선은 폭이 없는 길이이다. ③ 선의 끝은 점이다. ④ 직선은 그 위에 있는 점에 대하여 한결같이 가로 놓인 선이다(두 점을 잇는 최단 거리의 연장선). ⑤ 면은 길이와 폭만으로 된 것이다. ⑥ 면의 끝은 선이다.…

공준(postulates : 요청)은 기하학적인 성격만을 가지고 있는데, 기하학을 전개하기 위해 성립해야 할 명제로 요청하고 있는 것이며 다음과 같다.

(1) 임의의 서로 다른 두 점 P, Q에 대하여 P와 Q를 지나는 직선 l이 유일하게 존재한다.

(2) 유한 직선은 계속해서 직선으로 연장할 수 있다.

(3) 임의의 서로 다른 두 점 O, A에 대하여 중심이 O이고 반지름이 $\overline{\mathrm{OA}}$인 원이 존재한다.

(4) 모든 직각은 서로 합동이다(같다).

(5) 한 직선 l과 l 위에 있지 않은 한 점 P가 주어질 때 P를 지나서 l과 평행인 직선 m이 유일하게 존재한다(평행선 공준). 공준이란 말은 오늘날 공리로 바꾸어 쓰고 있으며, 위의 공준 (5)를 특히 평행선공리라 부른다.

유클리드는 공리(공통 개념 : Common notions)를 모든 사람들이 인정하는 일반적인 명제로 생각하였으며, 공준, 공리는 자명한 것으로 증명 과정에 숨겨 두었다. 제1권의 공리는 다음과 같다.

(1) 동일한 것에 같은 것은 또 서로 같다.

(2) 같은 것에 같은 것이 더해지면 그 합은 서로 같다.

(3) 같은 것에서 같은 것을 빼면 그 차는 서로 같다.

(4) 서로 포개어지는 것은 서로 같다.

(5) 전체는 부분보다 크다.

유클리드 원론의 내용은 수학의 기초를 이루고 있으므로 21세기의 오늘날까지도 초·중등 수학 내용에 포함되어 있으며 이것은 앞으로도 계속될 것이다. 이러한 유클리드 원론의 의의 및 역할을 다음과 같이 정리할 수 있다.

(1) 논리적 사고력을 연마하는 책

(2) 수학이라는 학문의 한 가지 방법론을 확립

(3) 경험적 진리와 수학적 진리를 명확히 구별

(4) 모든 과학서의 모범

유클리드 기하학이란 비유클리드 기하학에 대비된 이름이고, 〈원론〉의 다른 공리들과 함께 특히 유클리드의 공리를 성립시키는 기하학이라는 뜻이다.

도형은 이동(합동변환)에 의하여 크기나 모양이 보존되므로 각의 크기, 길이, 면적, 체적 등이 유클리드 기하학적 양이다. 따라서 도형의 크기에 관한 성질(계량성)을 연구하는 것이 유클리드 기하학이라 할 수 있겠다.

유클리드 공간에서는 각의 크기와 길이의 비가 보존되는 변환, 즉 닮은 변환을 생각할 수 있으므로 보통 유클리드 기하학에서는 닮음 변환까지를 포함해서 생각한다.

그림 Ⅲ·1의 두 직각 3각형에서 $\overline{AB}$를 $\overline{A'B'}$에 옮기는 변환을 생각하면

$$\overline{AB} / \overline{OA} = \overline{A'B'} / \overline{OA'}$$

$$\overline{OB} / \overline{OA} = \overline{OB'} / \overline{OA'}$$

이고, 이들은 각각 각 θ의 함수 $\sin\theta$, $\cos\theta$이므로 3각형의 변과 각 사이의 관계를 정량적으로 구하는 평면 3각법도 유클리드 기하학의 한 분야이다.

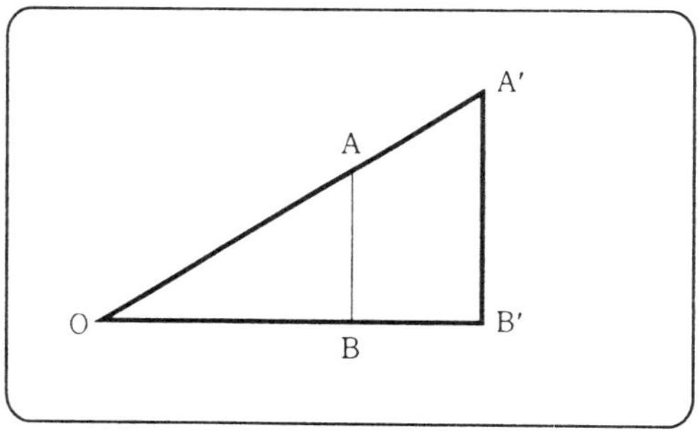

그림 Ⅲ·1

3. 해석기하학

유클리드의 원론에서 전개된 이론은 대단히 정연하고 논리적으로 정밀하였지만, 그 서술이 도형에만 의존되고, 수식을 쓰지 않았기 때문에 이해하기가 불편하였다. 그리스의 산술, 대수 방면의 계산기술은 기하학에 비하여 발전이 늦었다. 이 산술, 대수의 지식은 인도, 아라비아로부터 13세기경에 유럽으로 전해져 비에타(F. Vieta, 1540~1603)

등에 의해 정리되었다.

16세기 후반까지도 기하학이 수학을 대표하였으며, 대수학은 기하학 또는 상업에서 나타나는 간단한 실제 문제에서 얻어지는 미지수(1, 2개)를 가지는 방정식의 풀이 정도에 불과했다. 그러다가 대수학이 기하학에 큰 기여를 할 수 있음이 인식된 것은 17세기가 시작되면서부터였다. 이것이 바로 해석기하학의 발견인데, 그 선구적인 지식은 그리스로까지 거슬러 올라간다. 그리스인들은 포물선위의 한 점 P에서, 그 축 Ox에 내린 수선의 발을 H라 하고,

$$OH = x, \quad PH = y$$

라 하면, l이 어떤 선분의 길이 일 때, $y^2 = lx$ 꼴의 식이 성립하는 것을 알고 있었다. 그들은 또한 타원이나 쌍곡선에 대하여도 비슷한 식이 성립하는 것을 알고 있었다.

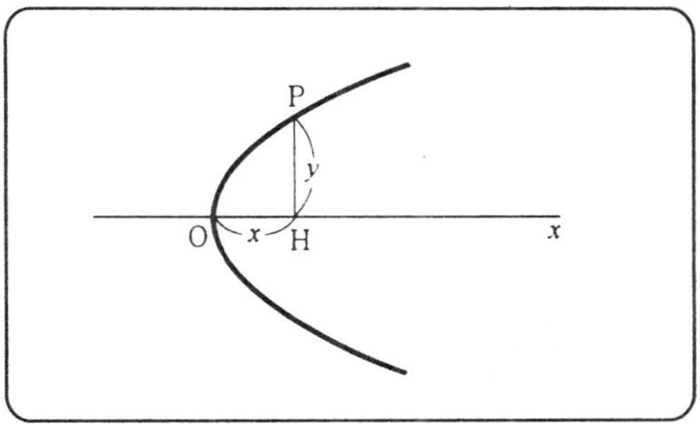

그림 III · 2

여기에서 주의할 것은, 그리스인들은 이들 방정식에 있어서 x, y, l과 같은 문자는 선분의 길이를 나타낸 것이고, lx는 두 변의 길이가 l과 x인 직사각형의 면적을 나타내며, y^2은 한 변의 길이가 y인 정사각형의 면적을 나타내는 것으로 생각했다는 점이다. 따라서, 방정식 $y^2 = lx$는 한 변의 길이가 y인 정사각형의 면적이, 두 변의 길이가 l과 x인 직사각형의 면적과 같다는 것을 나타내는 식으로 그들에게는 $y^2 = x$와 같은 식은 무의미한 것이었다. 왜냐하면, 이 식의 좌변은 면적을 나타내고, 우변은 길이를 나타내므로, 면적과 길이는 같아질 수 없다고 생각했기 때문이다.

해석기하학의 방법이 의도적으로 쓰여지기 시작한 것은 17세기의 대표적인 철학자 데카르트(R. Descartes, 1596~1650)와 페르마(Fermat, 1601~1665)에 의해서였다.

위에서 본 바와 같이, 대수화에서 식 $a + bc$는 뚜렷한 의미를 가지고 있었으나, 기하학에서는 길이와 면적을 더하는 것이 의미가 없다고 생각한다면, 대수학의 연산과 기하학의 연산 사이의 대응은 있을 수 없게 된다. 오늘날과 같은 해석기하학을 세우기 위해서는 이와 같은 장애를 제거할 필요가 있었는데, 이를 수행한 것이 데카르트이다.

데카르트의 연구 대상은 길이, 면적, 체적이 아닌 수 자체였으므로 길이, 면적, 체적을 구별하지 않고 이들을 단지 수치로 표현하려고 생각하였다. 따라서, 그는 그리스인이나 페르마가 문제 삼았던 방정식의 동차성을 전혀 개의치 않았다.

그리스인이나 페르마에게는 a, b는 모두 선분의 길이를 나타내고, ab는 a와 b를

두 변으로 하는 직사각형의 면적을 뜻하는 것이었지만, 데카르트는 1이라는 길이만 정해두면 a, b는 그것을 단위로 하여 잰 수치를 나타내므로, ab는 두 수를 곱한 수치를 나타내는 데 불과하다는 것이다. 즉, 데카르트에게는 ab는 단순히 방정(비례)식

$$1 : a = b : ab$$

에 있어서의 제4항을 뜻하는 것에 불과하였다. 따라서, 1을 나타내는 길이와 a, b를 나타내는 길이가 주어져 있으면, ab를 나타내는 길이는 그림 Ⅲ·3과 같은 작도로 쉽게 얻어진다.

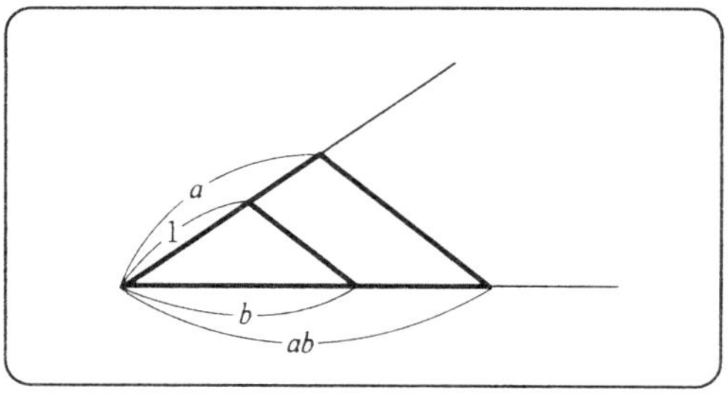

그림 Ⅲ·3

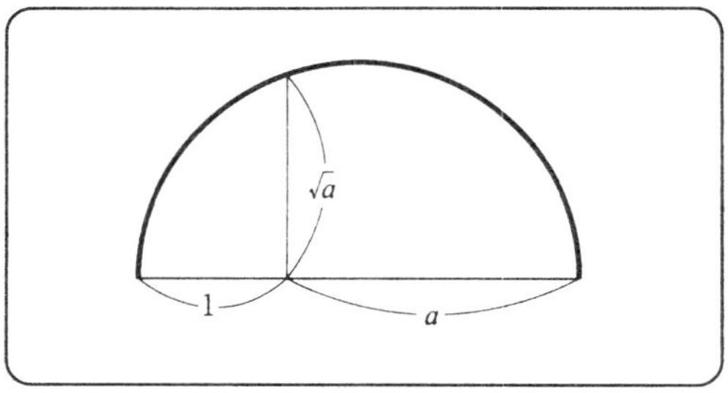

그림 Ⅲ·4

또, 데카르트 이전 사람들은 a가 선분의 길이를 나타낸다고 생각하였으므로, $\sqrt{a}$는 의미를 가질 수 없었으나, 데카르트는 1을 나타내는 길이와 a를 나타내는 길이가 주어지면, $\sqrt{a}$의 길이를 그림 Ⅲ·4로 작도하였다.

이와 같이, 데카르트에게는 선분의 길이에 대수학적인 연산을 시행한 결과도 역시 선분으로 나타나므로, 대수학의 연산과 기하학의 연산 사이에 완전한 일대일 대응이 존재하며, 대수학에서의 모든 방법이 그대로 기하학의 연구에 사용될 수 있게 된 것이다. 이것이 바로 기하의 대수화인 해석기하의 초석이 된 것이다.

페르마가 도입한 좌표, 도형의 방정식, 방정식이 나타내는 도형 등의 개념에 관한 견해와 데카르트의 대수학적 연산과 기하학적 연산 사이의 대응에 관한 발견이 합쳐져서 오늘날의 해석기하학이 나타나게 된 것이다.

이것은 도형 사이의 관계를 좌표 사이의 방정식으로 나타내고 이 방정식을 풀어서 기하학의 문제를 해결하는 방법으로, 수와 도형은 본질적으로 다른 것이 아니라 한 쪽이 다른 쪽의 '표현'이라고 생각할 수 있게 되었다. 그러나 역으로 생각하면, 수 사이의 관계를 도형의 관계로 표현하는 것이 가능하게 된 셈이다.

흔히 사람들은 "데카르트는 좌표법을 발명하여, 이것으로써 도형을 수로 귀착시켰다"

고 말하지만, 그의 저서들을 살펴보면 좌표축이나 좌표라는 용어가 나타나 있지 않으며, 실제로 좌표(coordinates)라는 용어는 한 시대 뒤에 라이프니츠가 창작한 말이다. 좌표에 대한 아이디어조차도 데카르트보다는 페르마 편이 훨씬 치밀하고 조직적인데, 실제로 좌표의 아이디어는 멀리 그리스의 아폴로니우스까지 거슬러 올라간다.

오늘날 우리가 익숙하게 쓰는 좌표법은 19세기 이후의 것이며, 데카르트나 페르마의 연구에서는 음수를 받아들이지 않았으므로 완전히 대수적이라 볼 수 없고, 그 뒤의 사람들이 해석기하학에 음수를 도입함으로써 해석학과 기하학 발전의 초석이 되었다.

오늘날에는 해석학이라는 말이 미·적분학처럼 극한의 개념을 다루는 분야 전반을 가리키는 말로 쓰이지만, 해석학(analysis)의 본래의 뜻은 "분석한다"는 뜻 이외에도 "셈에 의하여 답을 발견한다"는 의미를 내포하고 있었다. 따라서, 도형을 완전히 대수적 연산으로 바꾸어 계산함으로써 결과를 얻는다는 뜻에서 해석기하학이라는 말이 생겨났으며, 라크르와(Lacroix, 1765~1843)부터 사용하기 시작했고 해석역학이 정립된 뒤라고 한다. 해석기하학은 그 후 미·적분학과 결합되어 크게 발전되었고 원추곡선론, 곡면론 및 미분기하학으로 발전되었다.

4. 비유클리드 기하학

유클리드의 5개의 공리 중에서 평행선공리가 다른 것들보다 복잡하여, 다른 4개에서 증명할 수 있는 성질의 것이 아닌가 생각한 사람이 많았다.

유클리드는 평행선공리(제5공리)를 다음과 같이 기술하였다.

"한 평면 위의 한 직선이 그 평면 위의 두 직선과 만날 때 동측내각의 합이 2직각보다 작으면 이 두 직선은 그 쪽에서 만난다."

즉, 그림 III·5에서 각 x와 y를 합하여 180°보다 작으면 직선 b, c를 충분히 연장할 때 만나게 될 것이다. 유클리드가 이와 같이 기술한 데에는 그 나름의 이유가 있었던 것으로 보여진다. 위와 같이 하는 대신에, 두 각의 합이 180°이면 두 직선은 결코 만나지 않는다. 즉 평행하다고 기술할 수도 있었겠지만, 유클리드는 결코 만나지 않는 두 무한직선이 있을 수 있다고 가정하는 것을 두려워했던 것 같다. 우리의 경험은 무한직

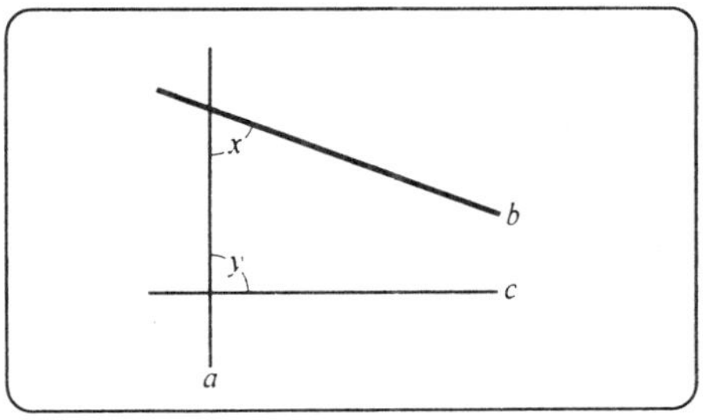

그림 III·5

선에 대하여 어떤 보장을 주지는 못하며, 그 반면에 공리는 물리적 세계에 대한 자명한 사실이라고 생각되었기 때문이다.

유클리드가 서술한 평행선공리는 다른 공리와 같이 단순하지 않고 복잡하여, 다른 공리만으로 증명할 수 있는 정리에 대하여는 유클리드 자신도 평행선공리를 쓰지 않은 것을 보면, 평행선공리에 대한 서술을 좋아한 것 같지 않다.

많은 사람들을 괴롭힌 이 문제는 결국은 물리적 세계에서 무한직선의 존재를 확신할 수 있는가 하는 문제라고 할 수 있다. 유클리드는 유한직선을 단지 필요한 만큼 멀리 연장할 수 있다고만 가정하는 신중성을 보였고, 따라서 연장된 직선 역시 유한인 것이다. 그러나 직선이 유한하다면 어떤 경우에도 필요한 만큼 멀리 연장할 수는 없기 때문에 유클리드는 이 가정이 무한직선의 존재를 뜻하는 것으로 생각하게 하였다.

그리스 시대 이후 평행선공리가 제기한 문제를 해결하려는 여러 시도는 두 가지로 대별되는데, 평행선공리를 좀더 자명한 문장으로 대치하려는 것과, 그것을 유클리드의 다른 4개의 공리로부터 증명해보려는 것이다. 후자가 성공한다면 평행선공리는 하나의 정리가 되므로, 더 이상 문제시되지 않는다.

첫번째 시도는 1795년에 플레이페어(Playfair, 1748~1819)가 다음과 같이 대치될 수 있음을 보였는데, 이것이 오늘날의 교과서에 나타나는 평행선공리이다.

"한 직선 l 위에 있지 않는 한 점 P를 지나 직선 l과 만나지 않는 직선은, 직선 l과 점 P로 이루어진 평면에서는 단 하나 존재한다."

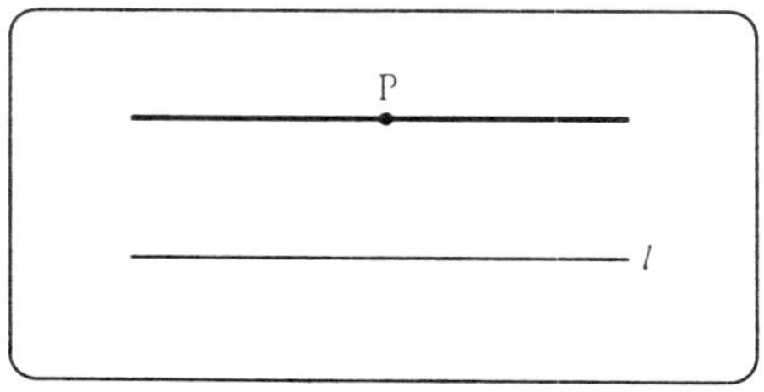

그림 III·6

그러나 이것도 더 간단히 표현된 것이라 보기는 어려우며, 공간의 무한히 먼 곳에서 무슨 현상이 일어나는지를 모른다. 그 반면에 무한성을 직접 포함하지 않는 대치 공리로는 "서로 다른 2개의 닮은 삼각형이 존재한다"는 것인데 이것 역시 단순해 보이지만, 유클리드의 것보다 더 나을 것이 없다.

두 번째의 평행선공리를 증명하려는 시도는 첫째 시도보다 더 많은 수학적 결과를 남기게 되는데, 이것이 곧 비유클리드 기하학의 발전이다. 이제 그 역사를 간단히 살펴보기로 하자.

1) Saccheri의 연구

유클리드의 평행선공리에 관한 연구 중에서 비유클리드 기하학이 나타날 때까지 가장 중요한 것으로는 이탈리아의 파비아 대학 교수이며 신부였던 사케리(Saccheri, 1667~1733)였다.

그는 유클리드 기하학의 본질을 명백히 하고, 비유클리드 기하학의 가능성을 예견할 수 있는 단계 직전까지 온 것으로 보이는, 다음과 같은 결과를 남겼다.

먼저 한 선분 $\overline{AB}$의 두 끝점 A, B에서 이 선분의 같은 쪽에 수선을 세워 각각 같은 길이를 잘라낸 뒤에, 그 두 끝점을 C, D라 둔다.

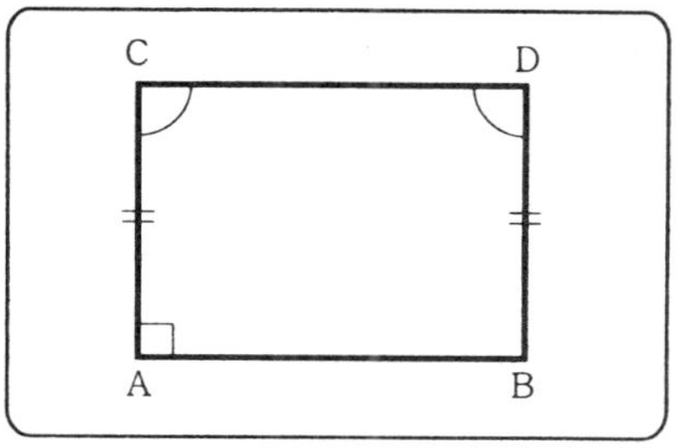

그림 Ⅲ·7

이때 ∠C와 ∠D가 같음은 평행선공리를 쓰지 않고도 증명되는데, 이 두 각이 직각임을 보이는 데는 아무래도 평행선공리가 필요해진다. 이때, 세 가지 가능성이 나타나는데, 그 각각의 경우에 대하여 일반적인 삼각형의 내각의 합은 2직각과 같거나, 작던가, 크다.

세 가지 가능한 가정: ∠C와 ∠D	(1) 직각	(2) 예각	(3) 둔각
삼각형의 내각의 합	$=2\angle R$	$<2\angle R$	$>2\angle R$

사케리는 가정 (2), (3)이 옳지 않다는 것을 보임으로써, (1)만이 옳다는 것을 증명하려 하였으나, 그 증명은 뒤에 틀렸음이 발견되었다. 이때까지는 유클리드기하학만이 옳은 것인 줄 알고 있었기 때문에 (2)나 (3)의 경우가 또 다른 기하학의 가능성을 보여주는 것임을 깨닫지 못했다.

2) 로바체프스키-보여이의 기하학

평행선공리의 증명에 실패한 뒤, 사람들은 이것을 부정하는 기하학을 세우게 된다. 가우스는 이 같은 기하학의 가능성을 알고 있었으나 반박이 두려워 발표하지 않았다고 한다.

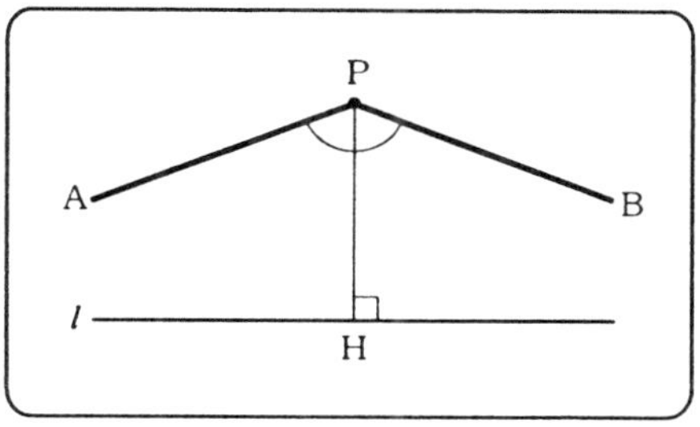

그림 Ⅲ·8

19세기 초에 로바체프스키(Lobachevski, 1793~1856)와 보여이(Bolyai, 1802~1860)는 "한 직선 l 위에 있지 않는 한 점 P에서 l에 수선 PH를 내리고, PH와 같은 예각을 이루는 두 직선 PA, PB를 긋는다. 이때 ∠APB의 내부를 지나는 직선은 l과 만나고, 그렇지 않는 직선은 모두 l과 만나지 않는다"는 것을 평행선공리 대신 취하고, 다른 공리는 그대로 둔 채 기하학을 전개하였다.

이와 같이 하면, 사케리의 (2) 예각 가정의 경우에 대응하는 기하학이 얻어지는데, 이 기하학에서 성립하는 명제로서는 다음과 같은 것이 있다.

(i) 삼각형의 합동정리.

(ii) 삼각형의 내각의 합은 2직각보다 작다.

(iii) 삼각형의 면적은 2∠R에서 내각의 합을 뺀 차에 비례한다.

유클리드의 평행선공리를 인정하는 기하학을 유클리드 기하학이라 부르는 데 비하여, 이 공리를 위와 같이 부정하여 새로 만든 기하학을 로바체프스키-보여이의 비유클리드 기하학이라 부른다.

로바체프스키는 폴란드계 러시아인으로 카잔대학교를 나온 뒤, 그 학교의 교수와 총장을 지냈으며, 그의 기하학을 여러 학회나 논문으로 발표하였으나 사람들의 공감을 얻지 못한 채 세상을 떠났다.

J. 보여이(János Bolyail)는 가우스의 친구였던 헝가리 수학자 F. 보여이(Farkas Bolyail, 1775~1856)의 아들로 청년 장교 시절에 아버지가 실패한 바 있는 평행선공리의 연구에 전념하여, 아버지 책의 부록에 〈절대 기하학〉이라는 이름으로 자신의 업적을 발표하였다. 그의 결과도 생전에는 사람들의 이해를 받지 못했다.

로바체프스키와 보여이의 업적은 몇 십년 동안 잊혀져 있다가 1867년경에 비로소 수학자들의 주의를 끌게 되었다. 그리하여 1894년에는 잊혀져 있던 보여이의 묘 위에 기념비가 세워졌고, 1893~1895년 사이에는 전세계의 과학자들이 모금한 로바체프스키 기금이 성립되었다.

그런데 서로 다른 가정에서 출발한 두 기하학이 동시에 성립한다는 일이 있을 수 있을까? 만약에 유클리드 기하학이 옳다면 비유클리드 기하학은 거짓이 되는 것이 아닌가? 또 만약에 비유클리드 기하학이 옳다면 유클리드 기하학이 거짓이 되는 것이 아닌가?

이 문제는 케일리(Cayley, 1821~95), 벨트라미(Beltrami, 1835~1900), 클라인(Klein, 1894~1912), 푸앵카레(Poincare, 1854~1912) 등에 의하여 유클리드 기하학 안에서 비유클리드의 모형을 만든다는 형태로 해결되었다.

벨트라미가 만든 모형을 보자. 한 마리의 개 목에 길이 l인 줄을 달고, 줄의 다른 끝을 쥐고 자전거로 달린다. 그림 Ⅲ·9에서 개가 S, 자전거가 T에서 출발하여, 직선 a 위를 화살표 방향으로 달린다면, 개가 그리는 곡선은 점 P에서의 접선과 직선 a와의교점을 Q라 하면 PQ가 일정한 길이 l인 곡선이 되며, 이것을 추적선이라 부른다.

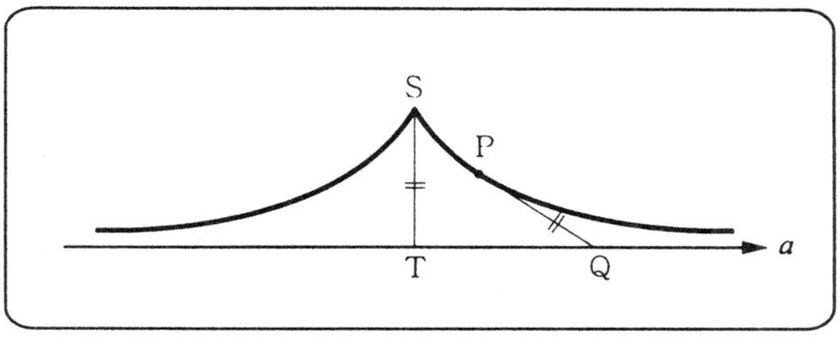

그림 III · 9

이 곡선을 직선 a 둘레로 회전시켜 얻어지는 벨트라미곡면(의구) 위에서 보통의 점을 '점', 두 점 사이의 최단거리가 되는 곡선, 즉 측지선을 '직선', 두 점 사이의 측지선에 따라 잰 거리를 두 점 사이의 '거리'로 보고, 이 곡면 위에서 로바체프스키-보여이의 비유클리드기하학이 성립함을 보였다.

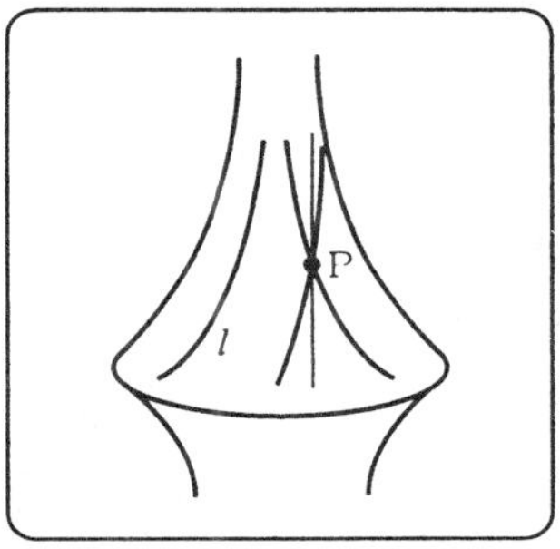

그림 III · 10

이것은, 유클리드기하학 속에서 비유클리드 기하학의 모형을 만든 것이다. 따라서, 만일에 유클리드 기하학이 옳다면, 비유클리드 기하학도 옳은 것이어야만 한다. 이와 같이 하여 비유클리드 기하학이라는 것이, 이 경우에는 유클리드공간 속의 특수한 곡면 위에서 성립하는 기하학임을 알게 되었다.

3) 리만의 기하학

위에서 본 비유클리드 기하학은 유클리드공간 속의 특수한 곡면 위에서의 기하학처럼 보인다. 이에 대하여, 가우스는 일반적인 곡면 위에서의 기하학을 연구하였는데, 말하자면 굽은 2차원공간의 기하학이라 말할 수 있다. 이에 대하여 리만(Riemann, 1826~66)은 그의 대학강사취임론문 《기하학의 기초를 이루는 가정에 대하여》에서, 굽은 일반화된 n차원공간(n차원다양체)의 기하학을 연구하기 시작하였다. 이 같은 공간은 오늘날 리만공간, 그 기하학을 리만 기하학이라 부른다.

이 연구에서, 리만은 사케리의 (3) 둔각가정의 경우에 대응하는 비유클리드 기하학을 시사하였는데, 그 모형은 한 반구면을 "평면"으로 보고, 그 위의 대원을 "직선"으로 보고, 보통 점을 "점"이라 본 것이다. 그러면, ① 두 점이 지름의 두 끝이 아닐 때에는, 두 점을 지나는 직선은 단 하나뿐이고, 또 ② 서로 다른 두 직선은 반드시 두 점에서 만나므로, 평행선은 존재하지 않게 된다. ① 때문에, 직선이 두 점으로 결정된다는 성질

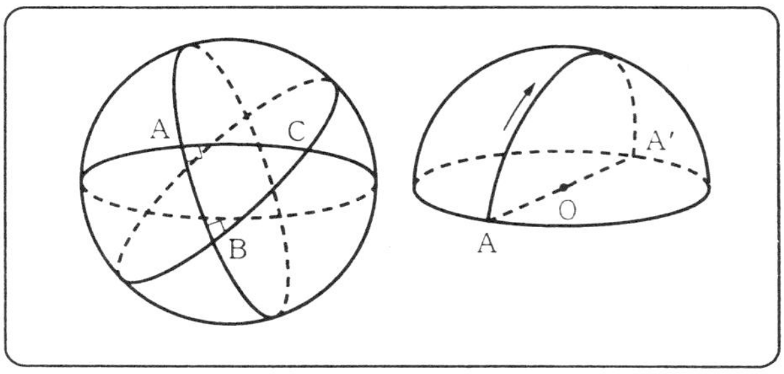

그림 Ⅲ·11

마저 성립하지 않으므로, 평면의 경계인 대원 위의 두 대칭점은 같은 점으로 본다. 이 기하학은 평행선공리뿐만 아니라 유클리드의 둘째 공리의 무한성마저 부정하여, 유클리드의 '공준(2) 직선의 길이는 유한이다(그러나 무종이다)'마저 가정한다. 이 기하학에서는 다음과 같은 결과를 얻게 된다.

(i) 서로 다른 두 점을 지나는 직선은 단 1개뿐이다.

(ii) 서로 다른 두 직선은 반드시 두 점에서 만난다.

(iii) 삼각형의 내각의 합은 2∠R보다 크다.

이리하여, 사케리가 생각한 세 가지 경우에 각각 옳은 기하학이 하나씩 태어남을 보았는데, 이들을 다음 표와 같이 비교 정리한 것이 클라인(Klein, 1849~1925)이다.

	타원 기하학	포물선 기하학	쌍곡선 기하학
직선 밖의 한 점을 지나는 평행선	없다.	하나	무수히 많다.
삼각형의 내각의 합	>2∠R	=2∠R	<2∠R
사케리의 가정	둔각	직각	예각
	리만	유클리드	로바체프스키 등

이 같은 기하학들의 존재가 알려진 것은 사실은 1855년에 가우스가 죽은 뒤였다. 그의 전집이 차례로 발표되면서, 비로소 비유클리드 기하학이 가우스, 로바체프스키, 보여이에 의하여 발견되었음을 알게 된 것이다. 또, 리만의 취임강연은 1854년 가우스가 참석한 데에서 이루어졌는데, 거기서 리만이 새로운 비유클리드 기하학의 가능성을 시사하였음은 그가 죽은 뒤 1867년에야 밝혀졌다. 그후, 사람들은 이 같은 기하학의 존재를 알게 되었으며, 그것이 수학적으로 실존하는 것임을 이해하게 된 것은 젊은 클라인의 탁월한 통합과 직관의 덕이다.

비유클리드 기하학의 세 가지 모형을 보면, 한 기하학의 공리계의 타당성으로부터 필연적으로 다른 기하학의 공리계의 타당성이 얻어진다. 따라서, 이들 세 기하학은 서로 공존하는 한편, 서로 용납하지 않는 배타적인 관계에 있다. 그러므로 기하학은 현실적인 공간에 관한 과학으로 해석할 수는 없게 되었다. 그리하여 리만의 견해에 따라 해석학의 공리계는 어떤 집합체에 관한 가정의 모임으로써, 이것으로부터 연역적인 추론으로 얻어지는 명제의 체계가 기하학이라는 근대적인 공리주의의 입장이 나타났다. 어떤 기하학이 참이냐 하는 것은 문제가 되지 않는다. 우리들의 현실적인 물리적 공간이 어느 기하학의 체계에 따르는가 하는 문제가 생기겠으나, 이는 물리과학의 영역에 속하는 것이다.

앞에서 말한 일반적인 리만 기하학은 그 뒤 리치(Ricci, 1853~1925)와 레비치비타(Levi-Civita, 1873~1941) 등에 의하여 미분기하학의 방법으로 깊이 연구되었다. 아인슈타인(Einstein, 1879~1955)은, 1916년에 일반상대성이론을 세우는데, 리만 기하학과 리치에 의한 연구 방법을 이용하였다. 그리하여, 작은 범위 안에서는 우리의 현실적 공간은 유클리드공간이라 하여도 지장이 없으나 우주 전체를 생각하는 천문학적 크기에서는 리만공간이 가정되어야 한다.

이리하여 유클리드 기하학만이 실재와 맞는다는 생각은 버려야만 하게 되었다. 1872년에 클라인은 모든 기하학에는 유클리드 기하학에서의 합동과 같은 전단사들의 군이 대응된다는 것을 보였고, 20세기에 들어와 힐베르트(D. Hilbert, 1862~1943)는 기하학의 공리에 관한 논리적 분석을 통하여, "점, 직선, 평면"은 정하기 나름이며, 집합과 관계를 써서 논리적으로 기하학이 건설되어야 할 뿐, 그림은 논리의 예를 든 것에 불과한 것임을 밝혔다.

이로써, 수학에 있어서의 공리란 절대적인 진리라는 의미를 가지지 않고, 다만 수학을 구성하는 기초가 되는 가정인 명제에 불과하다는 새로운 인식이 생겨, 수학에 큰 영향을 주었다.

이 새로운 기하학의 탄생은 수학에서 공리의 의미에 대한 재검토가 요구되고, 수학관을 크게 변화시켜 공리주의 입장에 서게 했으며, 힐베르트의 기하학기초론을 탄생케 했다.

5. 공리주의

비유클리드 기하학이 논리적으로 정당하다는 것이 확실해짐에 따라 수학자들 사이에는, 수학적 진리와 현상세계에서의 진리 사이의 관계가 크게 문제시되었다.

삼각형의 내각의 합이 '2∠R이다'와 '2∠R보다 작다', '2∠R보다 크다'가 다같이 수학적 진리라고 한다면, 현상세계에서는 이들이 다같이 진리라는 생각은 용납될 수 없기 때문에 수학이란 현상세계와 어떤 관계가 있는 것인가 하는 의문을 갖는 것은 당연하다. 서로 용납되지 않고 배타적인 관계를 가지는 기하학이 공존한다는 것은 기하학이 현실적인 공간에 관한 구체적인 과학이 아니라는 해석이 된다.

유클리드의 평행선 공리를 부정한 비유클리드 기하학의 출현 이후 공리가 절대적인 진리라는 생각은 포기되고, 다만 그 이론을 구성하는 데 필요한 기초적 가정에 불과하다는 인식이 얻어졌다. 그리하여 리만의 사상에 따라서, 기하학의 공리계는 어떤 집합체에 관한 가설의 모임이며, 이들에게서 이끌어내어지는 것이 기하학이라고 생각하는 새로운 공리주의가 나타났다. 이러한 사상을 계승하여 좀더 적극적으로 구체화된 공리주의를 내세운 것이 힐베르트이다.

19세기까지는 "수학은 현상세계의 진리를 추구하는 것이다"라는 수학관이 있었기 때문에, 비유클리드 기하학의 성립이 이 대전제에 의문을 던지게 된 것이다. 힐베르트는 이 문제에 대해 깊은 관심을 가지고 해결하려고 노력하여, 1899년 그의 저서 〈기하학의 기초〉에서 수학에서의 비판 정신의 발전이래 많은 결함이 있다고 생각되어 오던 유클리드 기하학의 공리계에 대신 할 비교적 잘 검토된 새로운 공리계를 제시하였다.

힐베르트는 유클리드의 원론과 그 당시까지의 수학자의 연구를 검토한 결과, 이 문제에 대하여 대담하게 "수학은 본질적으로 현상세계와는 아무런 관계도 갖지 않는 학문이고, 수학의 과제는 현상세계에 대한 진리를 추구하는 것이 아니며, 다만 가정된 공리계로부터 연역적으로 명제를 증명해 나가는 것뿐이다"라고 결론을 내렸다.

이 수학관을 좀더 상세하게 설명해 보자. 유클리드의 원론에서 "점은 부분이 없는 것이다. 선은 너비가 없는 길이이다"라고 정의하고 있지만, 이는 정의일 뿐이지 그 이후에 본질적으로 이용된 곳은 없다. 이 사실은 이들 정의가 없어도 무관하다는 것을 뜻한다. 정의는 말의 의미를 말로 정하는 것이므로, 이는 한없이 계속되어도 끝날 수 없다. 그래서 처음에 몇 개의 기본적인 용어를 선정해서 그들은 정의하지 않고 쓰기로 하고, 다른 용어는 이들을 써서 정의하는 것이 논리적으로 선명하게 된다. 이런 의미에서 무정의 용어가 필요하게 되는 것이다. 점이나 선이 정의되고, 그들이 현상 세계의 일정한 대상을 의미할 때에는 그 대상에 대한 진리 가운데서 몇 개의 기본적인 것이 선정되고, 이때 그 공리는 현상세계에 대한 진리를 진술한 문장이 된다. 그러나 점이나 선이 무정의 용어로 쓰이게 되면 이들은 아무 의미가 없는 기호에 불과하게 되고, 그들에 대한 공리도 현상세계의 진리를 논술한 것이 아니라 점이나 선이라고 불리는 '어떤 대상'이 이러이러한 사실을 만족한다고 하는 약속이며, 가정이 되고 마는 것이다. 따라서 공리란 어떠한 사실을 진술해도 좋다고 할 수 있다. 다만 그러한 공리계로부터 모순이 생긴다면 수학적으로 무의미한 체계가 되기 때문에 공리계는 모순을 내포하지 않을 것과 모순을 유도하지 않을 것만을 요구하게 된다.

정의나 공리가 이와 같이 규정되면 정리는 공리가 성립된다는 가정 아래서 무정의 용어로 나타나는 '어떤 대상'에 대해서 이러이러한 사실이 성립된다는 것을 주장하는 문장이 된다. 이렇게 생각하면 수학은 전혀 무가치한 것 같지만, 사실은 더 편리한 면도 있다. 점이나 선이 만일 일정 대상만을 의미한다면 수학은 그 대상만의 학문이 되고 만다. 그러나 앞에서와 같이 '어떤 대상'이라고 한다면 약속으로서의 공리를 만족하는 어떤 대상이든지 점이나 선이 될 수 있으므로, 수학은 모든 것에 대한 학문이 될 수 있는 것이다.

따라서 수학이라는 학문의 본질은 구체적인 대상만을 생각하는 것이 아니고, 몇 개인가의 기본적인 용어를 무정의 용어로 선정하고, 그들 사이의 몇 개인가의 공리(=가정)를 설정해서 그 공리를 토대로 하여 연역적으로 명제를 증명해 나가는 것이다. 이것으로 수학의 임무는 다하는 것이고, 또 그것이 수학 고유의 능력을 보다 훌륭히 발휘할 수 있게 하는 것이다.

그의 주장에 의하면 공간 안의 점, 직선, 평면을 무정의 원소라 하고, 그들 사이에 "……의 위에 있다", "……과 ……의 사이에 있다", "합동", "평행" 등의 관계가 성립한다고 하고, 그 관계들을 결합공리 8개, 순서공리 4개, 합동공리 5개, 평행선공리 1개 연속공리 2개, 합해서 20개의 공리로부터 유클리드 기하학이 유도된다고 하였다. 그 밖에도 19세기 말에서 20세기 초에 걸쳐 유클리드 기하학의 기초에 관한 여러 가지 공리계가 파시(Pasch), 페아노(Peano), 피에리(Pieri), 베블렌(Veblen), 헌팅턴(Huntington) 버코프(G.D.Birkhoff), 블루멘탈(Blumenthal) 등에 의하여 얻어졌다. 피에리는 20개의 공리에 점과 운동을 무정의 용어로 하였으며, 베블렌은 16개의 공리에 점과 순서를 무정의 용어로, 헌팅턴은 23개의 공리에 구면과 "포함된다"를 무정의 용어로 정하였다.

힐베르트는 위와 같은 생각에서 수학을 현상세계에 대한 학문과 별개의 것으로 규정할 것을 주창하였는데, 이와 같은 수학관을 공리주의라 한다.

그가 공리주의 입장에서 유클리드 기하학의 논리적 결함을 보완해서 재구성한 것이 기하학기초론(Grund lorgen Geometric, 1899)이다. 따라서 유클리드 기하학은 Euclid에 의해서 시작되었고, 힐베르트에 의해서 완성되었다고 할 수 있다. 공리주의 수학관은 그후 서서히 수학자들의 찬동을 얻어 오늘에 와서는 대다수의 수학자가 지지하기에 이르렀다.

20세기 중엽 이후 많은 학자들과 집필 그룹이 고등학교 기하를 공리로부터 엄밀하게 전개하려는 교재를 만들었는데, 흔히 힐베르트 또는 버코프의 공리계 중 몇 개를 바꾸던가 쉽게 하든가 하여 사용한 것이다.

위와 같은 기하학 기초론에서의 공리주의의 전개 외에도, 오늘날의 수학에서 "구조"를 가진 집합을 공리계로 파악하게 된 데에도 긴 역사가 있다. 해석기하학과 미·적분학의 발견 이후, 급격한 발전을 보인 해석학은 그 다채로운 성과에도 불구하고, 그 기초에 있어 엄밀성에 문제가 있었다, 코시(Cauchy, 1789~1857)가 무한소를 0에 대응하는 변량으로 파악한 뒤에도 19세기 전반까지 존재하였던 극한의 이론은 불완전하였고, 그보다 앞서 유리수에서 실수로의 확장 단계가 이론화되어져야만 했다. 즉, 무리수의 이론은 극한의 이론을 세우는 데 있어서 꼭 필요한 것인데 그 무리수론을 세우는 데는 흔히 극한의 개념을 쓰고 있었다. 이 같은 결함이 있는 순환논증을 피하고 또 극한론을 가정하지 않는 새로운 무리수론이 칸토어(Cantor, 1845~1918)와 데데킨트(Dedekind, 1831~1916)에 의하여 확립되었다.

이리하여 이때까지 소박한 직관이나 표상으로 구성되었던 해석학의 기초에 관한 반성은 이제 엄밀한 수의 개념을 써서 해석학뿐 아니라 전통적인 수학의 모든 분야를 기초지으려는 운동인 산술화 경향으로 나타났다. 즉 수학의 모든 개념을 실수의 개념으로 돌리고, 다시 자연수에서 실수로의 수 개념의 확장 단계들을 거꾸로 따라가면 실수의 문제는 자연수의 문제로 환원된다. 따라서 순수논리의 개념과 그 명제들을 제외하면 고전수학 속의 모든 개념들은 모두 자연수에 관한 개념으로 정의되고, 고전수학의 명제는 자연수의 성질에서 연역될 것이다.

이와 같이 자연수론으로 환원시킨 뒤 다시 나아갈 논리적 분석의 길은 자연수론 그 자신을 최소한도의 무정의 용어와 공리로부터 전개하는 것이었는데 이는 페아노에 의하여 완성되었다.

이제 공리적체계의 한 예로 자연수의 공리계를 들어보기로 하자.

인류가 생긴 이래 가장 최초의 수학적 개념은 자연수이었을 것이다. 유클리드가 기하학에 대하여는 그토록 정의와 공리계의 중요성을 인식했으면서도 자연수의 개념은 자명한 것으로 생각하고 아무 정의도 하지 않은 채, 그 안에 소수가 무수히 있다는 것을 증명한 것은 조금 기이하다는 생각이 든다.

실제로 자연수는 수의 확장 단계의 첫 시작이므로, 모든 수를 엄밀하게 정의하려면 자연수에 관한 확고한 인식이 필요했다. 이것에 눈을 뜬것은 너무나 늦은 감이 있는 페아노(Peano, 1858~1932)의 1895년의 저서에서였다. 이제 그의 자연수의 공리계를 좀 쉽게 설명해 보면, 먼저 "자연수", "후자"(어떤 자연수의 바로 다음 자연수), 1과 같은 것을 무정의 용어로 하고 그들 사이에 다음과 같은 5개의 공리를 정한다.

(1) 1은 한 자연수이다.

(2) 임의의 자연수 x에 대하여 그 후자 x'가 유일하게 정해진다.

(3) 어떤 자연수 x에 대하여도, $x' \neq 1$이다.

(4) $x' = y'$이면 $x = y$이다.

(5) 자연수의 어떤 집합 M이 있어, $1 \in M$이고, 또 $x \in M$일 때, $x' \in M$이면, M은 모든 자연수를 포함한다.

실제로 페아노의 책은 기호논리를 써서 형식화되어 있으나, 우리는 위와 같이 말로써 나타냈다. 위의 공리 중 (1), (2), (3)은 무엇이 자연수의 집합 N의 원인가를 판정하는 기준이며, (4), (5)는 N의 두 원이 같은가 아닌가 판정하는 기준이다. 또 (5)가 바로 수학적 귀납법의 공리이다.

이 공리계로부터 N에 관한 임의의 정리를 이끌어 낼 수 있다. 위에서 x'는 $x+1$을 가리키나, 덧셈은 위의 공리계로부터 정의되는 것이므로, 우선 x'이라 나타낸 것이다.

제2장

종합기하학의 기초

1. 공간기하학

1) 점, 직선, 평면

공간기하에서도 도형의 기본이 되는 것으로 점, 직선, 평면을 무정의 용어로 하고, 그들 사이의 관계를 다음에 드는 공리들로 가정한다.

앞으로 특별한 경우를 제외하고는 점은 A, B, C, ……로 직선은 a, b, c,……로, 평면은 α, β, γ, ……로 나타내기로 한다.

공리 1 두 점 A, B에 대해 이들을 맺는 직선 a는 단 1개 존재한다. 이때 점 A, B는 직선 a 위에 있다고 하고, 직선 a는 점 A, B를 지난다고 한다.

두 점 A, B를 지나는 직선 a를 기호 A∪B로, 또 점 A가 직선 a 위에 있다는 것을 기호 $A \in a$로 나타낸다.

■ 정리 2 · 1

서로 다른 두 직선 a, b는 많아야 한 점에서 만난다(그림 III · 12).

증명 a, b가 두 점 P, Q에서 만난다면 P∪Q $= a$, P∪Q$= b$이므로 [공리 1]에 의하여 a, b는 일치한다.

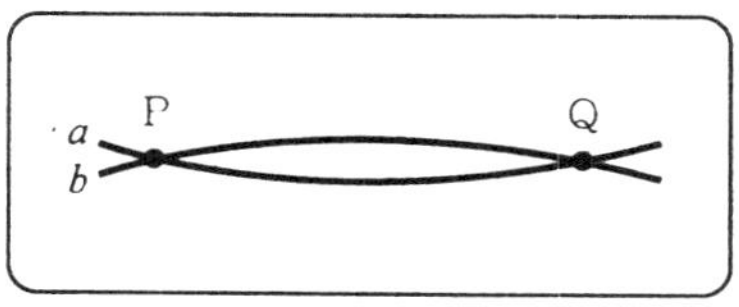

그림 III · 12

공리 2 직선 a 위의 두 점 A, B 가 평면 α 위에 있으면 a 위의 모든 점은 α 위에 있다. 이때 a는 α에 포함된다고 한다. 이것을 기호 $A \in \alpha$, $B \in \alpha$이면 $A \cup B = a \subset \alpha$로 나타내기로 한다.

공리 3 한 직선 위에 있지 않는 세 점 A, B, C는 한 평면 α를 결정한다.

공리 4 한 직선 위에는 적어도 두 점이 존재하고, 한 평면 위에는 일직선 위에 있지 않는 3점이 존재한다.

■ 정리 2 · 2

서로 만나는 두 직선 a, b는 한 평면을 결정한다(그림 III · 13).

증명 a, b의 교점($a \cap b$)을 P라 하면 공리 4에 의하여 a, b 위에는 각각 P와 다른 점 A, B가 존재한다. 정리 **2 · 1**에 의하여 $A \in b$, $B \in a$.

따라서 세 점 P, A, B는 한 직선 위에 있지 않으므로 공리 3에 의하여 한 평면을 결정한다.

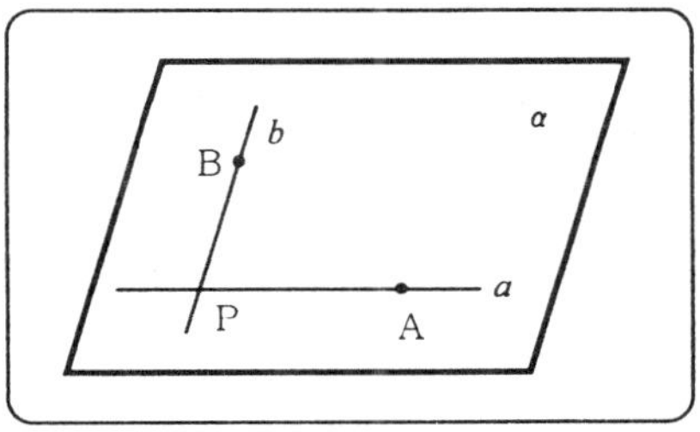

그림 III · 13

〈계〉 직선 a와 그 밖의 한 점 A는 한 평면을 결정한다.

■ 정리 2 · 3

한 평면 α가 이에 포함되지 않는 직선 a와 만나면 그 교점은 단 하나뿐이다(그림 III · 14).

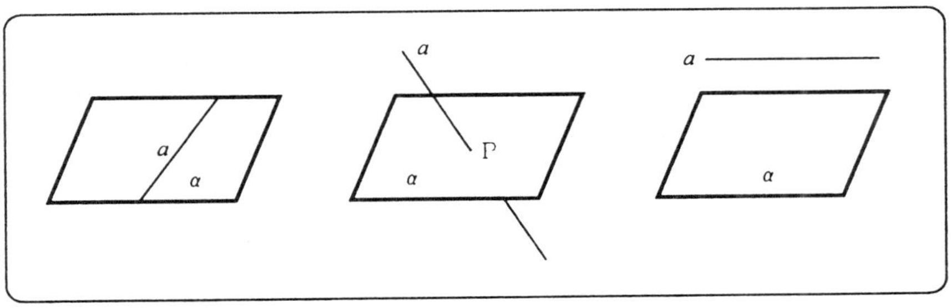

그림 III · 14

증명 a와 α의 교점이 P, Q 두 점이라고 하면 $P \cup Q = a$이고, $P \in \alpha$, $Q \in \alpha$ 이므로 [공리 2]에 의하여 $P \cup Q = a \subset \alpha$이므로, 이는 가정에 모순된다.

한 직선과 한 평면은 다음의 셋 중의 하나의 관계를 가진다.

(1) 직선이 평면에 포함된다.

(2) 한 점만을 공유한다(서로 만난다).

(3) 공유점이 없다(평행).

공리 5 두 평면 α, β가 한 점 P를 공유하면 이들 α, β는 점 P를 지나는 직선 a를 공유한다. 이때 직선 a를 α, β의 교선이라 한다. α, β의 교선 a를 기호 $\alpha \cap \beta = a$로 나타낸다.

서로 다른 두 평면은 다음 둘 중의 한 관계를 갖는다.

(1) 1직선을 공유한다(이때 두 평면은 만난다고 한다).

(2) 공유점을 갖지 않는다(이때 두 평면은 평행이라 한다).

두 직선 a, b가 한 평면 위에 있고 공유점을 가지지 않을 때 이들은 평행이라 하고, 또 a, b가 한 평면 위에 놓여 있지 않을 때는 공유점이 없고, 이때 두 직선은 꼬인 위치에 있다고 한다.

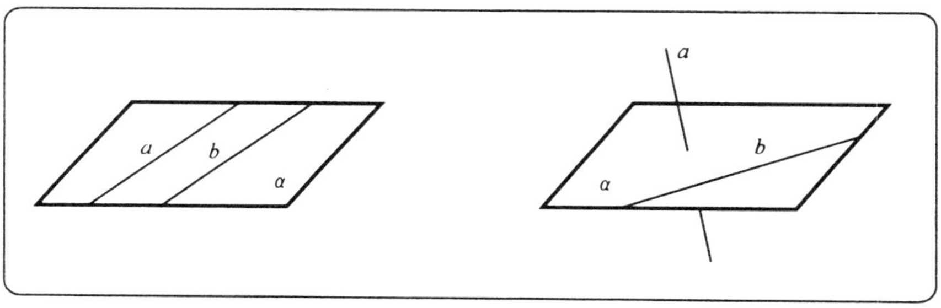

그림 Ⅲ · 15

공리 6 한 직선 a 밖의 한 점 A를 지나고 이 직선 a에 평행인 직선은 a와 A로 결정되는 평면 위에 단 하나 존재한다.

■ **정리 2 · 4**

한 평면 γ가 서로 평행인 두 평면 α, β와 만나면 그 교선은 서로 평행이다(그림 Ⅲ · 16).

증명 $\alpha \cap \gamma = a$, $\beta \cap \gamma = b$라 하면

$$a \subset \gamma, \ b \subset \gamma$$

한편 $a \subset \alpha$, $b \subset \beta$이므로, a, b는 공유점을 갖지 않는다.

$$\therefore a // b$$

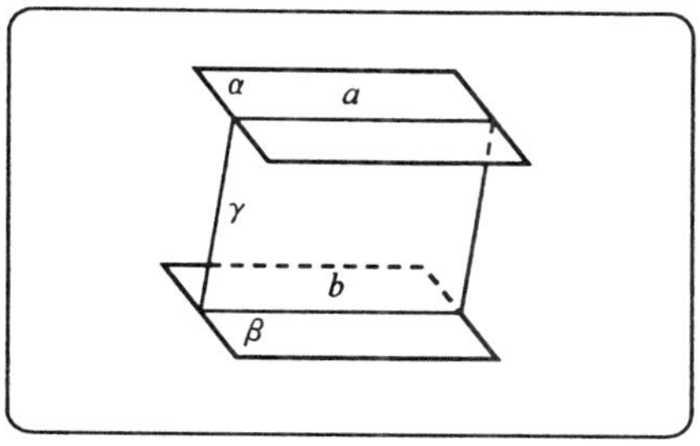

그림 Ⅲ · 16

〈계〉 한 평면 α 밖의 한 점 A를 지나고 이 평면 α에 평행인 평면은 단 하나뿐이다.

증명 정리 **2 · 4**와 공리 6을 써서 증명할 수 있다.

■ 정리 2 · 5

한 평면 α 밖의 한 점 A를 지나고 이 평면에 평행인 직선은 무수히 많다(그림 Ⅲ · 17).

증명 α 위의 한 직선 a와 A가 결정하는 평면을 β라 하면

$$a = \alpha \cap \beta$$

또 β 위에서 A를 지나고 a와 평행인 직선 a'를 그으면 $a' // \alpha$, 다음에 a와 다른 α 위의 직선 b와 A가 결정하는 평면 γ 위에서 A를 지나 b와 평행인 직선 b'를 그으면 $b' // \alpha$이고, a, b가 같지 않으므로 a', b'도 서로 다르다. 이와 같이 하여 A를 지나고 α에 평행인 직선은 무수히 그을 수 있다.

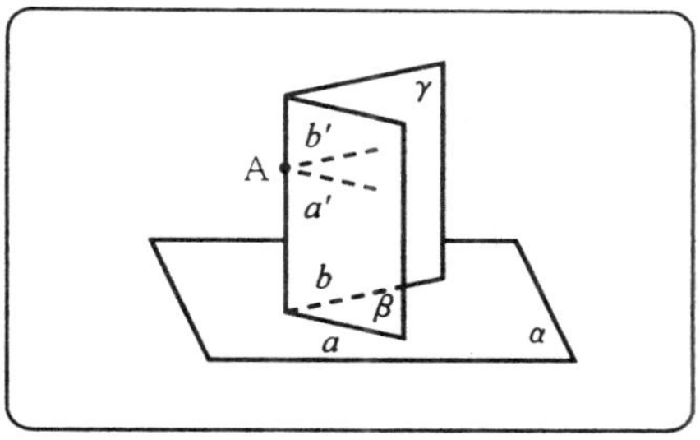

그림 Ⅲ · 17

■ 정리 2 · 6

평면 α 밖의 한 점 A를 지나고 α에 평행인 두 직선 a, b가 결정하는 평면은 α와 평행이다(그림 Ⅲ · 18)

증명 $a \cup b = \beta$라 하고 $\alpha \nparallel \beta$라 가정한다.

이때 $\alpha \cap \beta = c$라 하면, a, b, $c \subset \beta$, $a \nparallel b$. 따라서 a, b 중 적어도 하나는

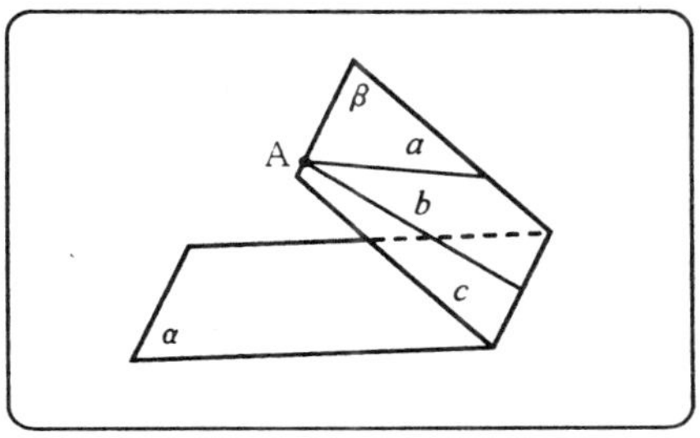

그림 Ⅲ · 18

c와 만난다. 그런데 $c \subset \alpha$이므로, a, b 중 적어도 하나는 α와 만나게 되어 가정에 모순된다.

〈계 1〉 꼬인 위치에 있는 두 직선 중 한 쪽을 포함하고 다른 하나에 평행인 평면은 단 하나 결정된다. 그리고 정리 **2·4**와 정리 **2·6**에서 다음 사실을 알 수 있다.

〈계 2〉 평면 α 밖의 점 A를 지나고 α에 평행인 평면 β는 단 하나뿐이다. 그리고 β 위의 모든 직선은 α에 평행이고, β 위의 임의의 점을 지나고 α에 평행인 직선은 β에 포함된다.

문 제

1. 평행인 두 직선 a, b는 한 평면 α를 결정한다.
2. 한 직선 a에 평행인 두 직선을 각각 b, c라 하면 $b // c$이다.
3. 공간의 4점을 A, B, C, D라 하고, 선분 AB, BC, CD, DA의 중점을 각각 K, L, M, N이라 하면 사각형 KLMN은 평행사변형이다.

2) 각

꼬인 위치에 있는 두 직선 a, b가 이루는 각은 다음과 같이 정의된다. 곧 임의의 점 O를 지나서 직선 OA, OB를 각각 a, b에 평행하게 그을 때 ∠AOB의 크기는 O의 위치에 무관하게 일정하다. 이 ∠AOB를 두 직선 a, b가 이루는 각이라고 한다.

그리고 두 평면 α, β가 한 직선 l에서 만날 때, 두 평면은 이면각(dihedral angle)을 이룬다고 한다. l 위의 임의의 한 점 O를 잡아서 평면 α, β 위에서 각각 l에 수선 OA, OB를 그으면 ∠AOB의 크기는 O의 위치와 관계없이 일정하다. 이 ∠AOB를 두 평면 α, β가 이루는 각이라고 한다. 특히 ∠AOB=∠R일 때 α, β는 서로 수직이라고 하고 $\boldsymbol{\alpha \perp \beta}$라 쓴다.

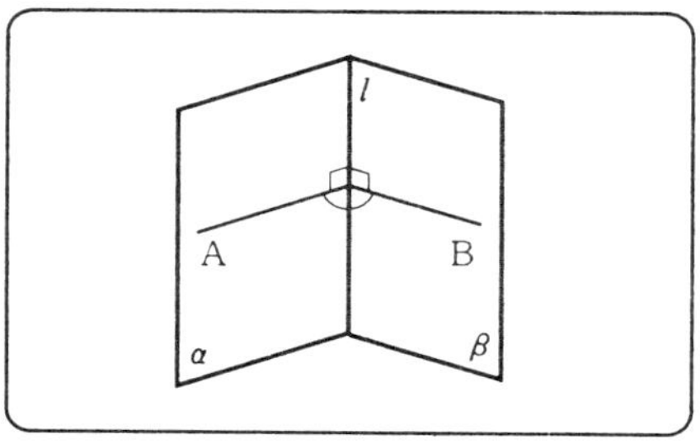

그림 III·19

■ 정리 2·7

한 직선 l 위의 점 O에서 l에 수직인 두 직선 OA, OB를 그을 때 OA, OB가 결정하는 평면 γ 위에 있는 임의의 직선은 l에 수직이다.

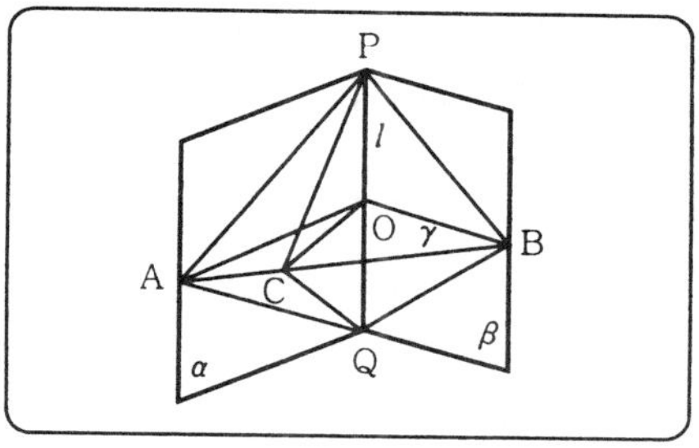

그림 Ⅲ·20

증명 γ 위에 O를 지나는 임의의 직선 OC를 그을 때 $OC\perp l$임을 증명하면 된다(그림 Ⅲ·20).

OC와 A∪B와의 교점을 C라 하고, l 위에 OP=OQ인 2점 P, Q를 잡으면 OA, OB는 선분 PQ의 수직 이등분선이므로 AP=AQ, BP=BQ이다.

$$\therefore \triangle PAB \equiv \triangle QAB$$

따라서 $\angle PAC = \angle QAC$, 또 AP=AQ

$$\therefore \triangle PAC \equiv \triangle QAC$$

따라서 OC는 PQ의 수직 이등분선이므로 $OC\perp l$이다. 여기서 직선 l은 평면 γ 위의 모든 직선에 수직이다. 이때 l은 γ에 수직이라 하고 $l\perp\gamma$라 쓴다. 이때 l 을 γ의 수선이라 한다.

이 정리와 공간의 두 직선이 이루는 각의 정리로부터 다음 계를 얻는다.

〈계 1〉 한 평면 위의 평행하지 않은 두 직선과 각각 수직인 직선은 이 평면의 수선이다.

〈계 2〉 평면 α의 한 수선 l을 포함하는 모든 평면은 α에 수직이다.

직선 l과 평면 α가 한 점에서 만날 때 l과 l을 포함하고 α에 수직인 평면 β와의 교선 m이 이루는 각을 l과 α가 이루는 각이라고 한다.

■ 정리 2·8

평면 α 밖의 한 점 P에서 α에 내린 수선의 발을 A, α 위의 임의의 직선 a 위의 한 점 B를 잡을 때(그림 Ⅲ·21),

(1) $A\cup B\perp a$이면 $P\cup B\perp a$

(2) $P\cup B\perp a$이면 $A\cup B\perp a$

이다. 이 정리를 삼수선의 정리라고 한다.

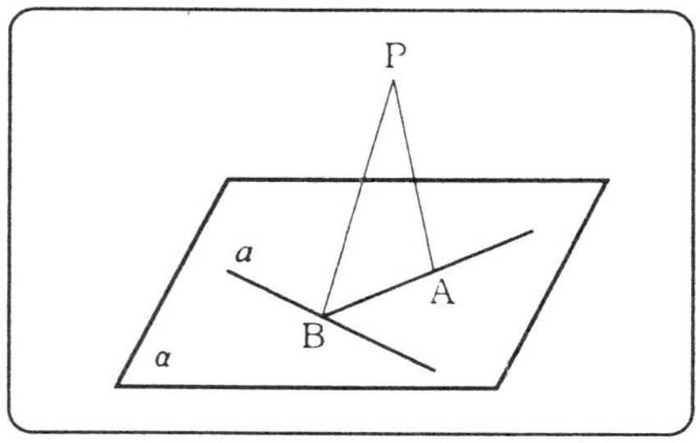

그림 Ⅲ · 21

증명 (1) $P\cup B\perp\alpha$이므로 $P\cup A\perp a$, 또 가정에서 $A\cup B\perp a$.

따라서 a는 P∪A, A∪B가 결정하는 평면 PAB에 수직이다(정리 2 · 7).

$$\therefore P\cup B\perp a$$

(2) $P\cup A\perp\alpha$이므로 $P\cup A\perp a$, 또 가정에서 $P\cup B\perp a$.

따라서 a는 P∪A, P∪B가 결정하는 평면 APB에 수직이다.

$$\therefore A\cup B\perp a$$

문 제

1. 직선 l과 직교하지 않는 평면 α가 점 A에서 만날 때 A를 지나는 α 위의 직선 가운데 l과 이루는 각이 최소인 것은 l을 포함하고 α에 수직인 평면 β와 α와의 교선이다.
2. 한 점 O에서 서로 직교하는 3선분 OA, OB, OC가 있을 때 △ABC의 수심을 H라고 하면 OH⊥△ABC이다.

3) 두 직선 사이의 거리

꼬인 위치에 있는 두 직선 a, b 위에 각각 점 P, Q를 잡으면 선분 PQ의 길이가 결정된다. 그 가운데 길이가 최소인 것을 a, b의 최단거리 또는 다만 **a, b**라고 한다.

■ 정리 2 · 9

꼬인 위치에 있는 두 직선 a, b와 동시에 직교하는 직선(공통수선)은 단 하나뿐이다. 그 교점을 각각 A, B라 하면, 선분 AB는 a의 점과 b의 점을 맺는 선분 가운데 최소인 것이다(그림 Ⅲ · 22).

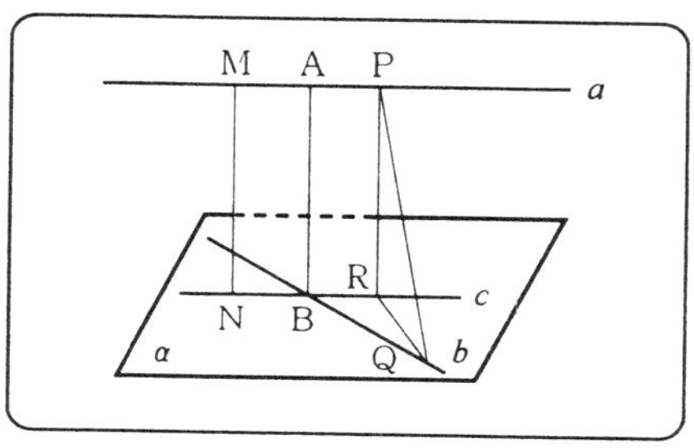

그림 Ⅲ · 22

증명 b를 포함하고 a에 평행인 평면(b

위의 점을 지나고 a에 평행인 직선과 b가 결정하는 평면)을 α라 하고, a를 포함하고 α에 수직인 평면($\mathrm{M}\in a$에서 α에 내린 수선 MN이 a와 결정하는 평면)을 β라 하면 β는 $\mathrm{M}\in a$에서 α에 내린 선 MN을 포함한다.

$\alpha\cap\beta=c$, $b\cap c=\mathrm{B}$라 하면 β 위에서 B를 지나고 c에 수직인 직선과 a와의 교점을 A라 하면 $\mathrm{AB}\parallel\mathrm{MN}$이므로 $\mathrm{AB}\perp\alpha$

$$\therefore \mathrm{AB}\perp c,\ \mathrm{AB}\perp b$$

따라서 $\mathrm{AB}\perp a$이고 $\mathrm{AB}\perp b$. 다음에 AB 이외에 a, b에 동시에 직교하는 선분 PQ가 있다고 하면 P에서 α에 내린 수선의 발 R는 c 위에 있으므로 $\mathrm{PQ}\perp c$이고, 또 가정에서 $\mathrm{PQ}\perp b$.

따라서, 각의 정리 2·8에 의하여 $\mathrm{RQ}\perp b$

$$\therefore b\perp \text{평면 PQR},\ \text{또 } \mathrm{PQ}\perp a,\ \mathrm{PR}\perp a$$

$$\therefore a\perp \text{평면 PQR}$$

따라서 $a\parallel b$가 되어 가정에 모순이다.

다음에 a, b 위의 임의의 점을 각각 P, Q라 하고, P에서 c에 내린 수선의 발을 R라 하면 $\triangle\mathrm{PQR}$는 직각삼각형이므로

$$\mathrm{PQ}>\mathrm{PR},\ \text{즉 } \mathrm{PQ}>\mathrm{AB}$$

문 제

1. 꼬인 위치에 있는 두 직선 a, b의 최단거리는 a를 포함하고 b에 평행인 평면 α와 b를 포함하고 a에 평행인 평면 β와의 거리가 된다.
2. 한 모서리의 길이가 a인 정사면체의 꼬인 위치에 있는 두 모서리 사이의 거리는 $a/\sqrt{2}$임을 밝혀라.
3. 서로 직교하는 3선분 OA, OB, OC의 길이를 각각 a, b, c라 할 때 $\triangle\mathrm{ABC}$의 면적을 구하라.
4. 한 점 O에서 2개씩 서로 직교하는 3개의 직선 OX, OY, OZ와 한 평면 α와의 교점을 각각 A, B, C라 하면 $\triangle\mathrm{ABC}$는 예각삼각형이다. 또 $\triangle\mathrm{ABC}$의 수심을 H라 하면 OH는 α에 수심임을 밝혀라.

4) 다면각

한 점 S를 지나는 반직선 SA_1, SA_2, ……, $SA_n(n\geq3)$이 있어서 그 이웃되는 3개의 반직선은 같은 평면 위에 있지 않다고 한다. SA_1과 SA_2를 포함하고 또한 이 2개의 반직선으로 구획된 평면 부분을 α_1, SA_2와 SA_3를 포함하고, 또한 이 2개의 반직선으로 구획된 평면 부분을 α_2, ……라 한다. 반직선 SA_1, SA_2, ……, SA_n 및 평면의 부분 α_1, α_2, ……, α_n으로 만들어지는 도형을 다면각(polyhedral angle)이라 하고, S를 꼭지점, SA_1, SA_2, ……, SA_n을 모서리라 하며 α_1, α_2, ……, α_n을 면이라 하고 $\angle A_1SA_2$, $\angle A_2SA_3$, ……, $\angle A_nSA_1$을 다면각의 평면각이라 한다(그림 Ⅲ·23).

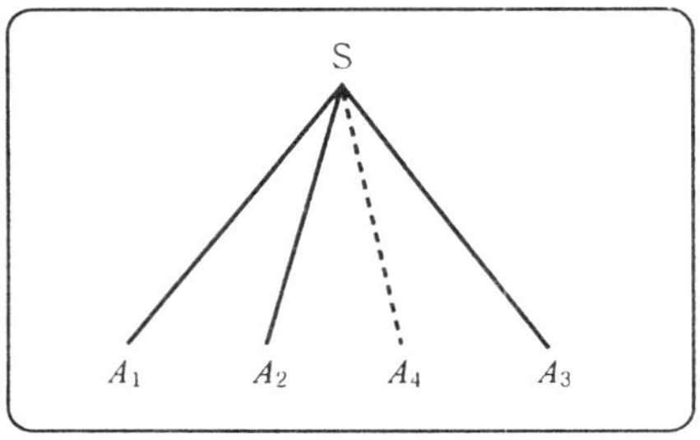

그림 Ⅲ·23

특히 $n=3$일 때의 다면각을 삼면각(trihedral angle)이라 한다.

다면각의 어느 면을 연장해도 그 다면각이 지금 연장한 평면의 한 쪽에만 있을 때, 이것을 볼록 다면각이라 하고, 그렇지 않을 때 이것을 오목 다면각이라고 한다.

■ 정리 2·10

삼면각 2개의 평면각의 합은 다른 한 평면각보다 크다.

증명 삼면각 S−ABC에서 ∠ASC가 최대의 평면각이라 하고,

$$\angle ASC < \angle ASB + \angle BSC$$

임을 증명하면 된다(그림 Ⅲ·24).

면 ASC 위에 ∠ASD=∠ASB되게 SD를 그으면 SD는 ∠CSA 안에 있다. SD=SB되게 B, D를 잡고 B, D를 포함하는 평면과 모서리 SA, SC와의 교점을 각각 A, C라 하면

$$\triangle ASD \equiv \triangle ASB,$$

$$\therefore AB = AD$$

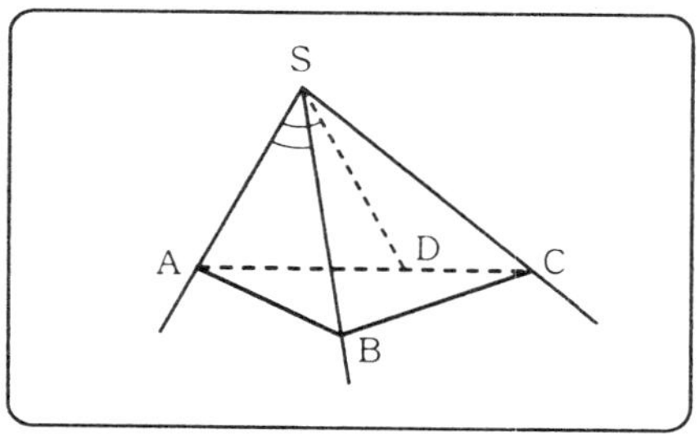

그림 Ⅲ·24

그런데 AB+BC>AC=AD+DC이므로 BC>DC.

따라서 △BSC와 △DCS를 비교하면, SB=SD, SC는 공통, BC>DC

$\therefore \angle BSC > \angle DSC$

$\therefore \angle ASC = \angle ASD + \angle DSC < \angle ASB + \angle BSC$

문 제

1. 볼록 삼면각 S−ABC에 있어서 평면각 ∠ASB=∠ASC이면, SB를 모서리로 하는 이면각은 같다.

5) 다면체

몇 개의 다각형 영역으로 둘러싸인 도형을 다면체라고 하고, 그 각각의 다각형 영역을 이 다면체의 면이라 한다. 또 이들 다각형의 변, 꼭지점을 각각 다면체의 모서리, 꼭지점이라 하고, 같은 면에 포함되지 않는 두 꼭지점을 맺은 선분을 다면체의 대각선이라 한다.

다면체는 그 면의 수에 따라 사면체, 오면체. ……라 하고, 어느 면을 연장하여도 그 다면체가 연장된 평면의 한 쪽에만 있을 때, 이것을 볼록 다면체라고 한다.

모든 면이 합동인 정다각형이고, 각 꼭지점에 모이는 면의 수가 같은 볼록 다면체를 정다면체라 한다.

다면체에 있어서 2개의 면이 평행이고, 다른 면이 모두 한 직선에 평행일 때 이 다면체를 각기둥(각주)이라 하고, 이의 평행인 두 면을 밑면, 그 밖의 면을 옆면이라 한다. 각기둥의 두 밑면은 합동인 다각형이고 옆면은 모두 평행사변형이다. 이웃하는 옆면의 교선을 옆모서리라 한다. 옆모서리가 밑면에 수직인 각기둥을 직각기둥이라 하고, 그렇지 않은 것을 빗각기둥이라 한다. 각기둥의 두 밑면 사이의 거리를 각기둥의 높이라 한다.

각기둥은 밑면의 모양에 따라 삼각기둥, 사각기둥이라 하고, 밑면이 평행사변형인 각기둥을 평행육면체라 한다. 특히 평행육면체의 면이 모두 직사각형일 때 이것을 직육면체라 한다.

1개의 다각형 영역을 그 밑면으로 하고, 이 면 밖의 한 점을 공통의 꼭지점으로 하는 삼각형으로 둘러싸인 다면체를 각뿔(각추)이라고 하며, 처음 다각형 영역을 그 밑면, 다른 면을 옆면이라 한다. 옆면끼리의 교선을 옆모서리, 옆모서리의 교점, 즉 옆면인 삼각형들의 공통의 꼭지점을 각뿔의 꼭지점이라 하고, 꼭지점과 밑면 사이의 거리를 높이라 한다.

각뿔은 밑면의 변(邊)의 수(數)에 따라 삼각뿔, 사각뿔이라 하고, 특히 꼭지점에서 밑면에 내린 수선의 발이 밑면의 중심(重心)이고, 밑면이 정다각형인 것을 정각뿔이라 한다.

■ **정리 2 · 11**

다면체의 면, 꼭지점, 모서리의 수를 각각 f, v, e라 하면

$$f+v-e=2$$

이다. 이것을 Euler의 다면체정리라 한다.

증명 f개의 면이 한 변을 공유하도록(그림 Ⅲ · 25 ①) 차례로 번호를 붙여서 α_1, α_2, ……, α_f라고 하자.

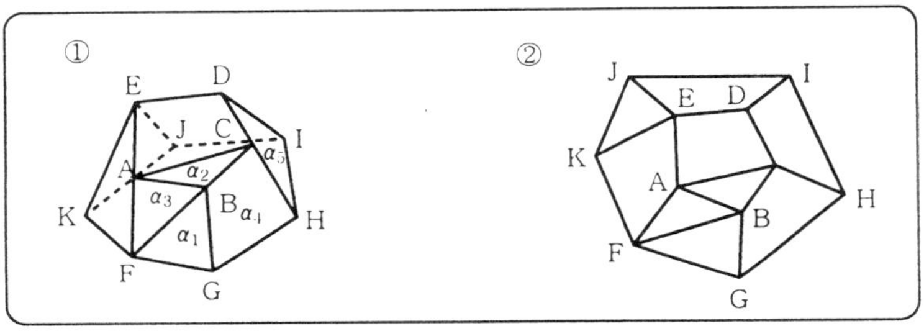

그림 Ⅲ · 25

α_1면의 다각형의 꼭지점과 변의 수를 각각 v_1, e_1이라 하고, α_2면의 다각형의 꼭지점과 변의 수에서 α_1과 공통인 것을 제외한 수를 각각 v_2, e_2라 한다. 다음에 α_3면의 다각형의 꼭지점과 변의 수에서 α_1, α_2와 공통인 것을 제외한 수를 각각 v_3, e_3라 하고, 같은 방법을 차례로 계속하면 α_f면에서 꼭지점과 변은 모두 다른 면과 공통이므로

$$v_1=e_1,\ v_2=e_2-1,\ v_3=e_3-1,\ \cdots\cdots,\ v_{f-1}=e_{f-1}-1,\ v_f=e_f=0$$

인 f개의 관계식을 얻고, 이를 변끼리 더하면

$$v_1+v_2+\cdots\cdots+v_{f-1}=e_1+e_2+\cdots+e_{f-1}-(f-2)$$

그런데 $v_1+v_2+\cdots\cdots+v_{f-1}=v$, $e_1+e_2+\cdots\cdots+e_{f-1}=e$

$$\therefore f+v-e=2$$

■ 정리 2 · 12

볼록 다면체에서 정다면체는 정사면체, 정육면체, 정팔면체, 정십이면체, 정이십면체의 5종류뿐이다.

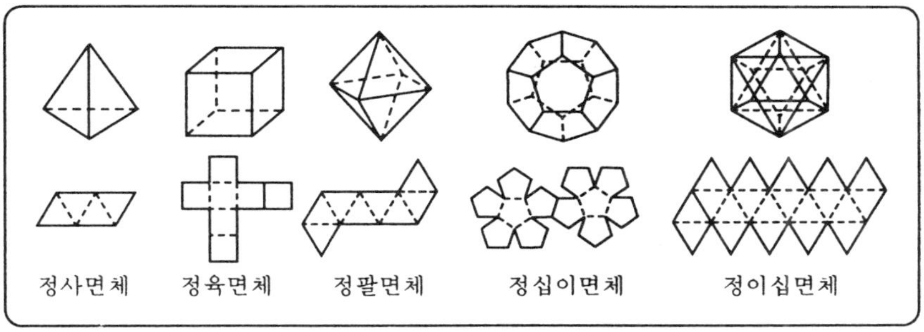

그림 III · 26

증명 정다면체의 면, 꼭지점, 모서리의 수를 각각 f, v, e라 하며, 각 면이 정다각형이고, 또 각 꼭지점에 모이는 면의 수를 n이라고 하면

$$mf=2e,\ nv=2e$$

이다. 정리 **2 · 11**에 $f=\frac{2}{m}e$, $v=\frac{2}{n}e$를 대입하면

$$e\left(\frac{2}{m}+\frac{2}{n}-1\right)=2, \quad \therefore \frac{2}{m}+\frac{2}{n}>1$$

그런데 $m\geq 3$, $n\geq 3$이므로

$$\frac{2}{m}>1-\frac{2}{n}\geq 1-\frac{2}{3}=\frac{1}{3}$$

따라서 $3\leq m<6$이고, 같이 하여 $3\leq n<6$

$m=3$이면 $3\leq n<6$, $m=4$이면 $3\leq n<4$

$m=5$이면 $3\leq n<\frac{3}{10}$, $e=\frac{2mn}{2(m+n)-mn}$

이들로부터 가능한 모든 경우는 다음 표의 5종류뿐이다.

m	n	e	v	f	다면체
3	3	6	4	4	정사면체
3	4	12	6	8	정팔면체
3	5	30	12	20	정이십면
4	3	12	8	6	정육면체
5	3	30	20	12	정십이면체

문 제

1. 볼록 다면체를 한 평면으로 자르면 그 잘린 면은 볼록 다각형이다.
2. 모든 면이 삼각형인 다면체에 있어서는 $f=2v-4$이고, 각 꼭지점이 삼면각의 꼭지점인 다면체에 있어서는 $v=2f-4$이다.

6) 원기둥, 원뿔

주어진 곡선 c위의 각 점을 지나고 정직선 l에 평행인 직선들이 만드는 곡면을 기둥면(cylinderical surface)이라고 하고, 정직선 l의 평행선을 기둥면의 모선(generating line), 주어진 곡선 c를 그 도선이라고 한다(그림 III · 27).

평행인 두 평면과 기둥면으로 둘러싸인 공간도형을 기둥(cylinder)이라 하고, 두 평행 단면을 그 밑면, 잘린 기둥면을 측면, 두 평행단면 사이의 거리를 그 높이라 한다.

밑면이 원인 기둥을 원기둥(circular cylinder)이라 하고, 특히 모선이 밑면에 수직인 원기둥을 직원기둥이라고 한다.

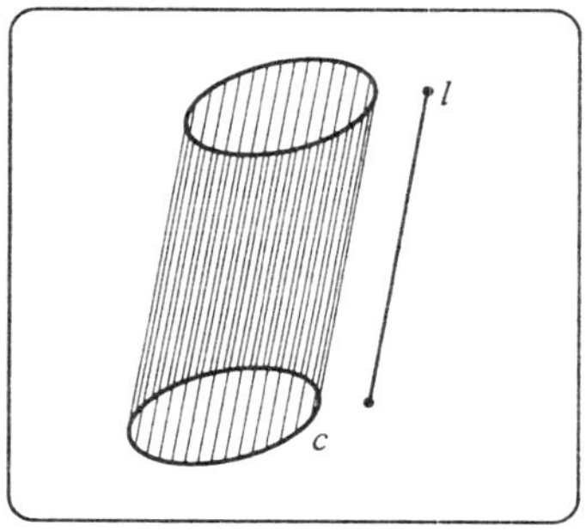

그림 III · 27

정점 S를 지나고 주어진 곡선 c 위의 각 점을 지나는 직선들이 만드는 곡면을 뿔면(conical surface)이라 하며, 정점 S를 그 꼭지점, S를 지나는 직선을 그 모선이라고 한다. 도선 c를 포함하는 평면과 뿔면으로 둘러싸인 공간도형을 뿔(cones)이라 하고, 잘린 뿔면을 그 옆면이라 한다.

이때 밑면에 평행 단면이 원인 뿔을 원뿔이라 한다(그림 III · 28). 원뿔의 측면 또는 그 연장을 원뿔면이라고 하며, 꼭지점과 밑면의 중심을 잇는 직선이 밑면에 수직인 원뿔을 직원뿔이라 한다.

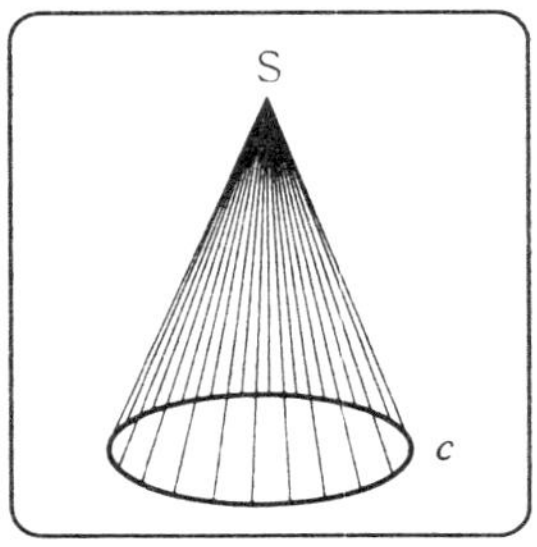

그림 III · 28

【참고】 직원기둥이나 직원뿔은 각각 직사각형과 직각삼각형을 직각을 끼는 한 변의 둘레에 회전시켜서 얻어지는 공간도형이므로, 이것을 각각 회전기둥, 회전뿔이라고도 한다.

7) 구

정점 O에서 일정한 거리에 있는 점의 궤적(또는 집합)을 **구면**(spherical surface) 또는 구라고 한다. 정점 O를 **중심**이라고 하고, O와 구면 위의 점을 잇는 선분을 그 구의 반지름, O를 지나는 직선이 구면에 의해 잘리는 선분을 그 구의 지름이라 한다. 구면과 평면과의 교선은 원이다. 이때 중심을 지나는 평면과의 교선을 대원(great circle)이라고 하고, 중심을 지나지 않는 평면과의 교선을 소원(small circle)이라고 한다. 그리고 대원의 지름의 끝점을 극(pole)이라고 한다.

■ **정리 2·13**

같은 평면 위에 있지 않는 네 점을 지나는 구면은 단 1개 존재한다.

증명 같은 평면 위에 있지 않는 네 점을 A, B, C, D라 하자. A, B, C에서 같은 거리에 있는 점의 궤적은 △ABC의 외심 P를 지나고 이에 수직인 직선 PX이다. 또 B, C, D에서 같은 거리에 있는 점의 궤적도 △BCD의 외심 Q를 지나고 이에 수직인 직선 QY이다.

PX, QY는 다 같이 선분 BC의 중점 M을 지나고 이에 수직인 평면 위에 있다.

$$PX \perp PM, \quad QY \perp QM$$

이므로 PX, QY는 만난다. 그 교점을 O라고 하면

$$OA = OB = OC = OD$$

가 되어 O를 중심, OA를 반지름으로 하는 구면은 A, B, C, D를 지난다. 다음에 A, B, C, D를 지나는 구가 이외에 또 있다고 하고, 그 중심을 O′라 하면 O′는 PX, QY 위에 있어야 하므로 그 교점 O와 일치한다. 따라서, A, B, C, D를 지나는 구는 1개뿐이다.

문 제

1. 빗기둥, 빗뿔의 정의를 알아보라.
2. 구면과 평면과의 교선이 원임을 증명하여라.
3. 직원뿔의 꼭지점을 지나는 임의의 평면으로 직원뿔을 자른 단면은 이등변삼각형이다.
4. 반지름이 12 cm인 원판에서 중심각이 120°인 부채꼴을 잘라내어 이것으로 직원뿔을

만들었다. 이 직원뿔의 체적을 구하여라.

2. 구면기하학

구면 위에서도 유클리드의 기하학에서와 같이 두 점으로 결정되는 도형(또는 두 점 사이의 최단거리를 주는 선)을 직선, 한 직선 위의 두 점이 속하는 면에 그 직선 위의 모든 점이 포함되는 면을 평면이라고 한다면, 구면 위에서의 직선은 그 대원이고, 평면은 구면 자신이 된다. 그리고 구면 위에서 2개의 대원은 반드시 두 점에서 만나게 되므로, 이 새로운 평면 위에서는 평행선이란 존재할 수 없다. 따라서 리만의 비유클리드 기하학이 구면 위의 기하학으로 표현되는 셈이다. 반지름 1인 구면 위에서 성립되는 기하학을 구면기하학이라고 한다.

1) 구면 위의 직선

■ **정리 2·14**

구면 위에 그 중심에 대한 대칭점이 아닌 두 점 A, B를 지나는 대원은 단 하나 존재한다.

증명 구의 중심을 O라 하면 O, A, B는 같은 직선 위에 있지 않는 3점이다. 따라서 A, O, B는 단 하나의 평면 α를 결정하고, α와 구면과의 교선인 대원은 하나뿐이다.

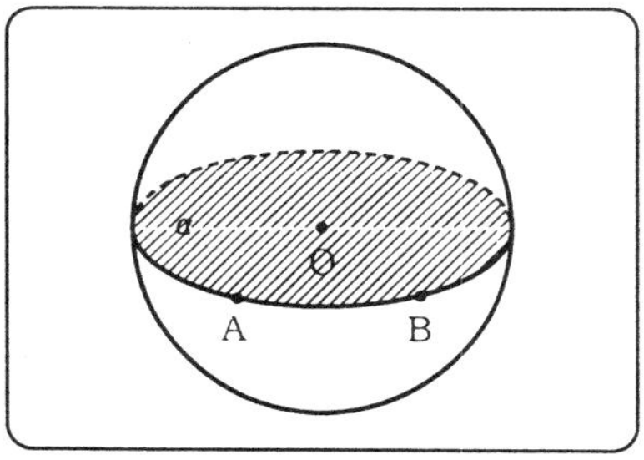

그림 III·29

■ **정리 2·15**

구면 위에서 2개의 대원은 반드시 두 점에서 만난다.

증명 구면 위의 대원 a를 포함하는 평면과 a 밖의 한 점 A를 지나는 임의의 대원을 포함하는 평면은 구의 중심 O를 지나는 직선, 곧 1개의 지름을 공유하게 된다. 따라서 a와 A를 지나는 대원은 반드시 두 점에서 만나고, 구의 중심에 관하여 대칭인 자리에 있다.

구면 위의 두 대원의 교점을 대점(對點)이라 한다. 이 정리로부터 구면 위에서는 한 직선 밖의 한 점을 지나고 그 직선에 평행인 직선은 존재하지 않는다. 따라서 구면에서는 Euclid 기하학의 평행선 공리가 부정된다.

2) 구면 위의 거리와 각

점 O를 중심으로 하는 구면 위의 두 점 A, B 사이의 거리는 AB를 잇는 선분의 길이, 즉 A, B를 지나는 대원의 열호(열호) $\widehat{AB}$의 길이이다. $\widehat{AB}$에 대한 중심각을 θ (radian)라 하면,

$$\widehat{AB} = r\theta \text{(단, } r\text{는 반지름)}$$

이고, 특히 $r=1$인 구면(단위구면) 위에서 생각하면, $\widehat{AB}$ =이다.

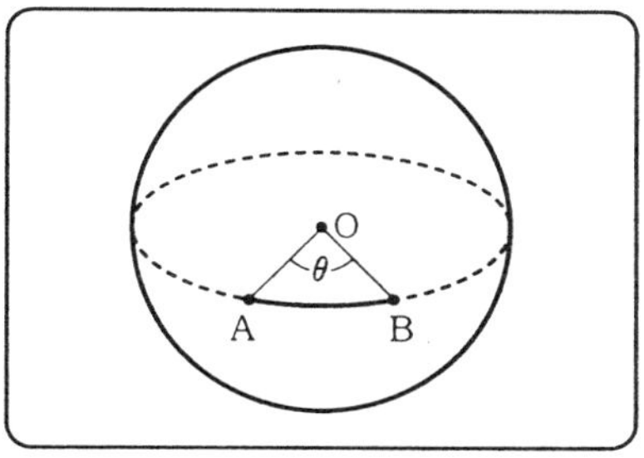

그림 III · 30

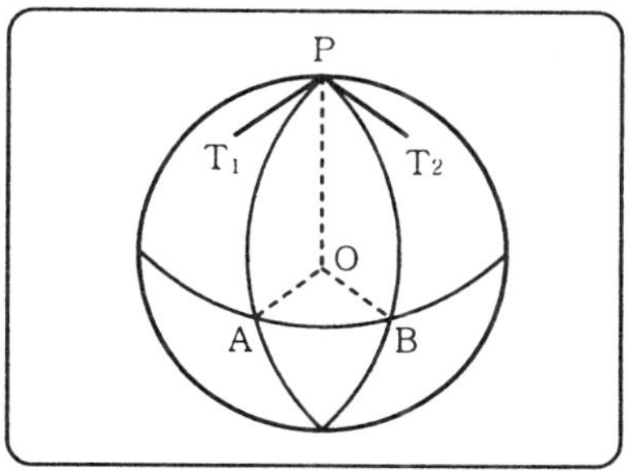

그림 III · 31

2개의 대원 C_1, C_2가 이루는 각은 그 교점 P에서의 두 대원의 각각에 그은 접선이 이루는 각으로 삼고, 이 각을 구면각(또는 각 P, sphreical angle)이라고 한다. 지금 P에서 C_1, C_2의 접선을 PT_1, PT_2라 하고, 중심 O에서 이 두 접선과 평행인 직선을 그어 대원 C_1, C_2와 그 교점을 각각 A, B라 하면

$$\angle T_1PT_2 = \angle AOB(=\theta)$$

이다. 따라서 단위구에서는 두 대원의 단위각의 크기는 $\widehat{AB}$의 길이와 같다. 즉

$$\angle T_1PT_2 = \theta = \widehat{AB}$$

이다.

문 제

1. 지구를 반지름 r인 구라 하고 동경 130°의 적도 위의 점 P와 동경 175°, 북위 45°인

지점 Q와의 구면상의 거리를 구하여라.

2. 구면에서의 대원의 $\widehat{AB}$를 수직 이등분하는 대원 위의 점은 A, B에서 같은 거리에 있다.

3. 구면은 임의의 대원에 대하여 대칭이고, 대원은 구를 2등분한다.

3) 구면삼각형

구면 위에서의 직선과 각이 정의되었으므로, 평면 위에서와 같이 직선도형을 생각할 수 있다 (그림 III · 32).

구면 위의 한 쌍의 극점을 2개의 대원으로 이어서 얻어지는 도형을 월형(lune)이라 하고, 구면 위의 세 점을 차례로 대원의 열호로 이어서 얻어지는 도형을 구면삼각형(spherical triangle) 이라 하며, 그 호를 구면삼각형의 변이라고 한다.

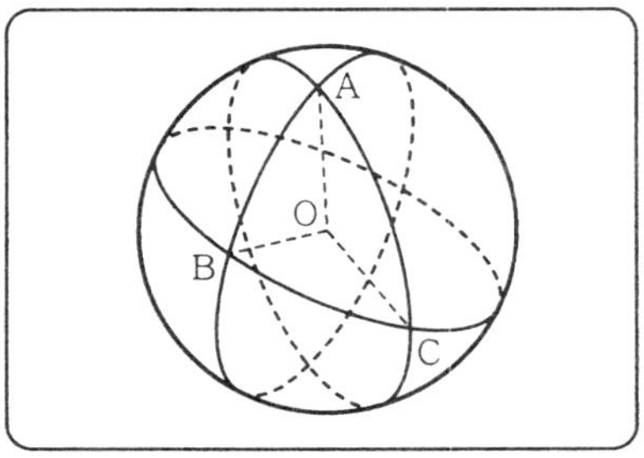

그림 III · 32

■ **정리 2 · 16**

구면삼각형의 두 변의 합은 다른 변보다 크다.

증명 구면삼각형 ABC의 꼭지점을 구의 중심 O와 맺어서 되는 삼면각에 있어서 두 개의 면각의 합은 다른 면각보다 크다. 즉,

$$\angle BOC + \angle COA > \angle AOB$$

그런데 $\widehat{BC}$, $\widehat{CA}$, $\widehat{AB}$의 크기는 중심각의 크기에 비례하므로,

$$\widehat{BC} + \widehat{CA} > \widehat{AB}.$$

같이 하여 $\widehat{CA} + \widehat{AB} > \widehat{BC}$, $\widehat{AB} + \widehat{BC} > \widehat{CA}$.

문 제

1. 구면삼각형의 둘레는 대원의 둘레보다 작다.
2. 구면 위의 그 중심에 관한 한 쌍의 대칭점 A, A′를 맺어서 만들어지는 월형의 면적 S는 구면각 $\angle A$(radian)의 2배와 같다.

3. 두 직선 a, b가 꼬인 위치에 있을 때 a, b 어느 쪽 위에도 있지 않는 점 A를 지나고 a, b의 양쪽과 만나는 직선은 하나뿐이다.

4. 삼각형 S−XYZ의 꼭지점 S에서 이 각 안에 직선 SP를 긋고, 평면각 ∠YSZ, ∠ZSX, ∠XSY, ∠PSX, ∠PSY, ∠PSZ의 크기를 각각 A, B, C, α, β, γ라고 하면 다음 부등식이 성립한다.

$$\mathrm{B}+\mathrm{C}>\beta+\gamma>\mathrm{A},\quad \mathrm{A}+\mathrm{B}+\mathrm{C}>\alpha+\beta+\gamma>\frac{1}{2}(\mathrm{A}+\mathrm{B}+\mathrm{C})$$

제3장

해석기하학의 기초

1. 직선 위의 점의 좌표

직선 위의 한 점 O와 단위점 E를 잡아서, 직선 위의 임의의 점 P에, 선분 OP의 길이를 OE의 길이를 단위 길이로 해서 잰 값 x, 즉 $\dfrac{\mathrm{OP}}{\mathrm{OE}}=x$를 대응시키되, P가 O에 관해서 E와 같은 쪽이면 양, 반대쪽이면 음으로 한다. 이와 같은 실수 x를 점 P의 좌표라 하고 P(x)로 나타낸다.

좌표가 도입된 직선 위의 점 전체는 실수 전체와 1 대 1로 대응된다. 좌표가 도입된 직선을 특히 수직선이라 한다.

원점 O와 단위점 E로서 직선 위에, 좌표를 일의적으로 결정하므로 이것을 이 직선의 좌표계라 하고 {O, E}로 나타낸다. 또 ox로써 직선의 양의 방향을 나타낸다.

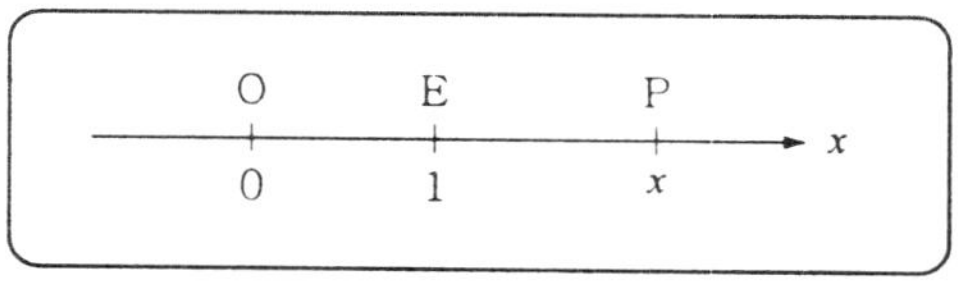

그림 III · 33

2. 평면 위의 점의 좌표

1) 평행좌표

평면 위의 한 점 O에서 각 ω로 만나는 두 직선 ox, oy를 그어서 ox, oy 위에 각각 단위점 E_1, E_2를 잡는다.

평면 위의 임의의 점 P에서 Ox, Oy에 평행선을 그어서 Ox, Oy와의 교점을 각각 M, N이라 하고 각 직선 위의 점 M, N의 좌표를 각각 x, y라 하면

$$OM = NP = x,\ ON = MP = y$$

이고, 이때 점 P에는 실수의 한 순서쌍 (x, y)가 1 대 1로 대응된다.

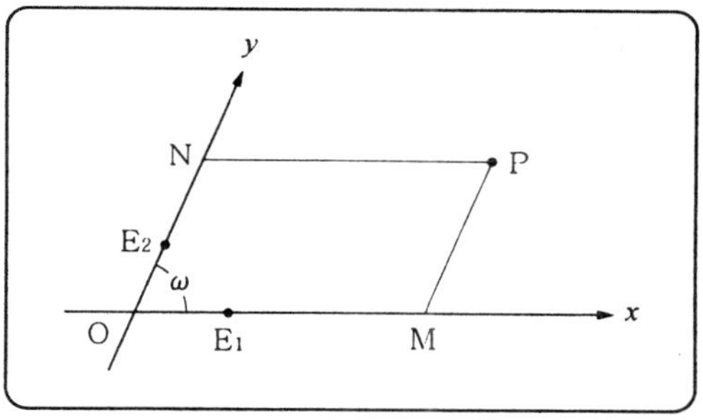

그림 III · 34

이때 (x, y)를 점 P의 좌표라 하고 $P(x, y)$로 나타낸다. 이와 같이 도입된 좌표를 평면 위의 점의 **평행좌표** 또는 **사교좌표**라 하고, ω를 이 축각이라 한다.

평면 위의 평행좌표는 같은 직선 위에 있지 않은 세 점인 원점 O와 두 단위 점 E_1, E_2에 의해서 일의적으로 정해지므로 이들을 이 평면의 **평행좌표계**라 하고 $\{O;\ E_1,\ E_2\}$로 나타낸다. 또 직선 Ox, Oy를 각각 x축, y축이라 한다.

특히 위에서 $\omega = \frac{\pi}{2}$ 일 때 이것을 **직교좌표**라 하며, 직교좌표에 있어서는 다음의 두 정리가 성립한다.

■ 정리 3 · 1

두 점 $P_1(x_1, y_1)$, $P_2(x_2, y_2)$ 사이의 거리 d는

$$d = \sqrt{(x_2 - x_1)^2 + (y_2 - y_1)^2}$$

이고, 특히 원점 O와 $P_1(x_1, y_1)$ 사이의 거리 d는

$$d = \sqrt{x_1^2 + y_1^2}$$

■ 정리 3 · 2

두 점 $P_1(x_1, y_1)$, $P_2(x_2, y_2)$를 잇는 직선 위에서

$$P_1P : PP_2 = m : n \ (\text{단, } m = -n)$$

인 점 P의 좌표를 (x, y)라 하면

$$x = \frac{mx_2 + nx_1}{m+n},\ \frac{my_2 + ny_1}{m+n}$$

이고, 특히 m=n, 즉 P가 P_1, P_2의 중점이면

$$x=\frac{1}{2}(x_1+x_2),\quad y=\frac{1}{2}(y_1+y_2)$$

2) 극좌표

평면 위의 한 점 O와 O를 끝점으로 하는 사선 ox를 정하고, 평면 위의 임의의 점을 P라고 할 때

$$OP=r,\ \angle xOP=\theta$$

라 하면, 점 P에는 실수의 한 순서쌍 (r, θ)가 대응된다. 이때 (r, θ)를 점 P의 극좌표라 하고 $P(r, \theta)$로 쓴다. 또 ox를 기선, r를 동경, θ를 편각, O를 극(또는 원점)이라 한다.

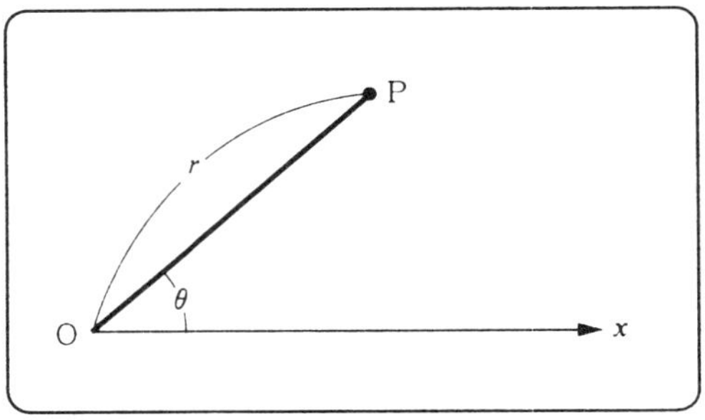

그림 III·35

극좌표에 있어서 $r>0$, $0\leq\theta<2\pi$인 제한을 하면 극점 이외의 점과 극좌표는 1 대 1로 대응되지만, 일반적으로 이러한 제한은 하지 않는다. 곧 $-\infty<r<\infty$, $-\infty<\theta<\infty$의 범위까지 생각한다.

평면 위의 직교좌표와 극좌표 사이에는 다음과 같은 관계가 있다.

한 점 P의 직교좌표를 (x, y), 극좌표를 (r, θ)라 하면,

$$x=r\cos\theta$$
$$y=r\sin\theta$$

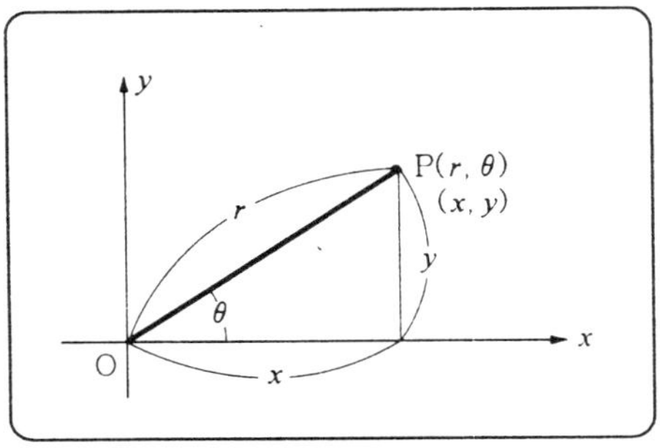

그림 III·36

문 제

1. 점 (a, b)에 관한 점 (x, y)의 대칭점의 좌표를 구하라.
2. 세 점 $A(x_1, y_1)$, $B(x_2, y_2)$, $C(x_3, y_3)$를 꼭지점으로 하는 삼각형 ABC의 무게 중심 G의 좌표를 구하여라.

3. 극좌표 $(4,\ \pi/3)$로 표시되는 점 P의 좌표를 구하여라. 또 이 점을 동경이 음인 극좌표로 나타내어라.
4. 극좌표에서 두 점 $P_1(r_1,\ \theta_1)$, $P_2(r_2,\ \theta_2)$ 사이의 거리를 구하여라.

3. 공간의 좌표

1) 평행좌표

공간에 있는 한 점 O에서 만나는 평면 위에 있지 않는 세 직선 Ox, Oy, Oz를 그어서, 이들 직선 위에 각각 단위점 E_1, E_2, E_3를 잡는다. 공간의 임의의 한 점 P를 지나고 평면 Oyz, Ozx, Oxy에 평행인 평면과 직선 Ox, Oy, Oz와의 교점을 각각 L, M, N의 각 직선 위에 있어서의 좌표를 각각 x, y, z라 하면, 점 P에는 세 실수의 쌍 $(x,\ y,\ z)$가 1대 1로 대응된다.

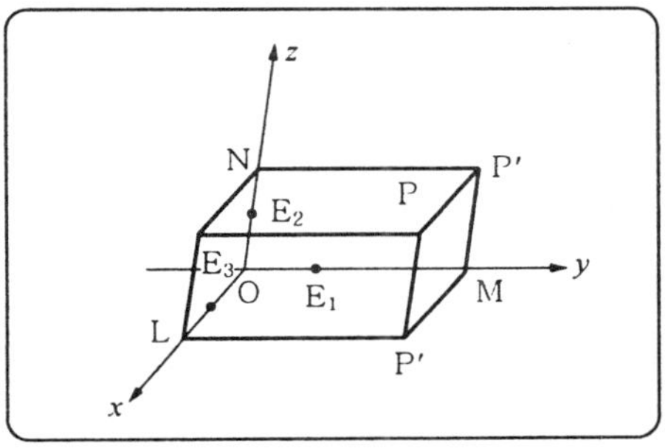

그림 III · 37

이때 $(x,\ y,\ z)$를 공간의 점 P의 평행좌표라 하고, 직선 Ox, Oy, Oz를 좌표축, 이들 직선끼리의 교각을 축각, 평면 Oyz, Ozx, Oxy를 좌표평면이라고 하며 각각 xy평면, yz평면, zy평면이라 한다.

공간의 점의 평행좌표는 같은 평면 위에 있지 않은 4점 곧 원점 O와 세 개의 단위점 E_1, E_2, E_3에 의해서 일의적으로 정해지므로 이들을 공간의 평행좌표계라 하고 $\{O;\ E_1,\ E_2,\ E_3\}$로 나타낸다.

평행좌표에 있어서 좌표축이 서로 직교할 때 곧 축각이 직각일 때를 특히 직교좌표라 하고 그렇지 않을 때를 사교좌표라고 한다. 직교좌표에 있어서는 평면의 경우와 같이 다음의 두 정리가 성립한다.

■ 정리 3 · 3

두 점 $P_1(x_1,\ y_1,\ z_1)$, $P_2(x_2,\ y_2,\ z_2)$ 사이의 거리 d는

$$d=\sqrt{(x_2-x_1)^2+(y_2-y_1)^2+(z_2-z_1)^2}$$

특히, 원점 O에서 $P_1(x_1, y_1, z_1)$까지의 거리 d는

$$d=\sqrt{x_1^2+y_1^2+z_1^2}$$

[따름정리] 원점 O를 중심으로 하고 반지름 r인 구의 방정식은

$$x^2+y^2+z^2=r^2$$

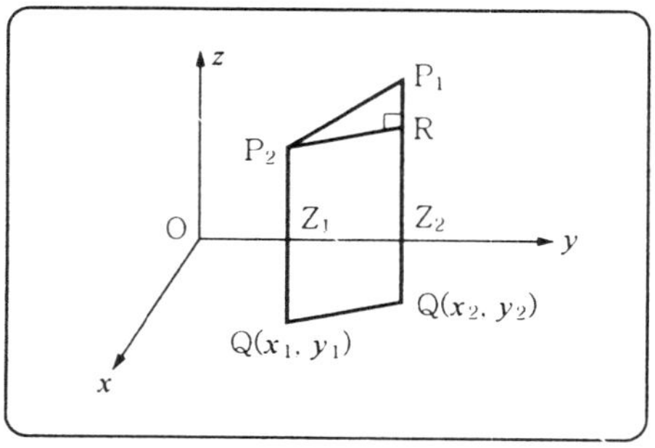

그림 Ⅲ · 38

2) 극좌표

공간의 점 P의 위치를 정하는데, 한 각과 2개의 길이를 결정할 수도 있고, 또 2개의 각과 하나의 길이로 결정할 수도 있다.

▶ 원주좌표

직교좌표축에 관한 공간의 한 점 P에서 xy평면에 수선 PM을 내려서, 수선의 발 M의 xy평면 위의 좌표 (x, y) 대신에 O를 극으로 하고 x축을 기선으로 하는 극좌표 (r, θ)를 잡으면, 점 P의 좌표 (x, y, z)에 새로운 좌표 (r, θ, z)가 유일하게 결정된다. 이 좌표를 점 P의 원주좌표(또는 반극좌표)라고 한다.

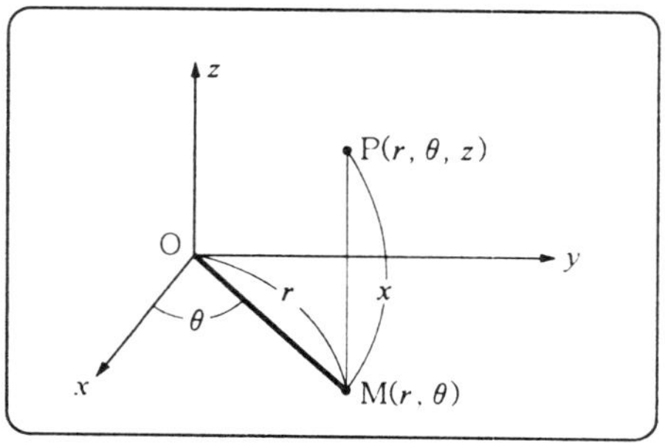

그림 Ⅲ · 39

한 점 P의 직교좌표 (x, y, z)와 원주좌표 (r, θ, z') 사이에는

$$x=r\cos\theta,\quad y=r\sin\theta,\quad z=z'$$

$$r=\sqrt{x^2+y^2},\quad \tan\theta=\frac{y}{x},\quad z'=z$$

인 관계식이 성립한다.

▶ 극좌표

직교좌표축에 관한 공간의 한 점 P에서 xy평면에 내린 수선의 발을 M이라 하고

$$\mathrm{OP}=\gamma,\ \angle x\mathrm{OM}=\theta,\ \angle z\mathrm{OP}=\phi$$

라 하면, 점 P에서 실수의 쌍$(\gamma,\ \theta,\ \phi)$가 1 대 1로 대응한다. 이것을 점 P의 극좌표라고 한다.[3)]

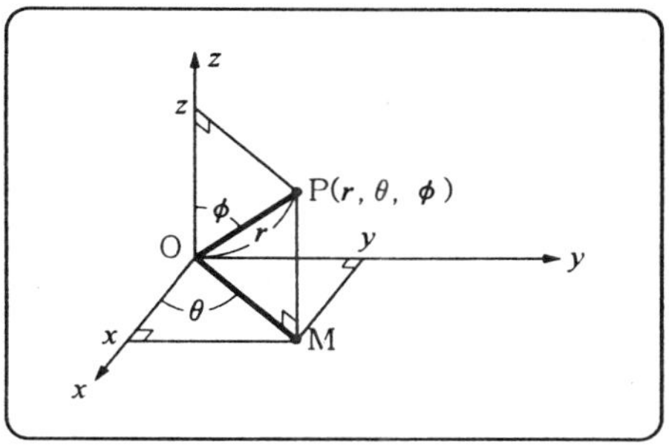

그림 3 · 40

한 점 P의 직교좌표$(x,\ y,\ z)$와 극좌표 $(\gamma,\ \theta,\ \phi)$ 사이에는

$$x=\gamma\sin\phi\cos\theta,\quad y=\gamma\sin\phi\sin\theta,$$
$$z=\gamma\cos\phi$$
$$\gamma=\sqrt{x^2+y^2+z^2},\quad \tan\theta=\frac{y}{x},\quad \tan\phi=\frac{\sqrt{x^2+y^2}}{z}$$

인 관계식이 성립한다.

3) 직선의 방향코사인

공간의 한 유향직선 $\overrightarrow{\mathrm{AB}}$가 주어졌을 때, 원점 O를 지나고 $\overrightarrow{\mathrm{AB}}$에 평행인 직선 $\overrightarrow{\mathrm{OP}}$를 그어서, $\overrightarrow{\mathrm{OP}}$와 $x,\ y,\ z$축과 이루는 각을 각각 $\alpha,\ \beta,\ \gamma$라 할 때

$$l=\cos\alpha,\quad m=\cos\beta,\quad n=\cos\gamma$$

를 직선 $\overrightarrow{\mathrm{AB}}$의 방향코사인이라 한다. 공간에서의 직선의 방향은 그 방향코사인에 의하여 완전히 결정된다.

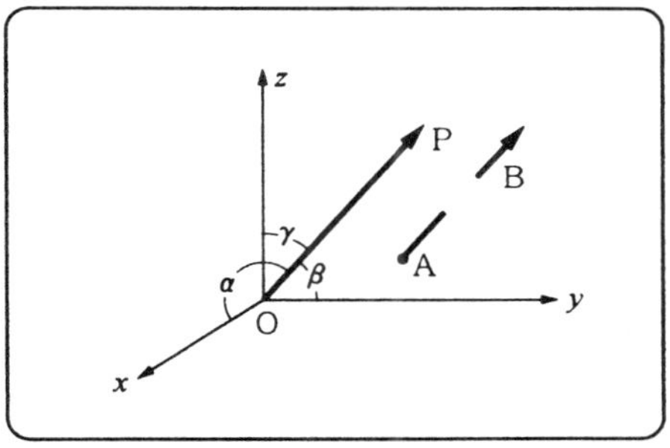

그림 III · 41

■ 정리 3 · 4

한 직선의 방향코사인을 $l,\ m,\ n$이라 하면

$$l^2+m^2+n^2=1$$

이다.

---

3) 이때 O를 극, xy평면을 赤道面, 평면 OPZ(곧 △OPM)를 子午面, γ를 동경, θ를 方位角, ϕ를 天頂角이라 한다.

〈증명〉 원점을 지나는 주어진 직선에 평행인 직선 위의 한 점 P(x, y, z)를 잡고, OP$=r$라 하면

$$x=r\cos\alpha=rl,\ y=r\cos\beta=rm,\ z=r\cos\gamma=rn$$
$$\therefore \mathrm{OP}^2=x^2+y^2+z^2=r^2(l^2+m^2+n^2)$$

그런데 $\mathrm{OP}^2=r^2$이므로

$$l^2+m^2+n^2=1.$$

평면 위의 점의 위치는 직각좌표나 극좌표로 나타내지며, 구면 위의 점의 위치 또한 직각좌표와 극좌표로 나타내어진다. 그러나 지구 위의 점의 위치를 생각할 때는 다소 수정할 필요가 있다.

지구의 중심 O를 원점으로 하는 직교좌표를 택하면 x축, y축을 품는 대원(적도)과 x축, z축을 품는 대원(제로 경선)이 기준이 된다. 구면 위의 점 P를 지나는 자오선이 적도와 만나는 점을 Q라 하자. θ는 구면각, ∠POQ $=\phi$라 하면 PQ $=\phi$이므로, 구면 위의 점의 위치는 θ와 ϕ로 나타낼 수 있다.

즉, P(θ, ϕ)가 되고, θ를 경도, ϕ를 위도라 한다.

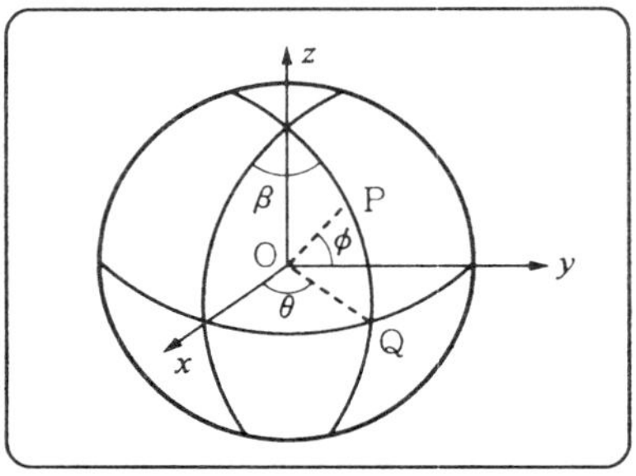

그림 Ⅲ · 42

한편, 구면 위의 점 P의 직각좌표를 P(x, y, z)라 하면

$$x=\cos\phi\cos\theta$$
$$y=\cos\phi\sin\theta$$
$$z=\sin\phi$$

가 된다. 이것이 양 좌표의 관계식이고, 지구 위의 점의 위치와 천구 위의 별의 위치를 나타내는 데 쓰인다. 이론적으로는 $\xi=\dfrac{\pi}{2}-\phi$로 놓고

$$x=\sin\xi\cos\theta$$
$$y=\sin\xi\sin\theta$$
$$z=\cos\xi$$

로 하는 것이 좋다. 이것을 **구면좌표**라고 한다.

문 제

1. 두 점 A(3, 2, 1), B(0, −3, 4) 사이의 거리를 구하여라.
2. 점 (a, b, c)를 중심으로 하고 반지름 r인 구의 방정식을 구하여라.
3. 직교좌표축에서 $(1, \sqrt{3}, 2\sqrt{3})$인 점의 극좌표를 구하여라.
4. 원점 O와 점 A(1, 1, 1)를 지나는 직선 $\overrightarrow{OA}$의 방향 코사인을 구하여라.
5. 두 점 (1, −2, 1), (3, 4, 5)와 원점을 맺는 두 직선의 교각을 구하여라.
6. 세 점 A(1, 2, 3), B(3, 1, 5), C(2, 4, 3)을 꼭지점으로 하는 △ABC는 직각 삼각형인 것을 밝혀라.

제4장

도형의 변환

1. 도형의 변환

집합 M의 각 원소 A에 집합 M′의 원소 A′가 대응한다고 하자. 이때, M의 다른 원소에는 M′의 다른 원소가 대응하고, 또 M′에 포함된 어떤 원소 B′에도 M의 원소 B가 (하나 있고, 단 하나) 대응할 때, 집합 M을 집합 M′에 옮기는 1 형 1의 변환, 혹은 1 대 1 사상이 주어졌다고 하고, 이것을 ϕ로 나타낸다.

원소 A′를 변환(사상) ϕ에 의한 A의 상이라 하고, $\mathbf{A'} = \boldsymbol{\phi}(\mathbf{A})$로 쓴다. 역으로, A를 이 변환 ϕ에서의 원소 A′의 원상이라고 한다. 이때, 각 원소 $A' \in M'$에 ϕ에 의한 원상 A를 대응시키며, M′에서 M에의 1 대 1 변환이 생긴다.

이 변환을 $\boldsymbol{\phi}$의 역변환(역사상)이라 하고, $\boldsymbol{\phi}^{-1}$로 나타낸다. 역변환 ϕ^{-1}에서는 원소 A′가 원상이고, 원소 A는 그의 상이다.

즉 $\mathbf{A} = \boldsymbol{\phi}^{-1}(\mathbf{A'})$이다.

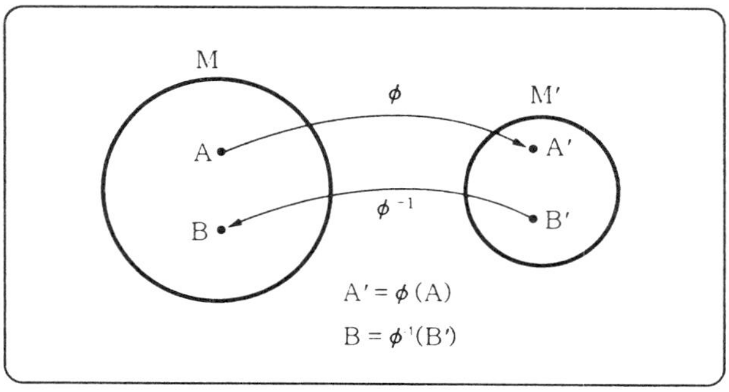

그림 III · 43

도형 및 도형이 놓이는 공간을 점의 집합이라고 생각할 때, 공간에 있어서의 도형의 이동은 그 공간의 점의 대응에 의해 결정된다. 지금 공간 E 안에서의 도형 M을 그 위의 점(원소)의 대응에 의하여 E의 다른 도형 M′로 옮기는 것을 도형의 변환이라 한다.

클라인은 Erangen의 목록(1872)에서 "기하학이란 한 점집합 S와 그 위에 작용하는 변환군 G의 복합개념 {S, G}이고, S의 부분집합의 성질로서 G에 의하여 불변인 것을 연구하는 것이다"라고 주장하였다. 따라서 기하학은 한 변환군에 종속되고 한 변환군이 있으면 그 변환군에 대응하는 하나의 기하학이 결정된다는 것이다. 변환군이 다르면 이것으로 결정되는 기하학도 달라지므로 변환군에 의하여 기하학의 내용적 분류가 이루어진다.

그러므로 도형의 변환에는 어떤 것들이 있는가, 그 변환에서 불변인 성질이 무엇인가를 알아보는 일과 변환 전체가 이루는 군에 대하여 알아보는 일이 중요하다.

2. 합동변환

유클리드 공간에서 점 P를 점 P′에 대응시키는 변환 $P' = \phi(P)$에 의하여 대응점 사이의 거리가 불변일 때, 즉 P, Q 사이의 거리를 $d(P, Q)$로 나타내면 $P' = \phi(P)$, $Q' = \phi(Q)$일 때 $d(P,Q) = d(P',Q')$(등장성)인 변환을 합동변환이라 한다.

기하학적으로는 모든 선분이 자신과 합동인 선분으로 옮겨지는 변환이 합동변환이다.

합동변환에서는 선분의 길이뿐만 아니라 연속성, 각의 크기 등도 불변이다. 왜냐하면 $\triangle A'B'C' = \phi(\triangle ABC)$일 때 등장성에 의하여

$$AB=A'B', \quad BC=B'C', \quad CA=C'A'$$

이므로,

$$\triangle ABC \equiv \triangle A'B'C'$$
$$\therefore \angle A=\angle A', \quad \angle B=\angle B', \quad \angle C=\angle C'$$

가 성립하기 때문이다.

따라서 합동변환에서는 도형의 크기와 모양이 불변이고 그 위치만 변한다. 유클리드 기하에서는 이 사실을 운동의 공리로 가정한다.

합동변환에는 평행이동, 회전이동, 대칭이동 등이 있다.

1) 평행이동

도형을 일정한 방향으로 일정한 거리만큼 옮기는 것을 평행이동이라 한다. 점 $\mathrm{P}(x, y)$를 점 $\mathrm{P}'(x', y')$로 평행이동시킬 때 선분 $\overline{\mathrm{PP}'}=d$. $\overline{\mathrm{PP}'}$가 x축의 양의 방향과 이루는 각을 θ라고 하면(그림 Ⅲ·44).

$$x'=x+d\cos\theta,\ y'=y+d\sin\theta$$

이고, $d\cos\theta=a$, $d\sin\theta=b$라 두면

$$\begin{cases} x'=x+a \\ y'=y+b \end{cases} \cdots\cdots\cdots\cdots\cdots\cdots ①$$

가 된다. 따라서 식 ①의 관계식으로 점 $\mathrm{P}(x, y)$를 $\mathrm{P}'(x', y')$에 대응시키는 변환이 평행이동이고, 이 변환으로 점 $\mathrm{P}(x, y)$가 그리는 곡선 $f(x, y)=0$은 $\mathrm{P}'(x', y')$가 그리는 곡선 $f(x'-a, y'-b)=0$으로 옮겨진다.

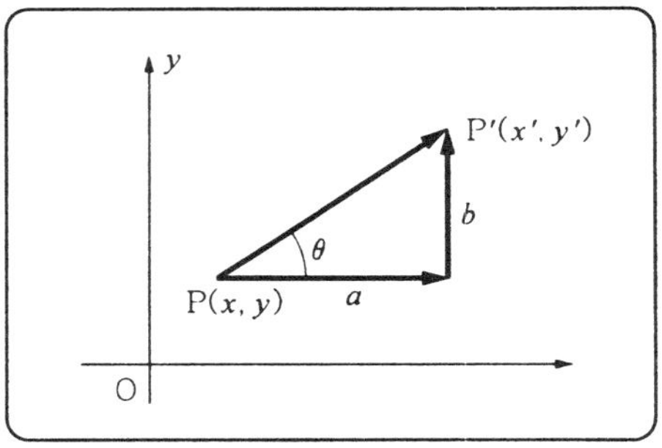

그림 Ⅲ·44

2) 회전이동

도형을 한 정점의 둘레로 일정한 각만큼 돌려 옮기는 것을 회전이동이라 한다.

점 $\mathrm{P}(x, y)$를 원점 O를 중심으로 해서 θ만큼 회전시켜서 $\mathrm{P}'(x', y')$로 옮겼다면

$$\begin{cases} x'=x\cos\theta-y\sin\theta \\ y'=x\sin\theta+y\cos\theta \end{cases} \cdots\cdots\cdots ②$$

인 관계가 있다(그림 Ⅲ·45).

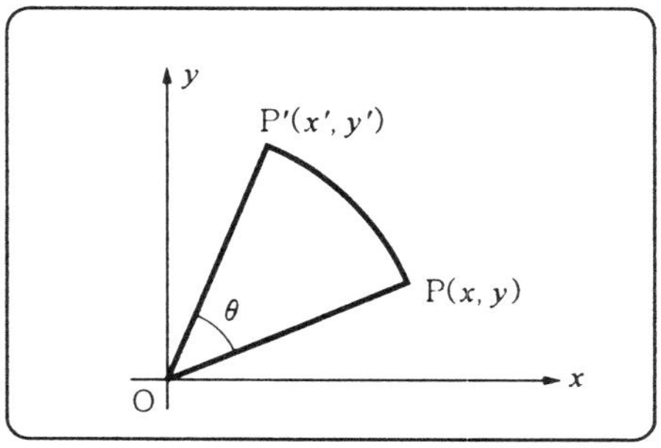

그림 Ⅲ·45

3) 대칭이동

도형 F 위의 점 $\mathrm{P}(x, y)$를 점 $\mathrm{P}'(x', y')$로 옮겨서 선분 PP'가 정직선 l에 의하여 수직이등분되게 할 때, P'의 집합인 도형 F'를 F의 l에 관한 선대칭도형이라 하고, 이

이동을 대칭이동이라 한다. 또 이 직선 l을 대칭축이라고 한다(그림 III·46).

특히 대칭축이 x축(또는 y축)인 경우는

$$\begin{cases} x' = x \\ y' = -y \end{cases} \text{ 또는 } \begin{cases} x' = -x \\ y' = y \end{cases} \cdots\cdots \text{③}$$

인 관계가 있다.

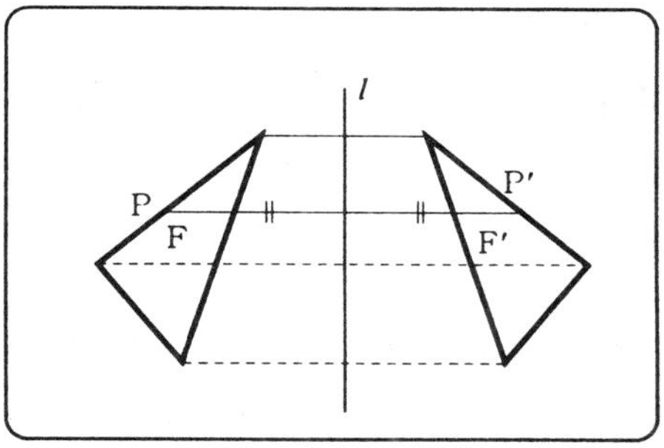

그림 III·46

4) 합동변환의 성질

〈도형의 크기와 모양이 보존된다〉 합동변환에 의해서는 모든 도형의 위치만 바뀌고 그 크기나 모양은 불변이다. 이를테면 $P(x, y)$가 원

$$C_1;\ (x-m)^2+(y-n)^2=r^2$$

위의 점일 때 그 합동변환에 의한 상 $P'(x', y')$가 앞의 식 ①의 관계를 만족한다면 $x=x'-a$, $y=y'-b$이므로, C_1은

$$C_2;\ \{x'-(a+m)\}^2+\{y-(b+n)\}^2=r^2$$

이 되어 점 P'는 중심의 위치만 달리하는 C_1과 합동인 원 C_2 위의 점이 된다.

〈부동점〉 어떤 변환에서 상이 자기 자신과 일치하는 점을 부동점(fixed point)이라 한다. 합동변환에서 평행이동의 경우 부동점은 없고, 회전이동에서는 회전의 중심이 부동점이다. 그리고 대칭이동에서의 부동점은 대칭축 위의 점들이다.

〈합동변환군〉 도형 F를 선분 $\overline{AB}$의 방향으로 $\overline{AB}$만큼 옮기는 평행이동 ϕ는 일의적으로 결정된다. 그리고 두 번 평행이동시킨 결과는 결국 다른 한 번의 평행이동이 된다. 지금 도형 F를 평행이동 ϕ_1에 의하여 F′에 옮기고, F′를 다시 ϕ_1과 다른 평행이동 ϕ_2에 의하여 F″에 옮긴다고 하면 F → F″도 하나의 평행이동 ϕ가 된다. 이것을 ϕ_1, ϕ_2의 결합이라 하고

$$\phi_1 \cdot \phi_2 = \phi$$

라 쓰기도 한다. 평행이동의 집합은 역시 평행이동이다(그림 III·47).

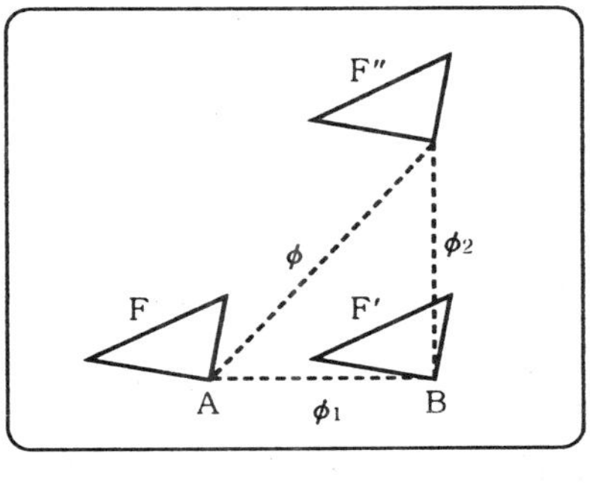

그림 III·47

또, 도형을 전혀 옮기지 않는 경우도 평행이동의 특수한 경우로 보고 이것을 I로 나타낸다면

어떤 평행이동에 대해서도 $\phi \cdot I = I \cdot \phi = \phi$이다. 그리고 도형 F를 F′로 옮기는 이동 ϕ에 대해서 F′를 F로 옮기는 역변환 ϕ^{-1}가 존재한다. 즉, $\phi \cdot \phi^{-1} = \phi^{-1} \cdot \phi = I$이다.

또 3개의 이동 ϕ_1, ϕ_2, ϕ_3에 대해서

$$\phi_1 \cdot (\phi_2 \cdot \phi_3) = (\phi_1 \cdot \phi_2) \cdot \phi_3$$

가 성립한다. 따라서 평행이동 ϕ의 집합 G는 하나의 군, 즉 평행이동군을 이루고, 회전이동의 경우도 중심을 고정시키면 회전이동군을 이룬다. 그러나 일반적인 회전이동이나 대칭이동의 결합이 같은 종류의 이동이 되지는 않지만 합동변환 전체는 합동변환군을 이룬다.

문 제

1. $x^2+y^2-6x-4y-12=0$을 x축의 음의 방향으로 3만큼, y축의 음의 방향으로 2만큼 평행이동시켜라.
2. A(0, 0), B(2, 0), C(3, 1)를 꼭지점으로 하는 △ABC가 있다. 이 삼각형과 변환 $x'=x-3$, $y'=y+2$에 의한 △A′B′C′를 그리고, 3꼭지점의 좌표를 구하여라.
3. 위 문제 2의 △ABC에 대하여 변환 $x'=y$, $y'=-x$에 의한 △A′B′C′를 그리고, 3꼭지점의 좌표를 구하여라. 또 이것은 어떤 변환인가?
4. 곡선 $xy=k$(상수)를 원점의 둘레로 45° 회전시켜라.
5. 위 문제 3의 △ABC에 대하여 변환 (1) $x'=-x$, $y'=y$, (2) $x'=y$, $y'=x$에 의한 △A′B′C′의 꼭지점의 좌표를 구하여라. 또 이들 변환은 각각 어떤 것인가?
6. 평행, 회전 및 대칭이동들 전체의 집합이 계속 이동시킨다는 결합에 대하여 군을 이루는 것을 확인하여라.

3. 닮음변환

정점 O와 다른 한 점 P에 대하여 OP 또는 그 연장 위에 점 P′를 잡아서

$$\mathrm{OP'} : \mathrm{OP} = k \ (k \neq 1\text{인 상수})$$

가 되도록 P에 P′를 대응시키는 변환을 닮음변환이라고 한다. 여기서 O를 닮음의 중

심이라 하고, 일정한 비 k를 그 확대율(축소율)이라 한다(그림 Ⅲ · 48).

지금 O를 원점, P, P′의 좌표를 각각 (x, y), (x', y')라 하면

$$\frac{\mathrm{OP'}}{\mathrm{OP}} = \frac{x'}{x} = \frac{y'}{y} = k$$

이고, 닮음 변환식은

$$x' = kx,\ y = ky' \cdots\cdots\cdots\cdots\cdots\cdots \text{④}$$

이다.

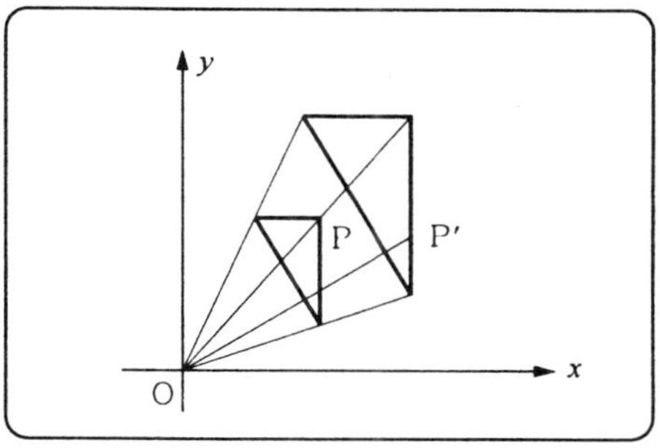

그림 Ⅲ · 48

닮음변환에서 도형의 크기와 위치는 변하지만, 변의 길이의 비나 각의 크기가 보존되므로 그 모양은 변하지 않고, 다만 일정한 비로 확대 또는 축소된다. 그리고 이 변환에서 부동점은 원점뿐이다.

문 제

1. 닮음변환에서 부동점은 무엇인가?
2. A(0, 0), B(2, 0), C(3, 1)를 꼭지점으로 하는 △ABC가 있다. 이 삼각형에 대하여 변환 $x' = 3x$, $y' = 3y$에 의한 △A′B′C′의 3꼭지점의 좌표를 구하여라. 또 이 변환은 어떠한 것인가? 이 변환에서 불변인 것은 무엇인가?
3. 원 $x^2 + y^2 = a^2$에 대하여 변환 $x' = x$, $y' = \dfrac{b}{a}y$를 실시하면 타원이 됨을 밝혀라.

4. 아핀 변환

1) 아핀 변환

한 도형을 평행에 의하여 다른 평면 위로 옮기는 변환을 생각해 보자. 이 변환은 합동변환이나 닮음 변환을 일반화한 것으로, 기하학적으로는 평행선이 평행선으로 옮겨지는 평면위의 연속변환이고, 해석적으로는 다음과 같이 정의된다.

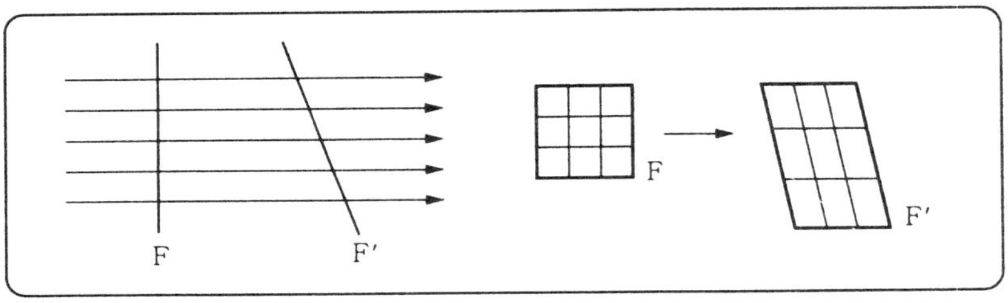

그림 Ⅲ · 49

좌표평면 위에서 생각한 회전이동의 변환식 ②에서 우변 x, y의 계수는 상수이므로, 이들을 상수 a, b, c, d로 대치시키면

$$\begin{cases} x' = ax + by \\ y' = cx + dy \ (\text{단}, D = ad - bc \neq 0) \end{cases} \quad \cdots\cdots ⑤$$

인 꼴의 식에 의해 점 $\mathrm{P}(x, y)$를 점 $\mathrm{P}'(x', y')$에 대응시키는 변환을 아핀(affine) 변환이라 한다. 변환식이 1차식으로 나타나기 때문에 아핀 변환을 선형변환이라고 한다. 아핀 변환으로 옮겨질 수 있는 두 도형을 서로 아핀적으로 동등하다고 한다.

2) 아핀 변환의 성질

〈직선을 직선으로 옮기는 변환이다〉 점 $\mathrm{P}(x, y)$가 직선

$$Ax + By + C = 0$$

위를 움직일 때, 그 상 $\mathrm{P}'(x', y')$는 식 ⑤에서

$$\begin{cases} x = \frac{1}{D}(dx' - by') = \frac{d}{D}x' - \frac{b}{D}y' \\ y = \frac{1}{D}(-cx' + ay') = -\frac{c}{D}x' + \frac{a}{D}y' \end{cases} \quad \cdots\cdots ⑤'$$

가 되므로

$$(Ad - Bc)x' + (Ba - Ab)y' + C \cdots\cdots D = 0$$

위를 움직인다. 이는 x', y'에 관한 1차식이므로 직선이다. 따라서 직선은 직선으로 옮겨진다.

〈각의 크기는 보존되지 않는다〉 좌표평면 위의 x축, y축은 이 변환으로 각각 두 직선

$$y' = \frac{c}{a}x', \quad y' = \frac{d}{b}x'(\because ⑤'에서)$$

에 대응된다. 따라서 일반적으로 각의 크기는 이 변환에 의해 보존되지 않음을 알 수 있다.

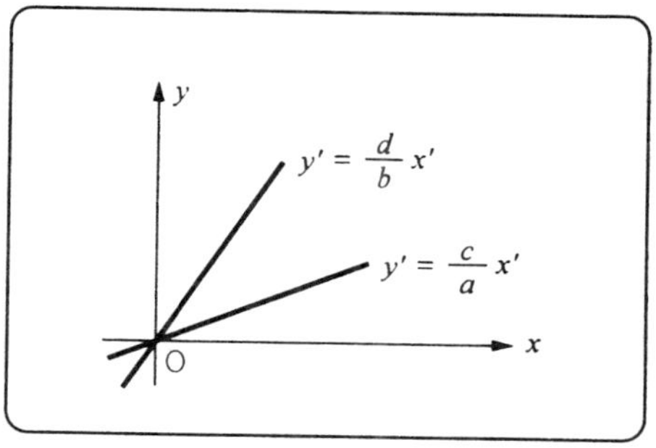

그림 Ⅲ·50

〈평행인 두 직선은 평행인 두 직선으로 변환된다〉 평행인 두 직선 l_1, l_2는 각각

$$Ax+By+C_1=0, \quad Ax+By+C_2=0$$

이라 둘 수 있고, 이들 변환식 ⑤에 의한 상 l_1', l_2'는 앞의 성질에 의해서

$$(Ad-Bc)x'+(Ba-Ab)y'+C_1 \cdot C=0$$

$$(Ad-Bc)x'+(Ba-Ab)y'+C_2 \cdot D=0$$

이 되므로, $l_1' // l_2'$이다.

〈같은 직선 위의 두 선분의 길이의 비는 불변이다〉 그림 Ⅲ·51에서 이 변환의 정의에 의하여

$$AA' // BB' // CC'$$

이므로

$$AB : BC = A'B' : B'C'.$$

이는 앞의 성질에 의하여 쉽게 확인할 수 있다.

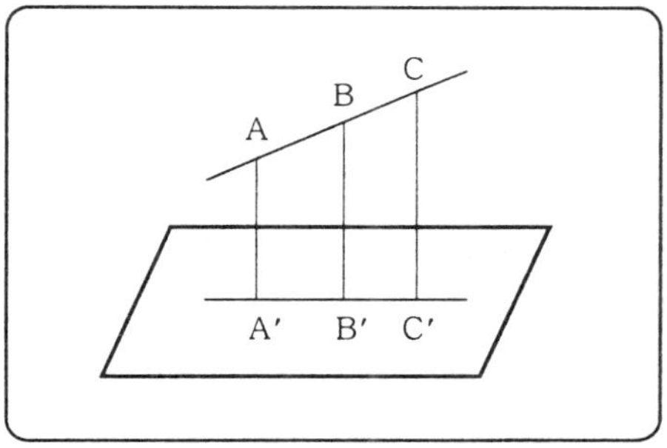

그림 Ⅲ·51

〈부동점〉 아핀 변환식 ⑤의 부동점은 일반적으로 원점(0, 0) 뿐이다.

〈아핀 변환의 집합〉 아핀 변환식 ⑤에서의 a, b, c, d는 임의의 실수이기 때문에 이 변환은 무수히 존재한다.

이를테면 변환식 ⑤에서 $a=d=1$, $b=c=0$이라 하면

$$x'=x, \quad y'=y$$

가 되어 모든 점은 자기 자신에 대응된다. 이것을 항등변환이라 하고, 이 항등변환을 I로 나타내면 임의의 점 P에 대하여 $I(\mathrm{P})=\mathrm{P}$이다.

지금, 하나의 아핀 변환을 ϕ_1이라 하고, 이에 의한 점 P의 상을 P′라 하면

$$\phi_1(\mathrm{P})=\mathrm{P}'$$

이다. 또 ϕ_1과 다른 아핀 변환 ϕ_2가 있어서 ϕ_1, ϕ_2를 계속한다면 그 결과도 새로운 하나의 아핀 변환이 된다. 즉

$$\phi_2(\mathrm{P}') = \mathrm{P}''$$

라 두면

$$\phi_2(\phi_1) = P'' \text{는 } \mathrm{P} \to \mathrm{P}''$$

따라서 아핀 변환 전체의 집합은 이들의 결합 $\phi_1 \cdot \phi_2$에 대하여 닫혀 있고, 하나의 변환군을 이룬다는 것을 알 수 있다.

문 제

1. 원 $x^2+y^2=r^2$은 변환 $x'=x$, $y'=\dfrac{b}{a}y$에 의하여 타원이 됨을 밝혀라.
2. 변환식 ⑤가 회전을 나타내기 위한 a, b, c, d 사이의 조건을 구하여라.
3. 두 점 $\mathrm{P}(x_1, y_1)$, $\mathrm{Q}(x_2, y_2)$의 변환

   $$x' = ax + by, \quad y' = cx + dy$$

   에 의한 상을 각각 $\mathrm{P}'(x_1', y_1')$, $Q'(x_2', y_2')$라 할 때, PQ의 중점 M의 상 M′는 P′Q′의 중점이 됨을 밝혀라.
4. 아핀적 성질에 비추어서 다음은 아핀 변환에 의하여 불변임을 말하여라.
   (1) 모든 타원 (2) 모든 평행사변형
   (3) 사각형의 무게중심
5. 아핀 변환으로 불변인 성질을 아핀적 성질이라 한다. 도형의 아핀적 성질을 열거하여라.

5. 사영변환

(1) 사영변환

도형 F를 한 점 S로부터 한 평면 π 위에 투영하는 그림(투시도)을 그리는 작도는 다음 두 가지 원리에 의한다(그림 Ⅲ · 52).

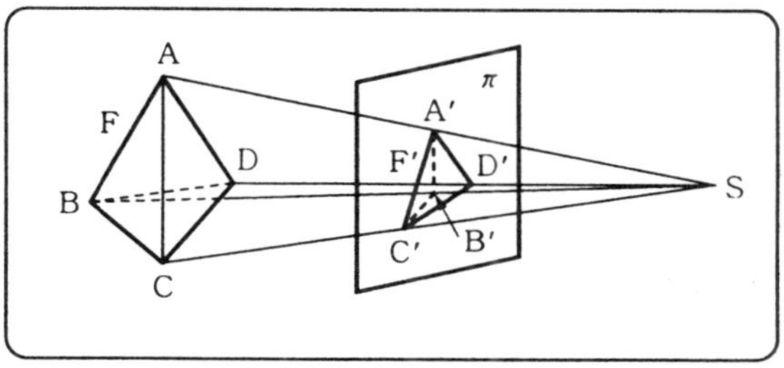

그림 III · 52

① 한 점 S와 도형 F 위의 각 점을 직선(이 직선을 사선이라고 한다)으로 맺는다.

② 각 사선을 평면으로 끊어 그 교점을 구한다.

도형 F 위의 각 점과 점 S를 사선으로 맺는 것을 S에서 F를 사영한다(project)고 하고, 사선을 평면 π로 끊어서 그 교점을 만드는 것을 π로 절단한다(cut)고 한다. 이때에 얻어지는 도형 F′를 F의 (중심)사영(projection)이라고 한다.

공간에서 생각한 이 사실은 그림 III · 53에서와 같이 평면 위에서 한 직선 l 위의 공점렬 A, B, C, ……를 l 밖의 한 점 S에 이으면 직선군(공점선군) a, b, c, ……를 얻을 수 있고, 또 역으로 S를 지나는 공점선 a, b, c, ……를 l로 절단하면 공선점렬 A, B, C, ……를 얻게 된다.

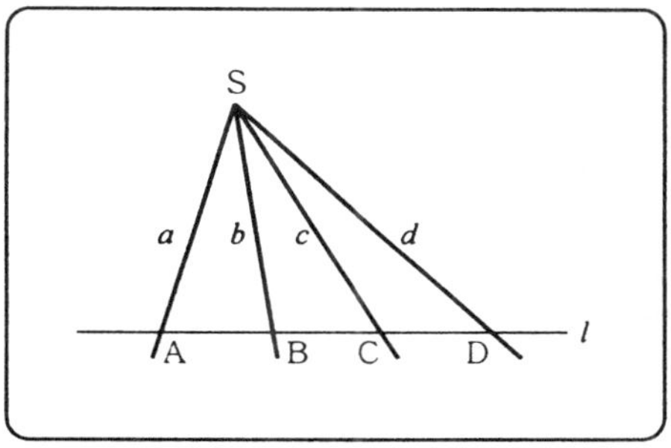

그림 III · 53

따라서 사영과 절단에 있어서의 대응은 가역적 1 대 1 대응이다.

이와 같이 어떤 도형에 사영 및 절단을 몇 번 반복하여 차원이 같은 새로운 도형으로 변환하는 것을 사영변환(projective transformation)이라 한다. 기하학적으로는 두 평면 π, π'와 이들 밖의 한 점 S가 주어졌을 때, π 위의 점 P에 대하여 S∪P와 π'와의 교점 P′를 대응시키는 변환 P→P′를 S를 중심으로 하는 사영변환이라고 한다(그림 III · 53).

사영변환으로 옮길 수 있는 두 도형을 서로 사영적이라고 하고, 사영변환에 의해서 변하지 않는 도형의 성질을 사영적 성질이라 한다.

2) 사영적 성질

〈사형변환에 의하여 직선은 직선으로 옮겨진다〉 점 S가 두 평면 π, π' 위에 있지 않을 때 π를 S에서 π'에 사영하면 π 위의 직선 l 위의 점 P는 S와 l이 결정하는 평면 α와

π'와의 교선 l' 위의 점 P′에 대응된다.

따라서 π 위의 직선 l은 사형변환으로 π' 위의 직선 l'로 옮겨진다.

이 성질이 사형변환을 특징지우기 때문에 사형변환을 다음과 같이 정의하기도 한다.

두 도형 F, F′에 있어서는

① F 위의 점과 F′ 위의 점은 1 대 1 대응이다.

② F 위의 직선은 F′ 위의 직선에 대응된다.

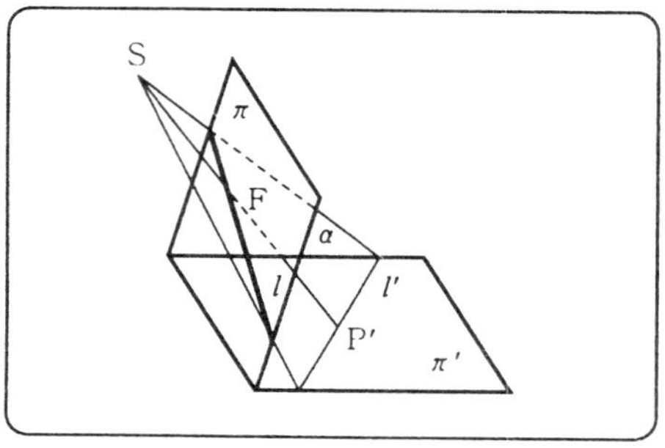

그림 Ⅲ · 54

이 두 조건을 만족시키는 변환을 사영변환이라고 한다.

〈한 직선 위의 4점 A, B, C, D의 복비 $\frac{AC}{BC}:\frac{AD}{BD}$는 불변이다〉 4점 A, B, C, D의 사영변환에 의한 상을 각각 A′, B′, C′, D′라 하면 그림 Ⅲ · 55에서

$$SA=a,\ \ SB=b,\ \ SC=c,\ \ SD=d$$
$$SA'=a',\ \ SB=b',\ \ SC'=c',\ \ SD'=d'$$
$$\angle ASB=\alpha,\ \ \angle BSC=\beta,\ \ \angle CSD=\gamma$$

라 하면

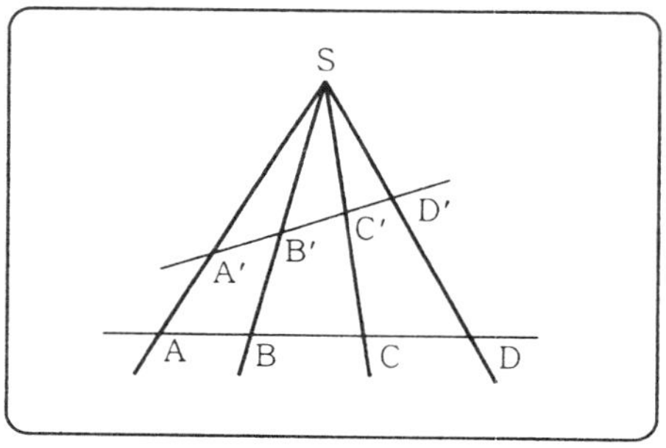

그림 Ⅲ · 55

$$\frac{AC}{BC}:\frac{AD}{BD}$$
$$=\frac{a\sin(\alpha+\beta)}{b\sin\beta}:\frac{a\sin(\alpha+\beta+\gamma)}{b\sin(\beta+\gamma)}$$
$$=\frac{\sin(\alpha+\beta)}{\sin\beta}:\frac{\sin(\alpha+\beta+\gamma)}{\sin(\beta+\gamma)}$$

$$\frac{A'C'}{B'C'}:\frac{A'D'}{B'D'}=\frac{a'\sin(\alpha+\beta)}{b'\sin\beta}:\frac{a'\sin(\alpha+\beta+\gamma)}{b'\sin(\beta+\gamma)}$$
$$=\frac{\sin(\alpha+\beta)}{\sin\beta}:\frac{\sin(\alpha+\beta+\gamma)}{\sin(\beta+\gamma)}$$

$$\therefore\ \frac{AC}{BC}:\frac{AD}{BD}=\frac{A'C'}{B'C'}:\frac{A'D'}{B'D'}$$

〈직선은 모두 한 점에서 만난다〉 점 S를 지나는 직선군 a, b, c, ……를 한 직선 l로 절단하면 각 직선에는 그 교점 A, B, C, ……가 1 대 1로 대응된다.

이때, S를 지나고 l에 평행인 직선 m에 대응하는 직선 l 위의 점을 찾아보자(그림 Ⅲ · 56).

l 위의 점과 S를 지나는 직선 사이의 대응은 가역적 1대 1 대응이다. 따라서 직선 m에 대응하는 점이 일의적으로 결정되어야 하고, 이때 결정되는 점은 종래의 점과는 다르다. 이러한 성질을 갖는 점의 존재를 가정하여 이 점을 l 위의 무한원점 P_∞라 한다.

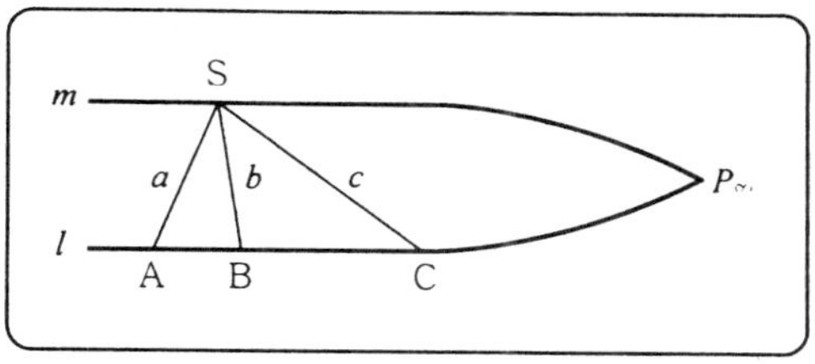

그림 Ⅲ · 56

따라서 평행선 l, m은 무한원점에서 만난다고 할 수 있다. 같은 방법으로 평행인 두 평면은 무한원직선으로 만난다고 하고, 한 평면 위의 무한원직선이란 그 평면 위의 모든 무한원점들의 집합으로 본다.

이와 같이 도입된 무한원점과 무한원직선을 종래의 점, 직선과 동등하게 취급한다면 평면 위의 어떤 명제에서 점과 직선을 서로 바꾸어 새로운 명제를 얻을 수 있다.

〈사영변환은 다음 그림과 같이 중심투영으로 실현된다〉

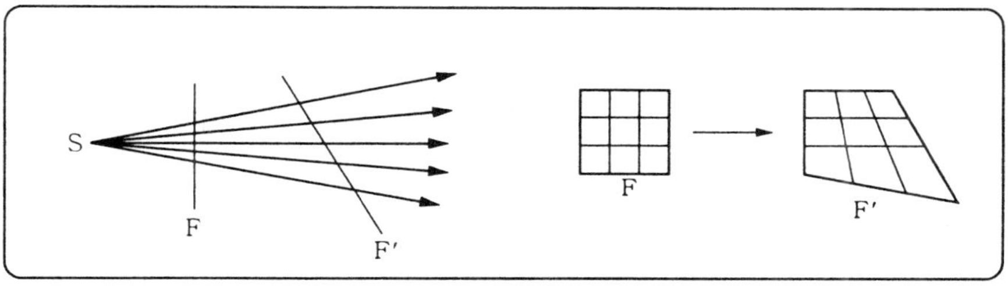

그림 Ⅲ · 57

문 제

1. 한 직선 위의 4점 A, B C, D의 사영변환에 의한 상을 각각 A′, B′, C′, D′ 라고 하면, $\frac{AC}{BC} : \frac{AD}{BD} = \frac{A'C'}{B'C'} : \frac{A'D'}{B'D'}$임을 밝혀라.
2. 평면 위의 명제에서 점과 직선을 서로 바꾸어서 새로운 명제를 만들어 보자. 이때 얻어지는 명제를 서로 쌍대적이라 한다.
3. 다음 도형들과 사영적인 도형은 각각 어떤 것인가 말하여라.

(1) 삼각형　　(2) 직사각형

(3) 정사각형　　(4) 원

4. 합동변환, 닮음변환, 아핀 변환도 사영변환이라 할 수 있는가? 그렇다면 그 이유를 말하여라.

6. 위상변환

고무판(rubber sheet) 위의 원 C가 고무판의 단순한 신축4)만에 의해서 곡선 C′로 바뀌는 도형의 변형을 생각한다(그림 Ⅲ · 58).

이때, 원 C 위의 임의의 점 P는 C′ 위의 점 P′로 옮겨지고, 또한 점 P 근방의 C 위의 점 A도 점 P′ 근방의 C′ 위의 점 A′로 옮겨진다. 이 사실은 C′ 위의 점에서 C 위의 점을 보는 경우도 마찬가지이다. 그리고 C 위의 점과 C′ 위의 점은 1대 1로 대응하고 있다.

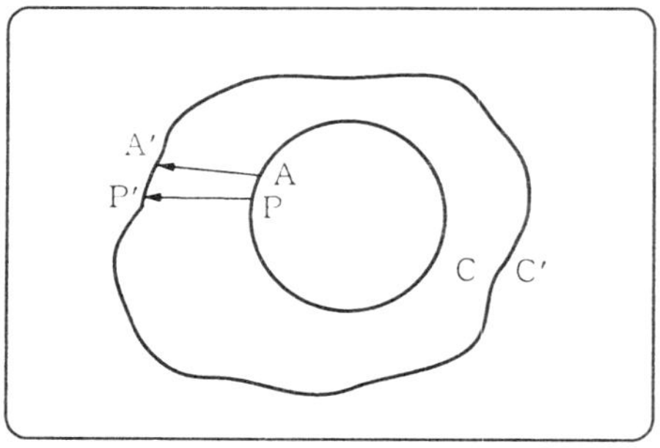

그림 Ⅲ · 58

이 변형을 도형의 변환으로 본다면, 평면(고무판)위에서의 변환이 1 대 1 대응이며 연속이고, 또한 그 역변환도 마찬가지이다. 이 사실을 일반화해서 다음과 같이 정의할 수 있다.

도형 F에서 도형 F′에의 변환 f가

① F 위의 점과 F′ 위의 점은 1 대 1 대응이다.

② f와 f^{-1}은 다 같이 연속변환(직관적으로 말하면 f에 의하여 끊기거나, 떨어지는 일이 없이 연속되게 옮겨진다는 것; 예컨대 원에서 타원으로의 변환은 1 대 1 연속변환이다)이다.

위의 두 조건을 만족할 때 변환 f를 위상변환(topological transformation)이라 하고, 위상변환에 의해서 불변인 성질을 위상적 성질이라고 한다.

유클리드 변환(합동변환)은 선분의 길이나 각의 크기, 즉 도형의 모양과 크기를 변화시키지 않기 때문에 강체변환이라고 부르는 반면, 위상변환은 단순한 신축만 하기 때문에 탄성변환이라 부르기도 한다.

2개의 도형 F와 F′가 적당한 위상변환에 의해 한 쪽에서 다른 쪽으로 옮길 수 있을 때, F, F′는 동상(homeomorphic; 동형) 또는 위상적으로 동등하다고 하고 F≈F′로 나타낸다.

---

4) 단순한 伸縮이라는 말은 찢거나, 끊거나, 겹치거나, 비꼬이지 않게 늘이거나 줄이는 것을 말한다.

도형의 동상의 관계는 동치율을 만족하기 때문에 계량을 떠나서 동형을 그 연결 상태만에 착안해서 동상의 관점에서 분류할 수 있다.

다각형은 모두 원과 동상이고, 그 자신을 끊지 않는 꺾은 선은 모두 한 선분과 동상이다. 따라서 도형의 변(또는 선분)의 길이, 각의 크기 및 평행, 수직 등은 어느 것이나 위상적 개념이 아니고, 그 연결과 분리관계가 위상적 개념이 된다.

예 : 다면체는 모두 구와 동형이다.

직관적으로는 다면체의 표면을 고무막으로 만들고, 그 내부에 공기를 충분히 불어 넣으면 공 모양이 될 것이다. 위상변환은 다면체를 구 안에 들어가게 하고 구의 중심 O가 다면체의 내부에 있도록 놓을 수 있다. 이때 다면체의 한 점 P에 대하여 OP의 연장과 구와의 교점 P′를 대응시키면 위상변환임을 알 수 있으므로 이들은 동형이다(그림 III · 59).

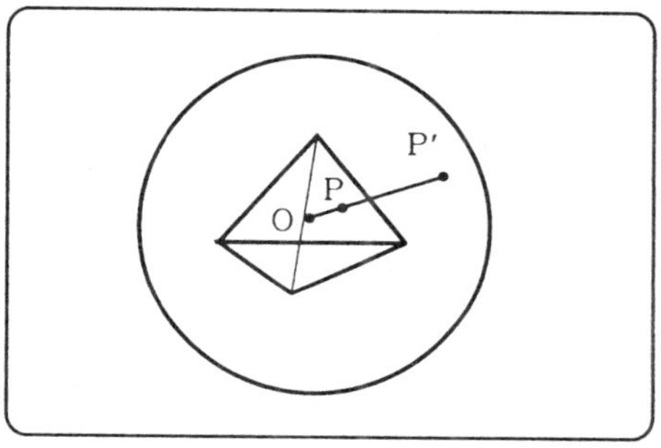

그림 III · 59

합동변환에 의하여 불변인 성질을 연구하는 기하학을 유클리드 기하학이라 한 것과 마찬가지로, 위상변환에 의하여 불변인 성질을 연구하는 기하학을 위상기하학(topology)이라고 한다.

문 제

1. 그림 III · 60의 평면도형에 대하여 다음 각각의 성질은 위상적 성질인지 유클리드적 성질인지를 조사하여라.

   (1) α의 면적은 β의 면적보다 작다.

   (2) P는 원 C 위에 있다.

   (3) α에서 두 변의 합은 다른 한 변보다 길다.

   (4) l 위에서 B는 A, C 사이에 있다.

   (5) l과 원 C는 60°로 만나고 있다.

   (6) B를 지나는 선은 3개 있다.

   (7) l은 B쪽으로 굽는다.

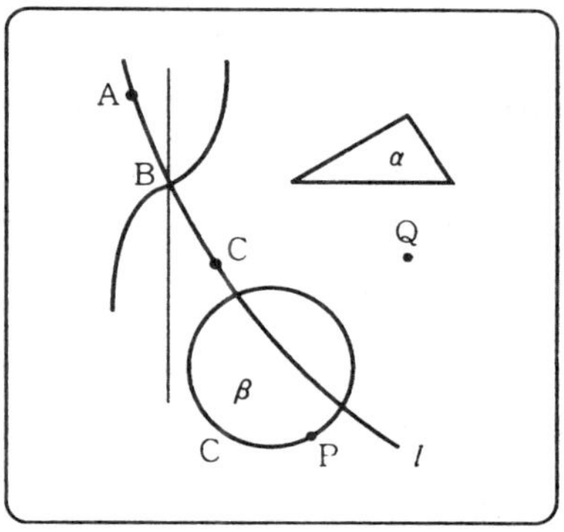

그림 III · 60

2. 다음의 수학에서 쓰이는 기호를 도형으로 보고 동상인 기호끼리 묶어서 분류하여라.
$\forall$, $\exists$, $\leqq$, π, ε, $\perp$, $\Rightarrow$, $\equiv$, $<$, ∞, Σ, $\int$, F

2) 선의 위상적 성질

원의 동상인 도형을 단일폐곡선(simple closed curve), 선분과 동상인 도형을 단일개곡선(simple open curve)이라고 한다.

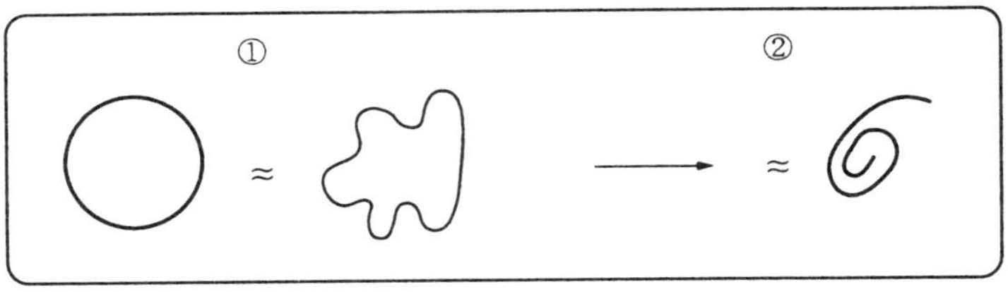

그림 III · 61

이것은 다음과 같이 선분 $I=[a, b]$에서 평면에의 변환으로 설명할 수 있다. 선분 I에서 평면에의 연속변환 f가 존재하고, f에 의한 I의 상을 C라 하면

$$C=\{f(t) \mid a \leqq t \leqq b\}$$

① $f(a) \neq f(b)$일 때 개곡선이라 하고, 특히 f가 1대 1이면 C를 단일개곡선이라 한다. 이때 $f(a)$를 시점, $f(b)$를 종점이라 한다.

② $f(a)=f(b)$일 때 C를 폐곡선이라 하고, 특히 f가 1대 1이면 C를 단일폐곡선이라 한다.

곡선에는 위의 두 가지 이외에 아주 복잡한 것이 많이 있다. 이들 도형 사이의 위상적 성질을 어떻게 조사하는가 알아보자.

두 도형 A, B가 동상이라는 것은 A에서 B로 옮아가는 위상변환이 존재하는 것을 밝히면 충분하다. 그러나 A, B 사이의 위상변환을 찾는 것은 쉬운 일이 아니고, 또 그들 사이의 위상변환을 찾지 못했다고 해서 동상이 아니라고 단정할 수도 없다. 다음에 두 도형 A, B 사이의 동상관계를 조사하는 데 사용하고 있는 위상적 불변량을 알아본다. 위상적 불변량은 수값으로 나타나기 때문에, 취급하기가 편리하여 많이 이용되고 있다.

〈성분의 개수〉 도형을 이루고 있는 연결된 부분의 개수를 도형의 성분의 개수라고 한다. 연결된 도형은 연속변환에 의하여 연결된 도형으로 옮겨지므로 성분의 개수는 위상적 불변량이다.

문자 '아'의 성분의 개수는 2이고 숫자 '8'의 성분의 개수는 1이다. 따라서 '아'와 '8'은 동상이 아니다. 영어의 알파벳은 대부분 성분의 개수가 1이고, 거기에 비하여 우리나라의 한글은 성분의 개수가 많은 문자임을 알 수 있다.

〈분할점〉 어떤 도형에서는 한 점 P를 제거하면 도형이 몇 개의 부분으로 나누어지는 점이 있다. 이러한 점을 그 도형의 분할점이라 한다. 8자형의 곡선(그림 Ⅲ·62)에서 중심이 되는 점 P는 분할점이고, 그 이외의 점 Q는 모두 분할점이 아니다.

그리고 원주에는 분할점이 하나도 없으므로, 이 두 도형은 동상이 아니다.

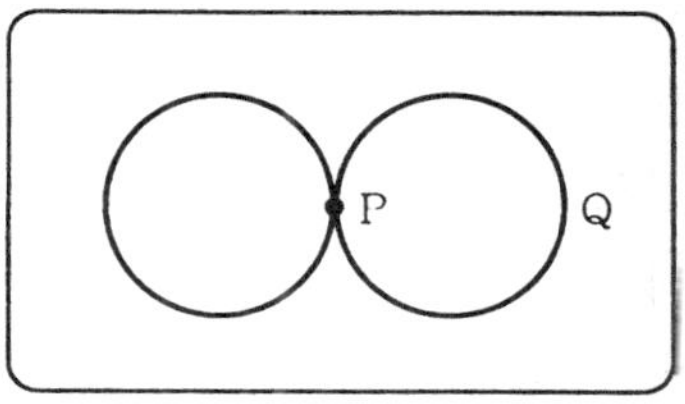

그림 Ⅲ·62

〈점의 차수〉 도형 F가 유한개의 호(선분과 동상인 곡선)로 이루어진 도형이라 할 때, 어떤 점 P에 모여 있는 호의 개수를 도형의 점 P의 차수라고 한다.

그림 Ⅲ·63에서 점 A의 차수는 1이고, 점 B의 차수는 2, 점 C의 차수는 3, 점 D의 차수는 4이다. 차수의 개념을 이용하면 '8'과 'ϕ'는 동상이 아님을 알 수 있다.

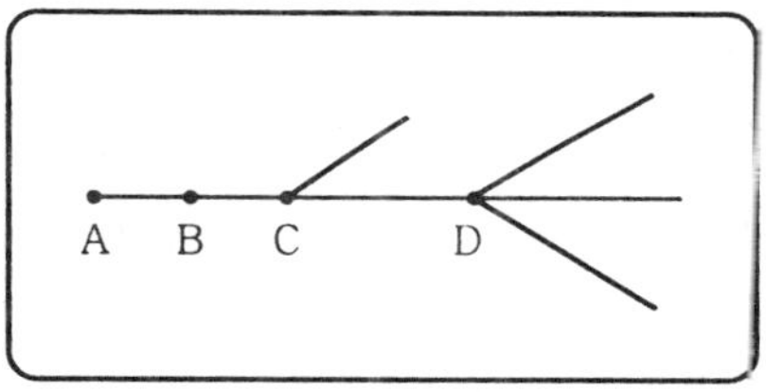

그림 Ⅲ·63

〈분할면의 개수〉 평면 위의 곡선도형은 평면을 몇 개의 부분으로 분할한다. 이것은 곡선의 위상적 불변량이다. 이 사실의 증명은 간단하지 않다. 다음의 그림 Ⅲ·64에서 ①, ②, ③은 모두 평면을 4개의 부분 평면으로 분할하고 있음을 알 수 있다.

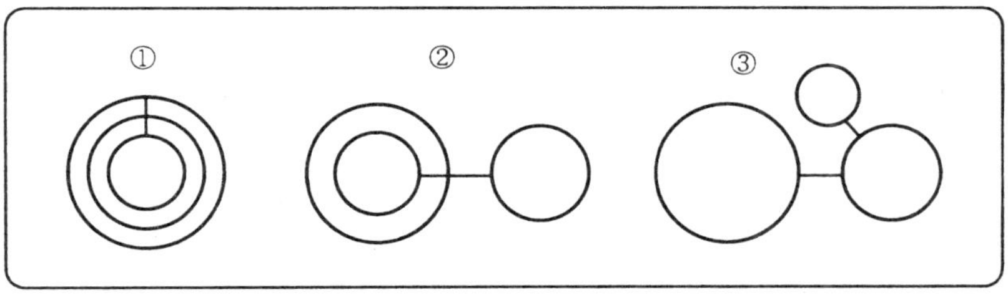

그림 Ⅲ·64

원과 동상인 단일폐곡선은 평면을 세 부분의 집합(곡선의 부분을 제외하면 두 부분)으로 나눈다. 이 증명을 처음 시도한 사람이 조르당(C. Jordan, 1838~1922)이므로 단일폐곡선을 Jordan곡선이라고 한다. 단일폐곡선으로 나누어지는 평면의 각 부분을 그림 Ⅲ·65와 같이 그 내부, 외부, 곡선 위의 부분이라 한다.

평면 π 위의 단일폐곡선 C에 의하여 π가 두 영역(점집합) A, B로 나누어질 때, 한 영역에 있는 두 점은 C와 만나지 않는 선으로 이을 수 있지만, 두 점이 각각 서로 다른 영역에 있을 때는 C와 만나지 않는 선으로 이을 수 없다. 앞의 경우 두 점을 잇는 선이 C와 만난다면 그 교점의 수는 짝수 개이고 뒤의 경우는 홀수 개이다.

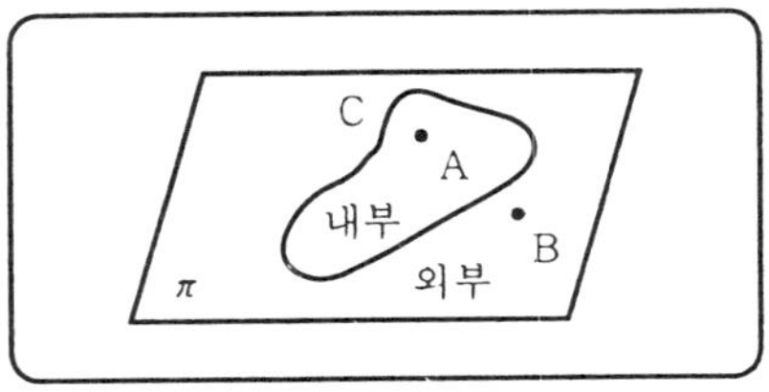

그림 Ⅲ · 65

이 교점의 수는 어떤 점의 곡선에 대한 위치를 알아보는 데 이용된다.

〈망〉 몇 개의 호로 이루어진 도형으로서 그 끝점 이외에서는 만나지 않을 때, 이 도형을 망(network)이라고 하고, 호의 끝점을 망의 꼭지점이라고 한다. 망 가운데 가계도와 같이 닫힌 부분이 없는 것을 수형도(tree diagram)라 한다. 우리 주위에는 교통망, 통신망 분자의 구조도 등 여러 가지 망의 예가 있고 일의 계획이나 문제 해결에 유용하다.

망에는 꼭지점의 차수에 따라 홀수꼭지점, 짝수꼭지점으로 구분하는데, 망에서 차례로 이어져 있는 호의 열(열)을 길(path)이라 할 때, 임의의 두 꼭지점이 그 망의 어떤 길의 끝점(꼭지점)이 되어있을 때 그 망은 연결되어 있다고 한다. 문제를 망으로 변형하여 위상적관점에서 해결하는 보기로서는 쾨니히스베르그(Königsberg)의 7개의 다리 건너기 문제가 유명하다.

쾨니히스베르그 시에는 그림 Ⅲ · 66 ①과 같은 7개의 다리가 있다. '같은 다리를 두 번 건너지 않고 7개의 다리를 모두 지날 수 있을까' 하는 문제를 오일러는 그림 ②와 같이 망으로 고쳐서, 이 그림을 한붓 그리기로 그릴 수 있을까로 생각하여 점의 차수개념으로 해결하였다.

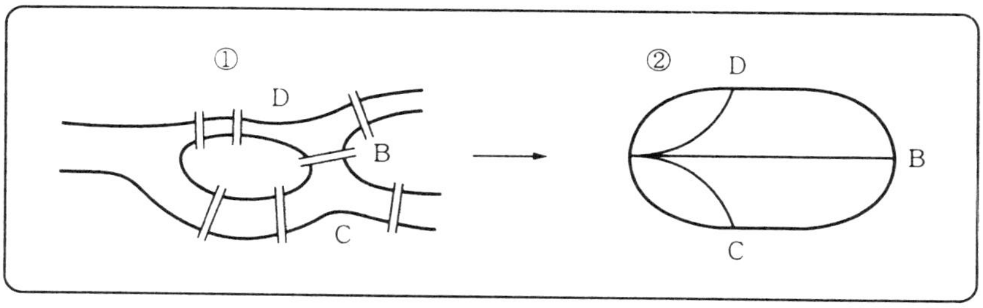

그림 Ⅲ · 66

오일러는 연결망이 한붓 그리기가 되는 경우는 홀수 꼭지점이 2개(시작점과 끝나는 점이 다른 경우)이거나, 홀수 꼭지점이 없는 경우(시작점과 끝나는 점이 같은 경우)뿐임을 밝혔다. 따라서 2개보다 더 많은 홀수 꼭지점을 가지는 연결망은 한붓 그리기가 안 되고 일반적으로 홀수 꼭지점이 $2n$개인 연결망은 n번에 그릴 수 있음을 알 수 있다.

문 제

1. 다음(그림 III · 67) 곡선들의 분할점의 수와 꼭지점의 차수를 말하여라.

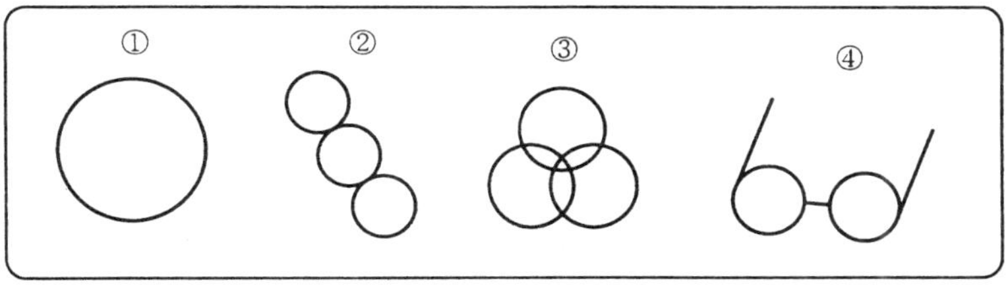

그림 III · 67

2. 다음의 그림 III · 68 ①은 5개의 방이 있는 집이다. 어느 문(door)이나 한 번씩만 지나서 모든 문을 다 지날 수 있겠는가?

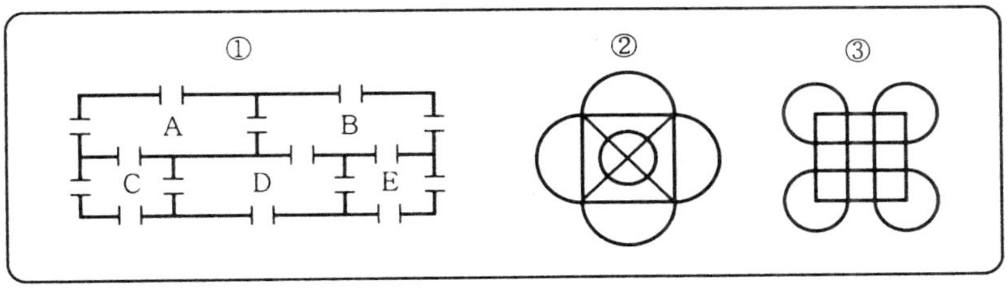

그림 III · 68

3. 그림 III · 68 ②, ③은 각각 몇 붓(몇 번)으로 그릴 수 있는가?
4. 다음 곡선 중에서 서로 동위상인 것을 찾아라.

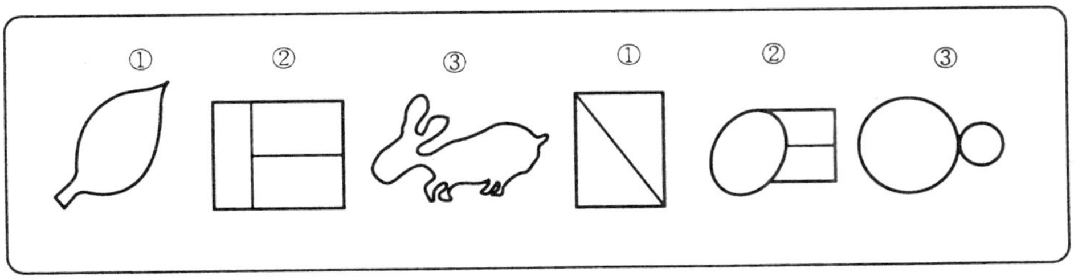

그림 III · 69

4) 면의 위상적 성질

평면도형에서 원과 동상인 도형을 단일폐곡선이라 한 것과 같은 관점에서 구와 동상인 입체도형을 단일폐곡면이라 한다. 단일폐곡면도 공간을 그 내부, 외부 및 곡면의 경계의 세 부분으로 나눈다.

2차원의 면에 대하여도 여러 가지 중요한 위상적 사실이 연구되어 있다.

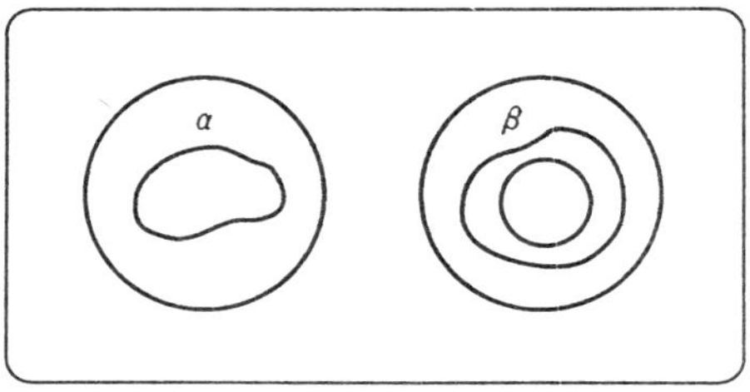

그림 Ⅲ · 70

〈연결성〉 먼저 위상적으로 동등하지 않는 평면영역을 생각해 보자. 그림 Ⅲ · 70의 영역 α는 그 안에 그려진 어떤 폐곡선도 그 안에서 한 점까지 연결적으로 변형할 수 있다. 이런 성질을 갖는 영역을 단연결이라고 한다. 그러나 영역 β는 단연결이 아니다. 이와 같이 단연결이 아닌 영역을 다연결영역이라고 한다.

다연결영역 β를 다음의 그림 Ⅲ · 71 ①과 같이 반지름에 따라 잘라 놓으면 이때의 영역은 단연결이 된다. 일반적으로 여러 개의 구멍(혈)을 가지는 영역을 다연결영역으로 고치기 위해서는 그 경계선 사이를 서로 만나지 않는 선으로 잘라야 한다. 주어진 다연결영역 R를 단연결영역으로 고치는데 $n-1$개의 자르는 선이 필요할 때, 그 영역 R는 n중 연결이라 한다(그림 ②의 R는 3중 연결).

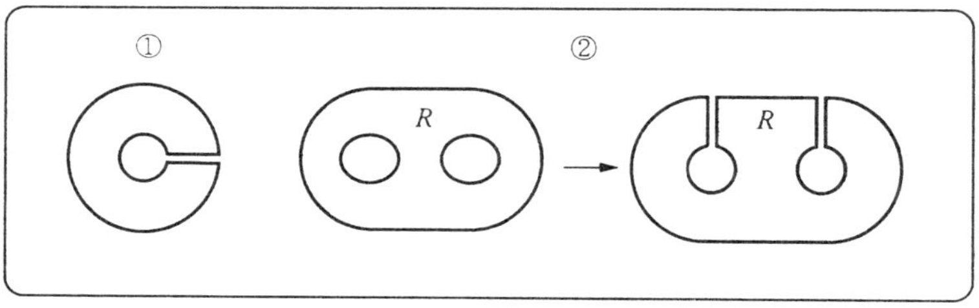

그림 Ⅲ · 71

어떤 평면영역의 연결도는 그 영역의 중요한 위상적 불변량이다.

〈시성수〉 구면과 원환면(doughnut 면)을 비교해 보면 그림 Ⅲ · 72 ①에서 알 수 있는 바와 같이 구면 위에서는 평면의 경우와 같이 단일폐곡선 c는 항상 면을 두 부분(내, 외부)으로 나눈다. 그러나 원환면 위에서는 면을 2분하지 않는 c'와 같은 단일폐곡선이 존재한다. 이 두 면 사이의 차이는 위상적인 차이이다.

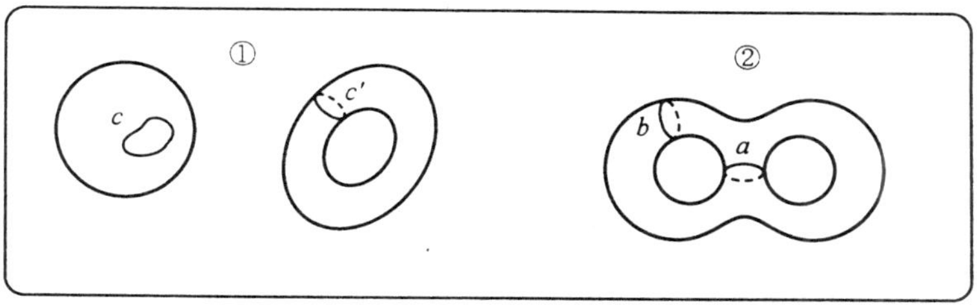

그림 III · 72

위의 그림 ②와 같이 2개의 구멍을 가지는 폐곡면 위에서는 항상 면을 분리시키지 않고 서로 만나지 않는 2개의 폐곡선 a, b를 그을 수 있고, 원환면은 서로 만나지 않는 어떤 2개의 폐곡선에 의해서도 분리된다. 그러나 3개의 서로 만나지 않는 폐곡선은 구멍 2개인 폐곡면을 항상 분리시킨다.

이 사실로부터 폐곡면을 분리시키지 않고 그 면 위에서 그을 수 있는 서로 만나지 않는 단일폐곡선의 최대수를 그 면의 시성수(genus)라고 한다. 구면, 원환면, 구멍이 2개인 그림 ②와 같은 면의 시성수는 각각 0, 1, 2이고, 일반적으로 P개의 구멍을 가지는 폐곡면의 시성수는 P이다.

시성수는 폐곡면의 위상적 불변량으로서 면의 변형에 대하여 불변이고 시성수가 같은 두 폐곡면은 위상적으로 동등하다. 따라서 시성수 P인 폐곡면의 대표로서 손잡이가 P개 달린 구면을 생각하는 경우가 많다.

〈Euler의 표수〉 시성수 P인 폐곡면 S를 그 위에 몇 개의 꼭지점을 잡아서 그들을 곡선호로 연결하여 이 곡면을 여러 개의 영역으로 분할했을 때, 그 꼭지점의 수를 V, 호의 수를 E, 영역의 수를 F라 하면

$$x(S)=V-E+F=2-2P \quad \cdots\cdots ①$$

인 관계식이 성립한다. 이때 $x(S)=2-2P$를 면의 오일러 표수(Euler char acteristic)라 한다.

위 공식 ①을 증명하기 위하여 시성수 P인 폐곡면 S를 P개의 손잡이가 붙은 그면이라 가정해도 그 일반성은 잃지 않는다.

P개의 손잡이가 붙은 구면 S를 적당히 변형해서 손잡이가 붙은 자리의 폐곡선 a_1, a_2, b_1, b_2, ……이 모두 적당한 분할에서 곡선호가 되도록 할 수 있다(그림 III · 73은 $P=2$인 경우). 지금 S를 곡선 a_2, b_2, ……에 따라 잘라서 손잡이를 곧게 펼치면 손잡이의 자유로운 끝은 각각 a_2, b_2, ……와 같은 수의 꼭지점과 호를 갖는 새로운 곡선

a_2', b_2', ……에 의해서 구획된다. 이때 추가된 꼭지점의 수와 호의 수는 똑같아서 서로 상쇄되고 영역은 늘지 않으므로 $V-E+F$는 불변이다. 다음에는 면을 변형시켜서 튀어나온 손잡이를 평편하게 되도록 하면 다만 $2P$ 개의 영역을 제거한 구면이 된다. 그런데 전구면은 어떤 분할에 대해서도 $V-E+F=2$이므로 $2P$ 개의 영역이 제거된 구면에 대해서는 $x(S)=2-2P$. 따라서 P 개의 손잡이가 달린 구면에 대해서도 $x(S)=2-2P$이다.

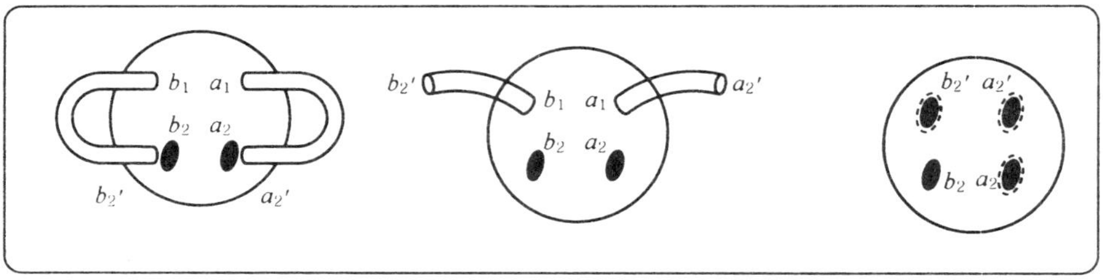

그림 III · 73

[예제 4 · 1] 구면의 오일러 표수는 2이다.

증명 그림 III · 74와 같이 구면 S 위에 몇 개의 꼭지점 A, B, C, D, ……를 잡아서 이들을 곡선호로 연결하면, 이때 얻어지는 도형은 다면체와 동상이다. 따라서 다면체의 오일러 정리로부터

$$x(S)=V-E+F=2.$$

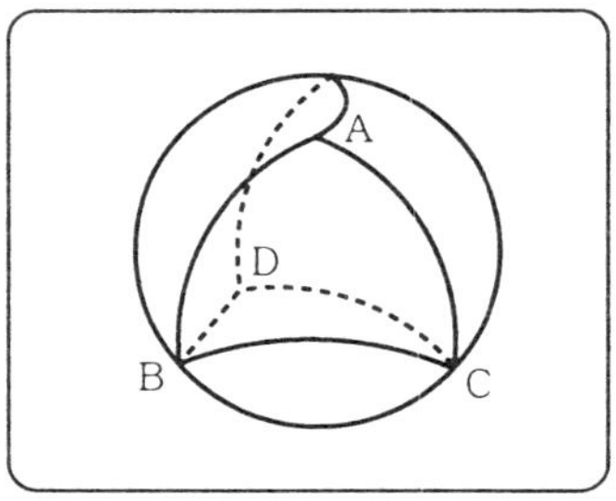

그림 III · 74

위의 정리는 다면체의 오일러 정리를 일반화한 것이다. 오일러 표수는 위상적 불변량으로 동상인 도형에 있어서는 일정하다.

〈단측면〉 폐곡면에 있어서나 원판이나, 면의 일부를 잘라 버린 원환면과 같이 경계인 곡면에 대해서나 일반적인 면은 2개의 측면만을 갖는다. 그러나 한 개의 측면만을 갖는 곡면이 있다는 것이 뫼비우스(A.F. Möbius, 1790~1868)에 의해서 발견되었다.

1개의 면만을 갖는 곡면 중에서 가장 간단한 것인 직사각형 종이를 그림 III · 75 ②와 같이 한 번만 비틀어서 양끝을 이르면 얻어진다. 이것을 뫼비우스의 띠라고 한다.

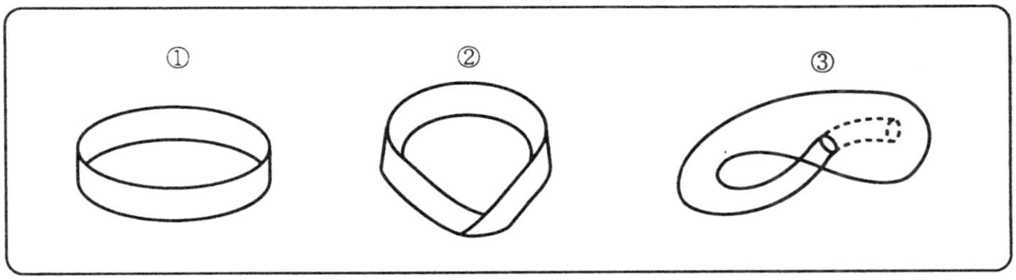

그림 Ⅲ · 75

위의 직사각형 종이의 양끝을 그대로 이으면 원주면(그림 ①)이 얻어진다. 이것을 원띠라고 한다. 이 면은 두 개의 면(앞, 뒤)이 있다. 뫼비우스의 띠는 경계가 단일폐곡선이 1개이고 원띠는 2개의 경계곡선을 갖는다.

또 하나의 단측면은 클라인의 관(그림 ③)이다. 이 면은 폐곡면이지만 그 내부와 외부가 없다. 보통의 폐곡면은 양측면(안, 밖)을 갖는다. 이들 곡면의 성질은 위상변환에 의해 불변이다. 따라서 두 곡면이 위상적으로 동등할 조건으로는 다음과 같은 것들이 있다.

① 오일러 표수가 서로 같다.

② 다 같이 단측면이거나 양 측면이다.

③ 경계를 갖는 곡면에 있어서는 원과 동상인 경계곡선의 개수가 같다.

문 제

1. 다각형의 오일러 표수는 1임을 증명하여라.
2. 구멍이 2개 뚫린 구와 원띠는 동상임을 밝혀라.
3. 구멍이 2개 뚫린 원환면 S를 몇 개의 영역으로 나누어서 $x(S)=2$임을 밝혀라.
4. 시성수 P인 폐곡면은 손잡이가 달린 구면과 동상이다. 그 이유를 말하여라.
5. 그림 Ⅲ · 76은 좌로부터 차례로 목탁, 도나스, 찻잔이다. 이들은 위상적으로 동치임

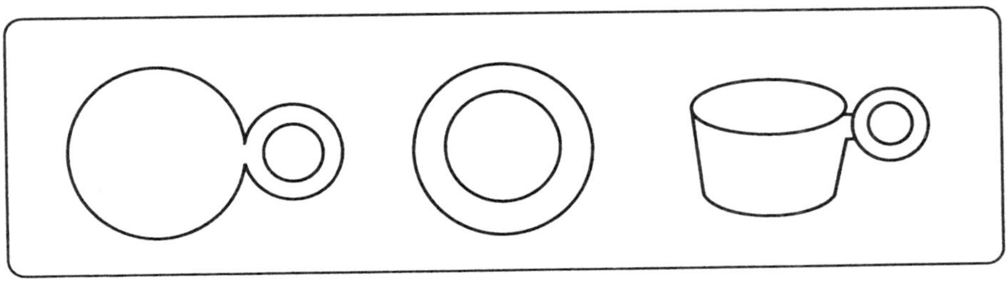

그림 Ⅲ · 76

을 설명하여라.

6. 아핀 변환

$$x=2x'+3y'-1,\ y=3x'-y'-3$$

에 의하여 변하지 않는 점을 구하여라. 이런 점을 불변점이라 한다.

◎ 참고문헌

1. 박한식 편저, 「敎職數學工」, 대한교과서주식회사, 1991.

제 Ⅳ 편

확률과 통계

제1장

확률과 통계의 역사

1. 확률론의 기원과 발전

1) 확률론의 근원

확률론은 우연성의 지배를 받는 사회 및 자연현상을 모델화하여 연구하는 수학의 한 분야이다.

확률론이 대두되기 시작한 것은 르네상스시대부터이다. 당시 남유럽의 지중해 연안의 도시에는 일확천금을 노리는 많은 무역 상인들이 몰려들었으며, 그들 사이에 자연스럽게 도박이 성행하게 되었고, 그 승률의 대소를 미리 알기 위해 어떤 사람은 수학자와 함께 그 방법을 연구하려 하였다. 또한 실제 봉건시대에는 성 안에서의 놀이로서 주사위, 트럼프가 성행하여 자연히 중세의 귀족사회에도 도박이 대단히 성행하였으며, 이러한 것들이 확률론 발생의 기연이 되었다.

원시적인 확률론의 문제를 처음 제시한 사람은 파치올리(Luca Pacioli, 1445~1510)라 한다. 그는 능력이 다른 두 사람의 경쟁자가 아직 결정적인 득점에 이르기 전에 경기를 중지한 경우에, 노름 돈을 공평하게 분배하려면 어떻게 하면 되는가 하는 문제를 풀었다. 이 종류의 문제를 Problem of point라 하여 그후 200년이란 긴 세월에 걸쳐서 연구되었다.

그러다가 이것을 실제 문제로서, 또 이론적으로 연구한 최초의 사람은, 3차 방정식의 해법으로 유명한 분쟁을 일으킨 이탈리아의 카르다노(Girolamo Cardano, 1501~1576)이다. 처음에 의사였던 그가 나중에는 교수, 시장 등을 역임했지만, 한편으로는 도박에 빠지기도 하였다. 그는 승부에 대한 확률의 연구를 진지하게 한 끝에 다음과 같은 결과를 알아내기도 하였다. "주사위를 던지면, 1의 눈이 나오는 확률은 $\frac{1}{6}$이라는 것은 잘 알려져 있으나, 6번 던졌을 때 1의 눈이 반드시 한 번 나온다고는 할 수 없다. 그러나 던지는 횟수를 늘려서, 이를테면, 6000번 던지면 1의 눈이 1000번 가까운 횟수만큼 나온다"는 것이다.

프랑스의 유명한 도박사 드 메레(Chevalier de Mere)도 주사위 도박에 대하여 항상 수학적으로 생각하여 상당히 좋은 성적을 올렸다. 다음은 그가 제시한 재미있는 하나의 문제이다.

▶ 드 메레의 수수께끼

당시의 도박사들의 상식으로는 "1개의 주사위를 n번 던져서 적어도 6의 눈이 한번 나오면 이기는 것으로 한다는 승부에서는 $n=4$로 하면 던지는 사람이 유리하다"는 것이 알려져 있었는데, 드 메레는 이것을 주사위 2개를 동시에 던지는 문제로 확장하여 "1개를 던지는 경우에는, 위의 사실에서 4번 던지면 적어도 한 번은 6의 눈이 나올 확률이 $\frac{1}{2}$보다 크다. 따라서 2개의 주사위를 던질 때는 눈의 나타나는 방법이 1개일 때의 6배이므로 $n=4\times 6=24$가 되면, 던지는 사람이 유리하다"는 것이다.

그런데 실제로 해보았더니 24회로는 손해본다는 것을 알았다. 그래서 드 메레는 '수학이란 참 알 수 없는 것이로군!'이라며 당시의 수학자 파스칼에게 하소연하였다고 한다.

2개의 주사위를 n회 던져서 적어도 한번은 2개 다 6의 눈이 나올 확률은

$$1-\left(\frac{35}{36}\right)^n$$

이다. 따라서

$$1-\left(\frac{35}{36}\right)^n > \frac{1}{2}$$

이면 던지는 사람이 유리하다. 로그를 이용하여 이 부등식을 풀면, $n\geq 25$가 되지 않으면 안 된다. 따라서 $n=24$로는 손해볼 수밖에 없다.

그러다가 17세기에 들어와서 게임의 승률에 근원을 둔 고전 확률론은 파스칼(Blaise Pascal, 1623~1662)과 페르마(Pierre de Fermat, 1601~1665)가 서로 주고받은 그들의 편지에서 시작하였다고 볼 수 있는데, 여기에서 그들은 카드게임 등에서 생기는 승률을 계산하는데 순열과 조합의 개념을 이용하였다.

드 메레는 "승부가 끝나기 전에 게임이 중단되었을 때, 도박에 건 돈을 두 사람이 어떻게 나누어 가지면 합당한가"를 파스칼에게 문의하였으며, 파스칼은 이 문제와 관련되는 몇 가지 문제에 대한 의견을 당시 유명한 수학자 페르마와 서신으로 교환하여, 이들의 연구결과로 도박이 갖는 우연성에 수학적 해석이 가해져 확률론의 탄생을 보게 되었다.

▶ 파스칼과 페르마의 편지에 담긴 확률론의 기초사상

파스칼은 1654년 이후 페르마와의 사이에 몇 통의 서신 왕래가 있었지만, 그 중 확률론과 관련이 있는 내용을 담은 편지는 모두 세 통이 된다.

파스칼은 첫 번째 편지 속에서 확률에 관한 세 가지 문제와 그 답을 설명하고 있다. 그 중 셋째 예는 다음과 같다.

『가령, 두 사람의 도박꾼이 3점 승부(먼저 세 번 득점 한 사람이 승자가 되는 승부)로 내기를 하는데, 각각 32피스톨씩의 돈을 걸었을 때, 게임 도중에 그만두는 경우에 각자가 차지해야 할 몫을 알기 위해서는 다음과 같이 하면 됩니다.

전자가 한번 득점하고, 후자에게는 아직 득점이 없다고 합시다. 그러면 두 사람이 새로이 승부를 겨룬 결과는 다음과 같이 생각됩니다. 만일 전자가 득점한다면, 그는 두 번 득점하고 상대는 0입니다. 따라서, 앞의 경우와 같아지기 때문에 그의 몫은 56입니다. 만일 지면, 승부는 1 : 1이므로 32피스톨을 차지합니다. 따라서, 그는 이렇게 말해야 합니다.

"만일 더 이상 승부를 하지 않는다면, 내 몫임이 틀림없는 32피스톨을 받아놓은 다음, 나머지 24를 반씩 나누어 갖자. 당신은 12, 나도 12를 찾으면 된다. 이것에 32를 더한 44가 내 몫이다."』

즉, A가 1승, B가 0승인 경우의 A의 할당금을 파스칼은 다음과 같이 계산하고 있다.

$$32\text{ 피스톨} + 24\text{ 피스톨} \times \frac{1}{2} = 44\text{ 피스톨}$$

파스칼의 이 편지에 대한 페르마의 답장은 전해져 있지 않다. 그러나 페르마가 어떤 방법으로 이 문제를 해결하려 했는지는 파스칼의 편지(1654년 8월 24일자)속에 재현되어 있어서 그 내용을 충분히 알 수 있다. 즉, 페르마는 "두 사람의 도박꾼이 몇 번인가의 승부를 할 때, 전자에게는 2승이 부족하고, 후자에게는 3승이 부족한 경우의 두 사람의 할당액을 구하기 위해서는 앞으로 몇 번의 승부로 내기가 끝나는지를 조사해 보아야 한다"고 했다는 것이다. 여기에서 페르마의 경우에는 '경우의 수'를 구하는 방법을 취하고 있다는 점이 다르다. 그는 앞으로 4번의 승부로 어떤 경우이든 내기는 끝난다고 보았

다. 이때 A나 B가 이기는 '경우의 수'는

$$2^4 = 16$$

이며, 이것을 표로 나타내면 다음과 같다.

a	a	a	a	a	a	a	a	b	b	b	b	b	b	b	b
a	a	a	a	b	b	b	b	a	a	a	a	b	b	b	b
a	a	b	b	a	a	b	b	a	a	b	b	a	a	b	b
a	b	a	b	a	b	a	b	a	b	a	b	a	b	a	b
1	1	1	1	1	1	1	2	1	1	1	2	1	2	2	2

그림 가운데서 기호 a, b는 각각 A, B가 이긴 경우를 뜻한다. 또, A가 3번 득점하여 건 돈 전부를 차지하는 경우를 1, 반대로 B가 3번 득점하는 경우를 2로 나타냈다. 두 사람의 승률은 각각

$$A;\ \frac{11}{16},\quad B;\ \frac{5}{16}$$

이므로 건 돈이 모두 64피스톨이라 하면, A의 몫은

$$64 \times \frac{11}{16} = 44$$

이다. 이 결과는 파스칼이 계산한 결과와 일치한다.

요컨데, 결과는 같다 하더라도 파스칼과 페르마의 계산법에는 배경적인 발상에서 상당한 차가 있음을 알 수 있다. 파스칼에 비해 페르마의 방법은 보다 일반적이다.

2) 현대확률론

파스칼 이후 많은 저명한 수학자들이 확률론에 큰 관심을 가지게 되었으며, 이들의 부단한 연구에 의하여 확률론은 더욱 큰 발전을 보게 되었다.

그들 중에서도 스위스의 수학자 베르누이(Jacob Bernoulli, 1645~1705)는 "일정한 확률을 가지는 독립시행에 있어 시행의 횟수를 충분히 크게 하면 일어난 어떤 사건의 상대도수와 그 사건의 확률과의 차를 얼마든지 작게 할 수 있다"는 "대수의 법칙"을 발견하였으며, 라플라스(Simon Laplace, 1667~1754)는 드무아브르(Abraham de Moivre, 1667 ~1754)가 연구한 "중심극한정리"를 일반화하여 완벽한 증명을 하였을 뿐 아니라, 그때까지 연구된 확률론을 1812년에 그의 저서 "Analytic Theory of Probability"에서

집대성하였다.

라플라스는 여기서, 하나의 우연이 따른 시행(試行)에서 일어날 수 있는 근원사상이 n가지이고, 이것들이 일어날 가능성이 '각각 같은 정도로 확실성을 지닌다'고 할 때, 이 n개 중 r개의 어느 것인가 일어난다는 사건 E의 확률을

$$\frac{r}{n}$$

로 하였다. 라플라스의 이 확률의 정의에는 여러 가지 문제가 있었기 때문에 확률론은 오랫동안 엄격한 의미의 수학으로는 간주되지 않았다. 그러나 학문과 사회발전에 따른 통계의 필요성 증가 등으로 확률론의 적용이 강력하게 요구되었다.

또, 이와 때를 같이하여 형성되었던 공리주의적 방법론의 힘을 빌어, 확률론은 20세기에 접어들면서 수학의 주요한 연구분야로서의 체계를 갖추게 되었다.

▶ 콜모고로프의 공리론적 정의

현대 확률론은 1933년에 콜모고로프(Kolmogorov, 1903~1987)가 그의 유명한 저서 "Fundamental concepte of probability"에서 측도론에 기반을 둔 공리적 체계를 세운 것에서 시작되었다고 볼 수 있다.

확률론에서는 되풀이할 수 있는 행위를 시행, 시행에 의해서 일어난 사태를 사상(事象) 또는 사건, 그리고 하나의 시행으로 말미암아 일어날 수 있는 사건 전체로 된 집합을 사상 공간이라고 하는데, 콜모고로프는 사상공간 Ω을 다음 공리에 의해 추상적으로 나타내고, Ω, F, P가 이루는 체계 (Ω, F, P)를 '확률공간'이라고 부르고 있다.

① F는 Ω의 부분집합이 만드는 집합족이고, $A \in F$, $B \in F$일 때,

$$A \cup B \in F,\ A \cap B \in F,\ A - B \in F$$

② $\Omega \in F$

③ F의 각 원소 A에 음이 아닌 실수 $P(A)$가 대응한다. 이것을 A의 확률이라 한다.

④ $P(\Omega) = 1$

⑤ $A \cap B = \emptyset$일 때, $P(A \cup B) = P(A) + P(B)$

가 성립한다.

요컨데, 콜모고로프의 정의는 낱낱의 경우에 관해서 선험적이건, 경험적이건 구체적으로 어떤 확률을 주는가를 따지지 않고, 확률의 기본적 성질을 공리적으로 내세워 그 수학적 모델을 만들었다는 점에서 획기적이었다.

이러한 과정을 거쳐 발전을 거듭하여 온 확률론은 특히 통계학에 그 이론이 이용되면

서부터 통계학의 발전에 큰 영향을 미치게 되었다. 현대에 이르러 확률론의 연구 내용은 더욱 심화되어 오늘날에는 물리학, 생물학, 경제학, 심리학 등 수많은 학문 분야의 연구에 이용될 뿐 아니라, 여러 가지 사회현상 문제를 다루는 과학적 방법으로 등장하게 되었다.

2. 통계학의 발달과정

통계학의 발달은 국가가 성립할 때부터라고 볼 수 있다. 국력의 조사와 더불어라고 보면 5,000년 전 고대 중국, 이집트, 바빌로니아시대부터 통계가 이루어졌다고 할 수 있으나, 근대적 의미의 통계학은 17세기 중엽부터라고 본다.

17세기 중엽 독일에는 많은 소 제후국들이 난립하여 자기들이 지배하는 나라와 다른 나라 사이의 국세를 비교하며 알고자 하는 의도가 높았다. 이때 헤르만 커링(Hermann Coring, 1606~1681)이 국상학(國狀學)이라는 제목의 강의를 통하여 각국의 토지, 인구, 재정, 병력 등 국가의 현저한 사항들을 수량적으로 표현하고자 하였으며, 그 뒤를 이어 아헨발(G. Achenwalle, 1719~1772)이 학문으로 발전시켰다. 그러나 이때의 통계학자들은 수량적 표현에 그다지 큰 관심을 기울이지는 않았다.

17세기경 영국의 해외 무역이 급격히 성장함에 따라 전염병도 옮겨져 많은 사람이 목숨을 잃게 되었다. 이때 그랜드(J. Grant, 1620~1674)는 「Observation on the London Bill of Mortality(1662)」을 발표하여 흑사병의 만연이라든가 비참한 전쟁으로 남녀의 성별비율이 어떻게 변화하는가를 발표하고, 그 영향이 대체로 20년 후에나 복구된다는 사실을 지적하며, 인구의 변화에 놀라운 규칙성이 있음을 명백히 하였다. 이를 경제현상에 응용한 사람은 의사이자 경제학자인 페티(W. Petty, 1623~1687)였다. 이를 독일의 신학자 슈스밀히(J.P. Sussmilch, 1707~1767)이 발전시켜 대량관찰법이라는 결실을 보게 되었다.

프랑스 통계학은 파스칼, 페르마, 베르누이 등에 의하여 도박에 관한 확률계산을 수학적으로 취급함으로써 정립되었다.

독일, 영국, 프랑스의 세 학파를 기점으로 출발한 학문이 하나로 통합된 것은 벨기에의 케틀레(A. Quetelet, 1796~1874)시대이며, 이 시대에 고전 통계학의 기초가 확립된 것이다. 그는 처음에 수학, 물리학, 천문학을 연구하였고 그 지식을 사회학에 응용하여 종래의 통계학에 도덕통계를 가미하여 범죄현상의 규칙성을 강조하기도 하였다. 19세기 중엽은 통계만능시대라고 불리어 졌으나, 케틀레의 지나친 방법론이 비판의 대상이 되어 사회통계학파와 수리통계학파로 분리되게 되었다.

20세기 초반에 근대통계학으로 변천하여 이것이 다시 기술통계학과 추측통계학으로 구분되어 기술통계학은 다윈(E. Darwin, 1731~1802), 갈톤(S. Galton, 1822~1911) 등에 의하여 사분위수, 백분위수, 상관관계, 회귀계수 등의 개념이 처음으로 도입되었다. 이어 피어슨(K. Pearson, 1857~1937)은 진화론을 수량적으로 실증하기 위해서 생물통계학을 창시하게 되었다. 이것을 일반화하여 사회통계, 경영통계 등에 응용하게 되었으며, 이것들이 기술통계학을 구성하게 된 것이다.

추측통계학은 실험에 따른 자료가 연구목적이 아니라, 여기서 얻은 자료를 가지고 모집단에 관하여 추측을 하는 것이 연구 목적이 된다. 추측통계학분야의 추정(estimation)과 가설검정(hypothesis)의 이론전개에 있어서는 피셔(R.A. Fisher, 1890~1962), 네이만(J. Neyman, 1894~), 피어슨(E.S. Pearson, 1895~) 등이 크게 공헌하였다. 피셔는 특히 그의 주저인「연구자를 위한 통계적 방법, 1925」,「실험계획법, 1935」등을 통해서 실험계획에 관한 이론과 통계적 추정이론을 발표하여 추측통계학의 중추적 분야를 창립하였다. 이 이론의 핵심은 통계량으로 모수를 추정하는 것으로 20세기에 들면서 비로서 볼 수 있는 통계이론이다.

1930년대에는 네이만과 피어슨 등에 의하여 가설검정법과 구간추정법이 연구되었고, 2차 대전 중인 1940년부터 1950년에 걸쳐서, 군부의 요청에 의해 순차해석이라 불리어지는 통계적 방법을 개척한 것은 왈드(A. Wald, 1902~1950)이다. 그는 네이만-피어슨의 이론을 통계적 결정함수의 이론으로 발전시켰으며, 그것을 내용으로 하는「통계적 결정함수이론」은 그의 마지막 대작으로 남고 있다.

추측통계학은 오늘날 추계학(推計學, Stochastics)이라 하여 종래의 기술통계학과 구별되고 있으며, 추계학의 연구는 제2차 세계전쟁이래 특히 미국에서 활발하게 연구되었다. 또한 수리통계학의 주류가 되어 이론과 응용에서 급격하게 진보, 발전하고 있는 학문이다.

제2장

기술통계

1. 자료의 정리

1) 통계자료

통계학(statistics)이란 집단의 현상을 실험하거나 조사하여 수량적으로 관찰함으로써, 그 현상에 숨어있는 집단적 규칙성을 알아내는 방법론을 연구하는 학문이라 볼 수 있다. 우리들 주위에는, 낱낱의 현상으로는 우연적인 변동에 따르는 불확정한 것으로 보이는 것이라도 집단적으로 관찰하면 어떤 규칙성을 나타내는 것이 흔히 있다. 예를 들면, 유명한 엥겔의 법칙은 엥겔(E. Engel, 1821~1896)이 벨기에의 노동자의 가계를 조사하여 발견한 통계적 법칙이다. 이와 같은 통계적 법칙은 일반적 의미의 법칙이라 볼 수 없지만 현실에서 여러 가지 현상을 분석하는 데 많은 도움이 된다.

한편 통계학의 주된 관심은 자료로부터 필요한 정보를 뽑아내는 데 있다. 자료처리를 위한 체계적이고 과학적인 관찰이나 실험을 통하여 타당성 있는 객관적인 결론을 얻으려는 것이다.

현대통계학의 특징은 추측통계이다. 문제가 되는 대상 전체를 모집단으로 설정하고, 실제로 우리들이 가진 자료는 그 모집단의 표본(sample)이라 본다. 그래서 표본을 가지고 원래 모집단에 대한 정보를 얻든지 또는 판단을 내린다.

이와 같은 통계적 방법의 특징은, 대상에 관한 어떤 집단적 특성을 찾아내어, 그것을 바탕으로 문제가 되는 대상에 확률적인 의미의 판단을 내리는 것이라 말할 수 있다. 그러나 이러한 통계적 분석이 성공할 열쇠는 목적에 알맞는 자료를 수집하는 데 있음을 잊어서는 안 된다.

2) 도수분포

관찰, 조사, 실험 등으로 얻은 자료(data)의 집단적 특징을 조사할 때 먼저 자료를 몇 개의 계급(class)으로 분류하여 **도수분포표(度數分布表)**를 작성한다. 여기서 각 계급에 소속하는 자료의 개수를 **도수**(frequency)라 한다. 각 계급에 대응하는 도수의 계열을 도수분포라 한다. 이것은 집단적 상황을 나타낸다.

[예 2·1] 다음은 난수표의 수열에서 차례로 5개의 숫자를 택하여 그 평균을 구한 실험 결과이다.

표 IV·1

6.4	4.6	5.0	3.8	5.6	3.6	4.4	3.4	1.8	4.0
5.6	4.2	3.2	3.0	3.4	2.8	3.6	4.0	4.2	3.2
3.2	5.0	6.0	6.2	4.0	5.4	4.8	3.8	4.8	5.2
3.8	5.6	3.8	3.2	5.0	6.4	4.6	4.2	4.8	4.6
8.0	6.2	3.4	4.0	4.6	2.8	7.0	4.2	4.6	5.8
6.0	5.0	3.4	5.2	4.0	5.2	4.6	3.4	4.6	3.4
2.8	7.2	6.4	4.0	5.0	2.0	4.2	7.6	5.4	0.8
4.8	3.6	3.6	4.0	5.0	4.4	3.6	5.2	2.0	6.2
2.6	4.4	3.8	5.4	6.2	2.4	5.2	3.2	5.2	2.8
6.0	6.4	5.6	3.2	1.4	5.2	6.4	3.4	6.4	6.4

위의 IV·1의 100개의 자료에 대한 도수분포표를 작성하여라.

풀이 이 자료의 최대값은 $L=8.0$, 최소값은 $M=0.8$이므로 자료의 범위는 $R=L-M=7.2$이다. 여기서 $R/10=0.72$이므로 계급의 폭을 0.5 또는 1.0으로 함이 적당하다.

그런데 자료의 개수($n=100$)가 그렇게 크지 않으므로 계급의 개수는 너무 많지 않음이 바람직하다. 따라서 계급의 폭을 1.0으로 하면 구하는 도수분포표는 표 IV·2와 같다.

표 IV·2

계 급	도 수
0 이상~1.0 미만	1
1.0 ~2.0	2
2.0 ~3.0	8
3.0 ~4.0	24
4.0 ~5.0	26
5.0 ~6.0	21
6.0 ~7.0	14
7.0 ~8.0	3
8.0 ~9.0	1
계	100

각 계급의 도수를 자료의 총수로 나누어 비율화한 것을 상대도수라 하고 이것을 표로 나타낸 것을 상대도수분포표라 한다. 자료의 개수가 대단히 클 때는 상대도수로 나타내면 대단히 편리하다.

2. 통 계 값

1) 대표값

자료전체를 대표하는 값을 대표값이라고 하는데 산술평균, 중위수, 최빈수, 기하평균, 조화평균 등이 대표값으로 사용된다. 이들은 각기 자료와 목적에 따라 장단점이 있다.

n개의 변량 x_1, x_2, ……, x_n의 산술평균(Mean)은 $\bar{x}$로 나타내며, 다음과 같이 정의된다.

$$\bar{x}=\frac{x_1+x_2+\cdots\cdots+x_n}{n}=\frac{\sum_{i=1}^{n}x_i}{n} \quad \cdots\cdots (1)$$

도수분포표로부터 산술평균을 구하려면 각 계급에 속하는 변량의 값이 모두 그 계급값과 같다고 가정하고, 다음과 같이 계산한다.

$$\bar{x}=\frac{f_1x_1+f_2x_2+\cdots\cdots+f_nx_n}{n}=\frac{\sum_{i=1}^{n}f_ix_i}{n}\left(\text{단, } n=\sum_{i=1}^{n}f_i\right) \cdot (2)$$

여기서 x_i는 계급값, f_i는 그에 대응하는 도수를 나타내고 있다.

이때 자료 $x_i(i=1, 2, \cdots\cdots, n)$를 $u_i=\dfrac{x_i-x_0}{a}$로 변환하고 $u_1, u_2, \cdots\cdots, u_n$의 평균값을 $\bar{u}$라 하면 식 (1)과 식 (2)는 각각 다음과 같이 된다.

$$\bar{x}=a\bar{u}+x_0 \left(\text{단, } \bar{u}=\frac{1}{n}\sum_{i=1}^{n} u_i\right) \cdots\cdots (3)$$

$$\bar{x}=a\bar{u}+x_0 \left(\text{단, } \bar{u}=\frac{1}{n}\sum_{i=1}^{n} f_i u_i,\ n=\sum_{i=1}^{n} f_i\right) \cdots\cdots (4)$$

도수분포표로부터 산술평균을 구하려고 할 때, x_0를 계급값 중에서 산술평균에 가까운 값으로 잡고 a를 계급 간격과 같게 잡으면 식 (4)에 의하여 아주 간단히 계산할 수 있다.

[예 2 · 2] 다음 도수 분포에서 신장의 산술평균을 구하여라.

표 Ⅳ · 3

신장(cm)	학생수
160～162	5
163～165	18
166～168	42
169～171	27
172～174	8
계	100

풀이 $\bar{x}=a\bar{u}+x_0=a\left(\dfrac{\Sigma f_i u_i}{n}\right)+x_0=3\cdot\dfrac{15}{100}+167=167.45$

x_i	u_i	f_i	$f_i u_i$
161	−2	5	−10
164	−1	18	−18
167	0	42	0
170	1	27	27
173	2	8	18
		$n=100$	$\Sigma f_i u_i=15$

변량을 크기 순으로 배열했을 때, 중앙에 오는 값 또는 중앙에 오는 두 값의 산술평균을 중위수(Median)라고 하고, M_e로 나타낸다. 자료가 도수분포표로 정리되어 있으면 누적도수분포표를 만들어

$l = M_e$를 포함하는 계급의 급하계(級下界)

$n =$ 총 도수

$(\sum f_l) = l$ 미만의 총 도수

$f_m = M_e$를 포함하는 계급의 도수

$c =$ 급간격

이라 할 때, 근사적으로 다음과 같이 구한다.

$$M_e = l + \frac{c}{f_m}\left(\frac{n}{2} - (\sum f_l)\right)$$

최대 도수를 가지는 변량의 값을 최빈수(Mode)라고 하며, M_0로 나타낸다. 최빈수는 도수분포표로부터는 그 근사값을 구할 수 있을 뿐이다. 가장 간단한 방법으로서는 최대 도수를 가지는 계급값을 취하는 것이다. 도수분포곡선이 종을 엎어놓은 것과 같은 모양일 때, 다음과 같은 관계식이 성립함을 경험적으로 알 수 있다.

$$\bar{x} - M_0 = 3(\bar{x} - M_e)$$

n개의 변량 $x_1, x_2, \cdots\cdots, x_n$의 기하평균(geometric mean) G는 다음과 같이 정의된다.

$$G = \sqrt[n]{x_1 \cdot x_2 \cdots\cdots x_n}$$

조화평균(harmonic mealn) H는 일의 능률 등의 평균율을 구하는 데 적당하며, 역수의 산술평균의 역수로 정의되는 대표값이다. 즉

$$H = \frac{1}{\frac{1}{n}\sum_{i=1}^{n}\frac{1}{x_i}} = \frac{n}{\sum_{i=1}^{n}\frac{1}{x_i}}$$

산술평균 $\bar{x}$, 기하평균 G, 조화평균 H 사이에는 다음과 같은 관계가 있다.

$$\bar{x} \geq G \geq H$$

문 제

1. 표 IV·3의 도수분포표에서 중위수와 최빈수를 구하여라.
2. 식 (3)이 성립함을 밝혀라.
3. 다음 표 IV·4의 자료에 대한 평균을 구하여라.

표 IV·4

계 급	도 수
20~30	16
30~40	56
40~50	72
50~60	48
60~70	8
계	200

2) 산 포 도

자료가 그 대표값 둘레에 어느 정도 흩어져 있는가를 나타내는 측도를 **산포도**(散布度, dispersion) 또는 변이(變異, variation)라고 한다. 산포도는 평균으로 그 자료를 대표할 때의 오차의 정도를 가리키는 측도이다. 산포도에는 범위, 평균편차, 사분위편차, 표준편차 등이 있다.

범위(range)란 자료의 최대값과 최소값의 차를 말한다. 표본의 크기가 모두 일정하며, 그다지 크지 않은 표본을 많이 다룰 때에는 범위를 사용하면 매우 편리하다. 그러나 크기가 다른 표본들 사이에서는 범위를 비교하는 의미가 적고, 또 일반적으로 자료 중에 나타나는 최대값이나 최소값이 예외적인 값인 경우가 많으므로 산포도로서는 확실한 것이 못된다.

평균편차(mean deviation) M.D.란 편차의 절대값의 평균으로 정의되는 산포도이다. 즉

$$\text{M.D.} = \frac{\sum_{i=1}^{n} |x_i - \bar{x}|}{n}$$

사분위편차(quartile deviation) Q는 다음과 같이 정의되는 산포도이다.

$$Q = \frac{Q_3 - Q_1}{2}$$

여기서 Q_1, Q_3는 제1사분위수, 제3사분위수이다.

편차의 제곱의 평균을 분산(variance)이라고 하고, 그 제곱근을 **표준편차**(standard deviation)라고 한다. 즉

$$\text{분산} \qquad S_x^2 = \frac{1}{n} \sum_{i=1}^{n} (x_i - \bar{x})^2$$

$$\text{표준편차 } S_x=\sqrt{\frac{1}{n}\sum_{i=1}^{n}(x_i-\bar{x})^2}$$

그리고 분산은 다음과 같이 나타낼 수 있다.

$$S_x^2=\frac{1}{n}\sum_{i=1}^{n}x_i^2-\bar{x}^2$$

또한 변량이 도수분포표로 분류되어 있을 때에는 분산, 표준편차는 각각

$$S_x^2=\frac{1}{n}\sum_{i=1}^{n}f_i(x_i-\bar{x})^2$$

$$S_x=\sqrt{\frac{1}{n}\sum_{i=1}^{n}f_i(x_i-\bar{x})^2}\ \left(\text{단, } n=\sum_{i=1}^{n}f_i\right)$$

로 되며, 분산은

$$S_x^2=\frac{1}{n}\sum_{i=1}^{n}f_ix_i^2-\bar{x}^2$$

로 나타낼 수 있다.

자료 $x_i\ (i=1, 2, \cdots\cdots, n)$를 $u_i=\dfrac{x_i-x_0}{a}$로 변환하고, u_1, u_2, $\cdots\cdots$, u_n의 분산을 S_u^2라 하면

$$S_x^2=c^2S_u^2, \qquad S_u^2=\frac{1}{n}\sum_{i=1}^{n}f_iu_i^2-\bar{u}^2$$

으로 된다. 도수분포표로부터 표준편차를 구하고자 할 때에는 이 마지막 식을 사용하면 계산이 아주 간단히 된다.

[예 2 · 3] 표 IV · 3의 도수분포표에서 신장의 표준편차를 구하여라.

풀이

x_i	u_i	f_i	f_iu_i	$f_iu_i^2$
161	-2	5	-10	20
164	-1	18	-18	18
167	0	0	0	0
170	1	27	27	27
173	2	8	16	32
		$n=\Sigma f_i=100$	$\Sigma f_iu_i=15$	$\Sigma f_iu_i^2=97$

$$S_x=c\cdot\sqrt{\frac{1}{n}\sum_{i=1}^{n}f_iu_i^2-\bar{u}^2}$$

$$= 3 \cdot \sqrt{\frac{97}{100} - \left(\frac{15}{100}\right)^2}$$
$$= 2.92$$

표준편차 S를 평균 $\bar{x}$로 나눈 몫을 변이계수(coefficient of variation)라고 한다. 즉

$$\text{C.V.} = \frac{S}{\bar{x}}$$

변이계수는 보통 백분율로 나타내며, 상대적 산포도의 일종으로 성질이 다르거나 평균이 다른 자료의 산포도를 비교하는 데 편리한 산포도이다.

문 제

1. 표 Ⅳ·4 자료에서 분산과 표준편차를 구하여라.
2. $S_x^2 = \frac{1}{n} \sum_{i=1}^{n} (x_i - \bar{x})^2 = \frac{1}{n} \sum_{i=1}^{n} x_i^2 - \bar{x}^2$이 성립함을 밝혀라.
3. A과목의 성적은 60점 만점에 평균이 50점, 표준편차가 10점이고, B과목의 성적은 100점 만점에 평균이 80점, 표준편차가 14점이었다. 어느 과목의 성적이 더 고른가?

3) 상관과 상관계수

지금까지 우리는 한 변량에 관한 통계적 방법을 생각해왔다. 두 변량 이상을 대응시켜 생각하는 관계를 상관관계(相關關係, correlation)라 한다. 두 가지 또는 그 이상의 변량 사이에는 실제적으로 어떤 관계가 존재하는 경우가 많다. 예를 들면 체중은 어느 정도 신장에 좌우되며, 원둘레는 그 지름에 비례한다.

이 절에서는 변량 사이의 상관의 정도, 즉 어떤 직선이나 곡선이 변량 사이의 관계를 얼마나 잘 나타내고 있는가 하는 문제를 생각해 보자.

두 가지 변량을 관련짓는 식을 찾으려면, 먼저 각 변량에 대응하는 값을 나타내는 자료를 모은다. 예를 들어 x와 y가 각각 성인 남자의 신장과 체중을 나타낸다고 하면, n명의 성인 남자로 된 표본에 대하여 n개의 순서쌍 (x_1, y_1), (x_2, y_2), ……, (x_n, y_n)을 얻게 된다. 다음에는 이들을 좌표평면 위에 나타낸다. 이때, 그 그래프를 상관도라고 한다.

그림 Ⅳ·1의 (a), (b)와 같이 상관도의 모든 점이 어떤 직선에 가까이 있을 때, 두 변량 x, y 사이에는 직선적인 상관(linear correlation)이 있다고 한다.

(a)와 같이 x가 증가할 때 y도 증가하는 경우에는 양의 상관(positive correlation)이 있다고 하고, 그림 (b)와 같이 x가 증가할 때 y가 감소하는 경우에는 음의 상관(negative correlation)이 있다고 한다.

상관도의 모든 점이 어떤 곡선에 가까이 있을 때, 비직선적인 상관이 있다고 한다. 그림 (c)와 같이 두 변량 사이에 아무 관계도 없을 때, 무상관(no correlation)이라고 한다.

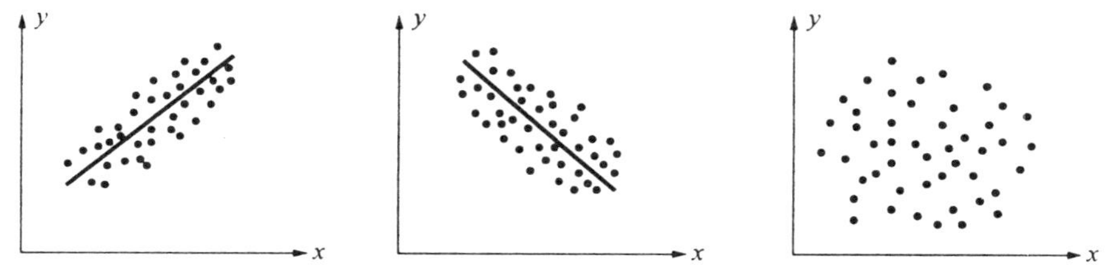

(a) 직선적인 양의 상관 (b) 직선적인 음의 상관 (c) 무상관

그림 Ⅳ · 1

어떤 주어진 직선이나 곡선이 변량 사이의 관계를 얼마나 잘 나타내고 있는가 하는 것은 상관도를 보고 알아볼 수 있으나, 수량적으로 다루기 위해 상관의 측도를 생각해 낼 필요가 있다.

두 변량 사이의 상관관계의 정도를 정량적으로 측정하는 데는 **상관계수**(correlation coefficient)가 쓰인다.

2개의 변량으로부터 얻어진 n개의 순서쌍 $(x_1, y_1), (x_2, y_2), \cdots\cdots, (x_n, y_n)$에 대해 생각해 보자.

일반적으로 원점을 $(\bar{x}, \bar{y})$로 옮겼을 때 양의 상관이면 제1, 3상한에 점이 많이 모여 있고, 따라서 $\sum_{i=1}^{n}(x_i-\bar{x})(y_i-\bar{y})$는 양이 될 것이며, 음의 상관이면 제2, 4상한에 점이 많이 모여 있고, $\sum_{i=1}^{n}(x_i-\bar{x})(y_i-\bar{y})$는 음이 될 것이다. 또 상관이 없을 때는 점이 각 상한에 평등히 흩어져 있고, $\sum_{i=1}^{n}(x_i-\bar{x})(y_i-\bar{y})$는 양과 음이 상쇄되어, 0이 될 것이다. 이와 같이 상관의 양상은 $\sum(x_i-\bar{x})(y_i-\bar{y})$, 또는 $(x_i-\bar{x})(y_i-\bar{y})$의 평균, $\frac{1}{n}\sum(x_i-\bar{x})(y_i-\bar{y})$의 값으로 나타날 것이다. 이때 $(x_i-\bar{x})(y_i-\bar{y})$의 평균을 **공분산**(covariance)이라 하고, $Cov(x, y)$로 나타낸다. 즉

$$Cov(x, y)=\frac{1}{n}\sum_{i=1}^{n}(x_i-\bar{x})(y_i-\bar{y}) \quad \cdots\cdots\cdots (1)$$

그런데 공분산은 x, y의 측정의 단위에 관계하므로, 상관의 정도를 나타내는 척도로서는 좋지 않다. 그러므로 측정의 단위에 관계치 않게 하기 위하여 $x_i-\bar{x}$, $y_i-\bar{y}$를 각각 x, y의 표준편차

$$s_x=\sqrt{\frac{1}{n}\sum_{i=1}^{n}(x_i-\bar{x})^2}, \qquad s_y=\sqrt{\frac{1}{n}\sum_{i=1}^{n}(y_i-\bar{y})^2}$$

으로 나눈 값, 즉 표준화한 값 $\dfrac{x_i-\bar{x}}{s_x}\cdot\dfrac{y_i-\bar{y}}{s_y}$의 곱의 평균

$$\frac{1}{n}\sum_{i=1}^{n}\frac{x_i-\bar{x}}{s_x}\cdot\frac{y_i-\bar{y}}{s_y}$$

를 x, y의 상관의 양상을 나타내는 척도로 하여, 이것을 x, y의 상관계수(correlation coefficient)라 부르고, 보통 r 또는 r_{xy}로 나타낸다. 즉,

$$r=\frac{\frac{1}{n}\sum_{i=1}^{n}(x_i-\bar{x})\cdot(y_i-\bar{y})}{s_x s_y}=\frac{Cov(x,\ y)}{s_x s_y} \quad\cdots\cdots\cdots\cdots\cdots\cdots (2)$$

또는

$$r=\frac{\sum_{i=1}^{n}x_iy_i-n\bar{x}\,\bar{y}}{\sqrt{\sum_{i=1}^{n}x_i^2-n\bar{x}^2}\sqrt{\sum_{i=1}^{n}y_i^2-n\bar{y}^2}} \quad\cdots\cdots\cdots\cdots\cdots\cdots\cdots\cdots (3)$$

그러나 상관계수를 구하는 데는 다음 정리를 쓰는 것이 좋다.

■ 정리 2·1

변환 $u_i=\dfrac{x_i-x_0}{a}$, $v_i=\dfrac{y_i-y_0}{b}$에 의하여 x_i, y_i가 각각 u_i, v_i로 변환될 때 u, v 사이의 상관계수 r_{uv}는 x, y 사이의 상관계수 r_{xy}와 같다. 즉 $r_{xy}=r_{uv}$이다.

즉 상관계수 r의 값은 변량 x, y의 원점과 단위를 임의로 정해도 변하지 않는다.

[예 2·4] 다음 표 IV·5에서 x와 y의 상관계수를 구하여라.

표 IV·5

x	65	63	67	64	68	62	70	66	68	67	69	71
y	68	66	68	65	69	66	68	65	71	67	68	70

풀이 $x_0 = y_0 = 68$로 하여 변환

$$u_i = x_i - 68, \quad v_i = y_i - 68$$

을 한다.

표 IV·6의 계산에서

$$\bar{u} = \frac{-16}{12} \fallingdotseq -1.33, \quad \bar{v} = \frac{-5}{12} \fallingdotseq -0.42$$

이므로

$$r = \frac{47 - 12\times(-1.33)(-0.42)}{\sqrt{106 - 12\times(-1.33)^2}\sqrt{41 - 12\times(-0.42)^2}}$$

$$= \frac{40.30}{\sqrt{3296.2533}} \fallingdotseq 0.70$$

표 IV·6

x_i	y_i	u_i	v_i	u_i^2	v_i^2	$u_i v_i$
65	68	−3	0	9	0	0
63	66	−5	−2	25	4	10
67	68	−1	0	1	0	0
64	65	−4	−3	16	9	12
68	69	0	1	0	1	0
62	66	−6	−2	36	4	12
70	68	2	0	4	0	0
66	65	−2	−3	4	9	6
68	71	0	3	0	9	0
67	67	−1	−1	1	1	1
69	68	1	0	1	0	0
71	70	3	2	9	4	6
계		−16	−5	106	41	47

자료의 수효가 많을 때는 변량 x, y를 각각 적당한 계급으로 분류하여 다음과 같은 상관표(correlation table)로 정리한 다음, 변형된 공식

$$r = \frac{n\sum f_{ij} u_i v_i - (\sum f_{i\cdot} u_i)(\sum f_{\cdot j} v_j)}{\sqrt{(n[\sum f_{i\cdot}\ u_i^2 - (\sum f_{i\cdot} u_i)^2][n\sum f_{\cdot j}\ v_j^2 - (\sum f_{\cdot j} v_j)^2]}} \quad \cdots (4)$$

(단, $x_i = c_x u_i + x_0$, $y_j = c_y v_j + y_0$, c_x, c_y; 급간격)

을 사용하여 구하면 편리하다.

$x \backslash y$	y_1 y_2 $\cdots$ y_j $\cdots$ y_l	계
x_1	f_{11} f_{12} $\cdots$ f_{1j} $\cdots$ f_{1l}	$f_{1\cdot}$
x_2	f_{21} f_{22} $\cdots$ f_{2j} $\cdots$ f_{2l}	$f_{2\cdot}$
$\vdots$	$\vdots$ $\vdots$ $\vdots$ $\vdots$	$\vdots$
x_i	f_{i1} f_{i2} $\cdots$ f_{ij} $\cdots$ f_{il}	$f_{i\cdot}$
$\vdots$	$\vdots$ $\vdots$ $\vdots$ $\vdots$	$\vdots$
x_k	f_{k1} f_{k2} $\cdots$ f_{kj} $\cdots$ f_{kl}	$f_{k\cdot}$
계	$f_{\cdot 1}$ $f_{\cdot 2}$ $\cdots$ $f_{\cdot j}$ $\cdots$ $f_{\cdot l}$	n

상관도상에서 관찰점 (x_1, y_1), (x_2, y_2), ……, (x_n, y_n)들에 가장 밀접되는 직선을 정할 수 있다. 이 직선을 회귀직선(回歸直線, regression line)이라고 한다. 회귀직선의 방정식을 ax_i+b라 할 때, 관찰값 y_i와 ax_i+b의 차의 제곱의 합

$$S(a, b) = \sum_{i=1}^{n}(y_i-(ax_i+b))^2$$

이 최소가 되도록 a, b를 결정하는 방법을 최소자승법(least square method)이라고 하고, 이렇게 하여 어어진 직선을 y의 x에 관한 회귀직선이라 한다.

y의 x에 관한 회귀직선은

$$y-\bar{y}=\frac{rS_y}{S_x}(x-\bar{x}) \quad \cdots\cdots (5)$$

와 같이 나타낼 수 있고, 같은 방법으로 x의 y에 관한 회귀직선은

$$x-\bar{x}=\frac{rS_x}{S_y}(y-\bar{y}) \quad \cdots\cdots (6)$$

와 같이 나타낼 수 있다.

임의의 두 변량의 상관계수 r는 $-1 \leq \gamma \leq 1$을 만족한다. $r=\pm 1$일 때 이들 두 회귀직선은 일치하며, 변량 x, y 사이에 완전한 직선적인 상관이 있다. $r=0$이면, 이 둘 두 회귀직선은 수직이며, x와 y 사이에 직선적인 상관이 없다.

따라서 상관계수는 이들 두 회귀직선이 어긋나 있는 정도를 나타내고 있는 측도라 할 수 있다.

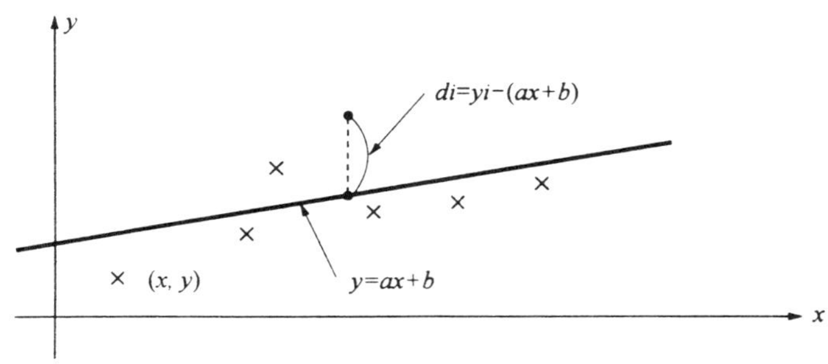

그림 Ⅳ·2 양의 상관의 경우

문 제

1. 정리 **2·1**을 증명하여라.
2. 다음 표는 어떤 반에서 임의로 택한 10명의 학생에 대한 수학 성적과 과학 성적을 나타내고 있다. 상관도를 그리고 두 변량에 대한 상관계수와 과학 성적의 수학 성적에 관한 회귀직선을 구하여라.

수학(x)	75	80	93	65	87	71	98	68	84	77
과학(y)	82	78	86	72	91	80	95	72	89	74

3. 다음 표는 어느 초등학교 6학년 아동 100명에 대한 수학 성적과 영어성적에 대한 상관표이다. 두 과목의 성적에 대한 상관도와 상관계수를 구하여라.

영어 \ 수학	40～49	50～59	60～69	70～79	80～89	90～99	합계
90～99				2	4	4	10
80～89			1	4	6	5	16
70～79			5	10	8	1	24
60～69	1	4	9	5	2		21
50～59	3	6	6	2			17
40～49	3	5	4				12
합계	7	15	25	23	20	10	100

제3장

확률과 확률분포

1. 표본공간과 사건

확률을 수반하는 어떤 실험이나 관찰을 일반적으로 **확률실험**(Random experiment)이라고 하며, 동전을 던지거나 공을 상자에서 꺼내는 일과 같이 반복할 수 있는 확률실험을 수행하는 일을 시행(trial)이라고 한다. 확률실험에서는 무엇을 측정하거나 관찰할 것인가를 명확히 해야 한다. 먼저 확률실험들의 예를 들어보기로 하자.

E_1 : 하나의 주사위를 던지고 윗면에 나타난 숫자를 관찰한다.

E_2 : 하나의 동전을 4번 던질 때 표면이 나타나는 횟수를 관찰한다.

정의 3·1 어떤 실험에서 일어날 수 있는 모든 결과를 원소로 가지는 집합을 그 실험의 표본공간(sample space)이라고 한다.

앞에서 예시한 확률실험 E_1과 E_2에 대한 표본공간들을 각각 S_1과 S_2로 나타내 보면 다음과 같다.

$$S_1 = \{1, 2, 3, 4, 5, 6\}, \quad S_2 = \{0, 1, 2, 3, 4\}$$

정의 3·2 어떤 실험에 대한 표본공간 S가 주어졌을 경우, S의 임의의 부분집합을 그 실험에 수반된 사건(event)이라고 한다.

S의 한 원소로 된 부분집합을 근원사건(elementary event) 또는 단일사건(simple

event)이라고 한다. 앞의 예에서 S_1의 부분집합 {5}는 "주사위의 윗면에 5가 나타난다"는 단일사건이다,

사건에는 다음과 같은 것이 있다.

① 합사건 $A \cup B$: 사건 A, B 중의 어느 하나가 일어나는 사건

② 곱사건 $A \cap B$: 사건 A, B가 동시에 일어나는 사건

③ 여사건 $\overline{A}$: 사건 A에 대하여 A가 일어나지 않는다는 사건

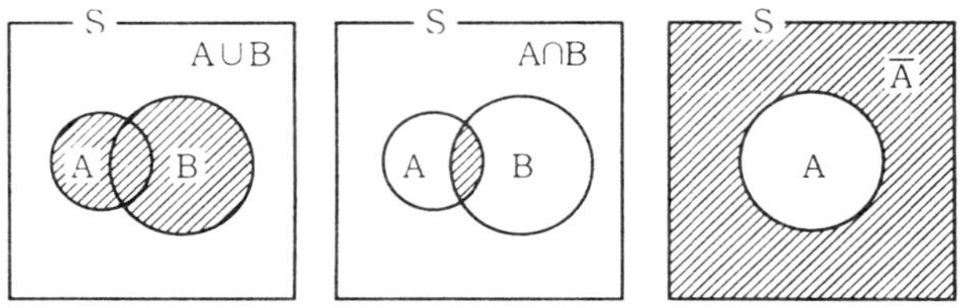

합사전 곱사전 여사전

어떤 사건에 대하여, 그것이 반드시 일어나는 것일 때, 전사건이라 하고, U로 나타낸다. 또 결코 일어나지 않는 것일 때, 공사건이라 하고, ϕ로 나타낸다. 따라서, $A \cap B = \phi$는 A와 B가 동시에 일어나는 일은 없음을 나타낸다. 이때, A와 B는 서로 배반(mutually exclusive)이라 한다.

문 제

1. 동전을 던져서 표면이 나오면 1, 이면이 나오면 0으로 표시하기로 한다. 1개의 동전을 2번 던지는 실험에서
   ① 표본공간 S를 그림으로 그려라.
   ② S를 집합으로 나타내어라.
   ③ 적어도 하나가 표면이 나오는 사건을 A, 두 번째 던진 결과가 이면인 사건을 B라 할 때, $A \cap B$, $\overline{A}$, $A - B$를 구하라.
2. 검은 공 2개, 흰 공 1개가 들어 있는 주머니에서 1개씩 2번 공을 꺼내는 실험의 표본공간 S를 구하라.

2. 확률의 정의

일반적으로 반복해서 일어나는 현상이나 같은 종류의 많은 개체의 집단에서 우연히 일어난다고 생각되는 사실이 자연현상이나 사회현상 가운데는 많이 있다. 우연히 일어나는 사실에 대하여 그것이 일어나는 것을 기대할 수 있는 정도를 수값으로 나타낸 것을 확률(probability)이라고 한다.

정의 3·3 (수학적 확률) 일어날 수 있는 모든 경우의 수가 n가지 있고, 그들의 어느 두 경우도 동시에 일어나지 않고, 또 어느 경우도 일어나는 일이 같은 정도로 기대된다고 하자. 이 n가지 중에서 어떤 사건 A가 일어나는 경우의 수가 a가지이면 A가 일어날 확률은 $\frac{a}{n}$ 이다.

[예 3·1] 1개의 주사위를 던져서 나올 수 있는 눈은 1, 2, 3, 4, 5, 6이므로 1의 눈이 나올 확률은 $\frac{1}{6}$, 짝수의 눈이 나올 확률은 $\frac{3}{6}=\frac{1}{2}$, 3의 배수의 눈이 나올 확률은 $\frac{2}{6}=\frac{1}{3}$, 2 또는 3의 눈이 나올 확률은 $\frac{2}{6}=\frac{1}{3}$ 이다.

[예 3·2] 한 상자 속에 같은 크기의 공이 10개 들어 있다. 이 중 3개는 흰색이고 7개는 검은 색일 때, 이들 공을 고루 섞어서 1개의 공을 꺼낼 때 그 공의 색깔이 흰색일 확률은 $\frac{3}{10}$ 이고, 검은 색일 확률은 $\frac{7}{10}$ 이다.

위의 예에서는 일어날 수 있는 경우의 수 n이 유한이었다. 그런데 이것이 무한이 되었을 때는 정의 **3·3**을 그대로 적용할 수가 없게 된다.

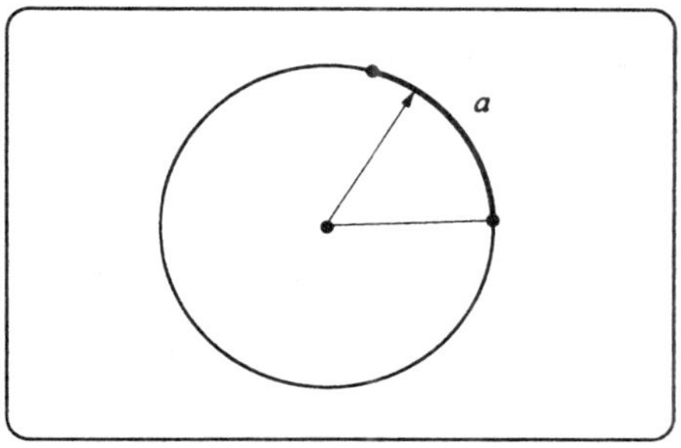

그림 Ⅳ·3

이를테면 그림 Ⅳ·3과 같은 원판의 중심에 자유로이 회전할 수 있는 바늘을 달아놓고, 이 바늘을 시계바늘의 반대방향으로 회전시킨다. 바늘을 회전시켜서 원주 위의 한 점을 가리키고 정지할 때, 어느 점을 가리킬 것인가는 같은 정도로 기대된다.

이때 일어날 수 있는 경우의 수는 무한이

많으나, 길이가 a인 원호 위에 정지할 확률은 전원주의 길이를 l이라고 하면 $\frac{a}{l}$로 생각할 수 있다(그림 IV · 3). 곧 이러한 경우의 확률의 정의는 다음과 같이 한다.

정의 3 · 4 (기하학적 확률) 어떤 영역 R 속의 모든 점에서 같은 정도로 일어날 것이 기대되는 사실 가운데서, 어떤 사실 A가 R의 부분영역 S에서 일어난다고 하자. 이때, A가 일어날 확률은 $\frac{m(S)}{m(R)}$이다. 단, $m(S)$, $m(R)$은 각각 S, R의 측도(길이, 면적, 체적 등)를 나타낸다.

정의 **3 · 3**이나 정의 **3 · 4**에서 '같은 정도로 기대된다'는 조건에서 확률을 정의하였다. 그런데 우리들의 주위에는 이 조건을 만족시키지 않는 것들이 많이 있다. 이를테면, 윷을 던졌을 때 윷짝이 엎어지느냐, 뒤집혀지느냐 하는 일은 명백히 같은 정도로 기대할 수 없다.

이와 같은 사건에 대한 확률을 생각할 때는, 사건을 많은 횟수로 관찰하여 그 사건이 일어나는 횟수를 조사하여 확률을 정의할 수 있다.

어떤 실험 E를 n회 반복 시행할 때, 사건 A가 a회 일어났다고 하면 $\frac{a}{n}$를 E의 n회 반복 시행에서의 사건 A의 상대도수라 한다.

정의 3 · 5 (경험적 확률) 확률실험 E의 시행횟수 n을 충분히 크게 했을 때, 사건 A에 대한 상대도수 $\frac{a}{n}$가 일정한 값 p에 가까워지면 이 p를 사건 A가 일어날 확률이라고 한다.

실험 E에 수반되는 어떤 사건에 대한 확률은 그것이 이론적으로 얻어진 값이거나 또는 경험적으로 얻어진 값이거나 간에 다음 세 조건을 만족하는 실수값이 된다. 따라서 확률을 다음과 같이 공리적으로 정의한다.

정의 3 · 6 실험 E에 대한 표본공간을 S라 하고, 각 사건 A에 대하여 다음 조건을 만족시키는 하나의 실수 $P(A)$를 A의 확률이라고 한다.

(1) $0 \le P(A) \le 1$

(2) 전사건 U, 공사건 ϕ에 대하여, $P(U)=1$, $P(\phi)=0$

(3) A, B가 서로 배반인 사건이면 $P(A \cup B)=P(A)+P(B)$

3. 확률의 성질

1) 확률에 관한 기본정리

■ 정리 3 · 1

$A_1 \subset A_2$이면

① $P(A_1) \leq P(A_2)$, ② $P(A_2 - A_1) = P(A_2) - P(A_1)$

증명 A_1과 $A_2 - A_1$은 서로 배반이다. 따라서 $P(A_2) = P(A_1) + P(A_2 - A_1)$이고, $P(A_2 - A_1) = P(A_2) - P(A_1)$. 그런데 $P(A_2 - A_1) \geq 0$. 따라서 $P(A_2) - P(A_1) \geq 0$, 즉 $P(A_1) \leq P(A_2)$.

■ 정리 3 · 2

(여사건의 확률) $\overline{A}$가 A의 여사건이면, $P(\overline{A}) = 1 - P(A)$.

증명 $A \cup \overline{A} = U$ 이므로 $P(A \cup \overline{A}) = P(U)$. 그런데 $A \cap \overline{A} = \varnothing$ 이니

$$P(A) + P(\overline{A}) = 1$$

$$\therefore P(\overline{A}) = 1 - P(A)$$

■ 정리 3 · 3

(덧셈정리) 임의의 두 사건 A, B에 대하여

$$P(A \cup B) = P(A) + P(B) - P(A \cap B)$$

2) 조건부확률

A, B를 어떤 실험 E에 수반된 두 사건이라 할 때 A가 일어났다는 조건하에서 B가 일어날 확률을 A에 대한 B의 조건부확률(conditional probability)이라 하고 $P(B|A)$ 또는 $P_A(B)$ 등으로 나타낸다.

$$P(B|A) = \frac{P(A \cap B)}{P(A)}, \quad P(A) \neq 0$$

이다. 따라서

$$P(A \cap B) = P(A)P(B|A)$$

이 성립하는데 이것을 **확률의 곱셈정리**라 한다.

다음에 두 사건 A, B가 있어서 한 사건의 일어남이 다른 사건이 일어날 확률에 아무 영향을 주지 않을 때, 즉

$$P(B|A) = P(B), \quad P(A|B) = P(A)$$

가 성립할 때, A와 B는 서로 **독립**이라 한다. A와 B가 서로 독립이 아닐 때, 이들은 **종속사건**이라 한다.

[예 3·3] 상자 속에 6개의 흰공과 4개의 검은공이 들어 있다. 이것에서 계속해서 2개의 공를 꺼낼 때, 첫 번째 꺼낸 공이 흰공이고 두 번째 꺼낸 공이 검은 공일 확률을 구하여라.

풀이 흰공이 나오는 사건을 A, 검은공이 나오는 사건을 B라고 하면, 최초의 공이 힌공일 확률은

$$P(A) = \frac{6}{10}$$

흰공이 나온 뒤는 상자 속에 5개의 흰공과 4개의 검은공이 남으므로 다음에 검은공이 나올 확률은

$$P(B|A) = \frac{4}{9}$$

따라서, 구하는 확률은

$$P(A \cap B) = P(A) \cdot P(B|A) = \frac{6}{10} \cdot \frac{4}{9} = \frac{4}{15}$$

위의 [예 3·3]에서 최초에 꺼낸 공을 상자에 도로 넣고, 두 번째 공을 꺼낸다고 하면, 최초에 나온 공의 빛깔이 두 번째 꺼낸 공이 검은 공일 확률에 영향을 미치지 않으므로 두 사건은 서로 독립이다.

■ 정리 3·4

B가 A와의 독립사건이면

$$P(A \cap B) = P(A) \cdot P(B)$$

증명 B가 A와 독립이므로 $P(B|A)=P(B)$. 따라서

$$P(A\cap B)=P(A)P(B|A)=P(A)\cdot P(B).$$

■ 정리 3 · 5

B가 A와 독립인 사건이면 A는 B와 독립인 사건이다. 즉,

$$P(B|A)=P(B)\text{이면 } P(A|B)=P(A) \ (\text{단, } P(B)\neq 0)$$

증명 $P(A|B)=\dfrac{P(A\cap B)}{P(B)}=\dfrac{P(A)\cdot P(B|A)}{P(B)}=\dfrac{P(A)\cdot P(B)}{P(B)}=P(A)$

$$\therefore P(A|B)=P(A)$$

문 제

1. 정리 **3 · 3** 확률의 덧셈정리를 증명하여라.
2. 한 변의 길이가 2 cm인 정사각형 모양으로 싼 쇠그물을 수평으로 놓고, 지름이 1.5 cm인 공을 위에서 떨어뜨릴 때, 공이 그물에 닿지 않고 아래로 떨어질 확률을 구하여라.
3. 어느 고등학교에서의 근시자수가 아래 표와 같다. 성별이 근시에 영향을 미치지 않는 것으로 가정하고 x, y, z, w값을 구하여라.

성별	근시	정상	합계
남	x	y	405
여	z	w	323
합계	85	643	728

4. 어느 초등학교에서의 근시자의 비율이 5%일 때, 이 초등학교 아동을 임의로 5명 택해서 조사하는 경우
   (1) 적어도 근시자가 1명 있을 확률
   (2) 근시자가 3명 이하일 확률을 구하여라.
5. 10개의 제비 중에서 3개가 알맹이이다. 이 제비를 갑, 을의 차례로 뽑을 때, 각각 알맹이를 뽑을 확률을 구하여라.

4. 확률분포

하나의 동전을 던지는 실험에서 표면이 나오면 H, 이면이 나오면 T로 표시하기로 하면, 동전을 2회 던지는 실험에서의 표본공간은 $S=\{HH, HT, TH, TT\}$가 된다. 지금 2회 중 표면이 나타난 횟수를 X라 하면 X가 취할 수 있는 값은 2, 1, 0이 되어 다음 표와 같이 된다.

표본점	HH	HT	TH	TT
X	2	1	1	0

여기에서 X의 값은 실험의 결과에 따라 우연적으로 정해지는 값이며, X의 값에는 일정한 확률이 대응하게 된다. 이와 같이 어떤 실험에서 확률을 수반하는 변수를 확률변수(random variable)라 한다. 같은 실험에서도 무엇을 관찰할 것인가에 따라서 확률변수를 다르게 정할 수 있음은 자명한 일이다.

위의 예에서는 표면이 나타난 횟수의 제곱, 또는 표면의 횟수에서 이면의 횟수를 뺀 값 등을 확률변수로 정할 수도 있을 것이다.

확률변수는 대문자 X, Y 등으로 표시한다. 확률변수 X가 유한 또는 가부번 무한개의 값을 취할 때, X를 이산 확률변수(discrete random variable), 비가부번 무한개의 값을 취할 때 X를 연속 확률변수(continuous random variable)라 한다.

1) 이산 확률분포

이산 확률변수 X가 취할 수 있는 값을 크기순으로 놓아 x_1, x_2, x_3, ……라 하자. 그러면 임의의 X의 값 $X=x_k$에는 확률 $P(X=x_k)$의 값이 대응한다.

이것을 $f(x_k)$라 하면 $f(x_k)$는 다음과 같은 성질을 갖는다.

① 모든 x_k에 대하여 $f(x_k)\geq 0$

② $\sum_{k=1}^{\infty} f(x_k)=1$

이와 같이 정의한 f를 확률변수 X의 확률밀도함수(probability density function; pdf)라 하며, $X=x_k$와 $f(x_k)$의 모든 대응을 확률분포(probability distribution), 이것들을 표

로 만든 것을 **확률분포표**라고 한다.

[예 3·4] 2개의 주사위를 동시에 던질 때, 나타난 두 주사위의 눈의 수의 합을 X라 하고 X에 대한 확률분포표를 만들어라. 또 이것을 그래프로 그려라.

풀이 확률변수 X가 취할 수 있는 값은 $x=2, 3, 4, \cdots\cdots, 12$이다. 또

$$P(X=2)=f(2)=\frac{1}{36},\ P(X=3)=f(3)=\frac{2}{36},$$

$$P(X=4)=f(4)=\frac{3}{36},\ \cdots\cdots,\ P(X=12)=f(12)=\frac{1}{36}$$

이므로 다음 표와 같이 된다.

X	2	3	4	5	6	7	8	9	10	11	12
$f(X)$	$\frac{1}{36}$	$\frac{2}{36}$	$\frac{3}{36}$	$\frac{4}{36}$	$\frac{5}{36}$	$\frac{6}{36}$	$\frac{5}{36}$	$\frac{4}{36}$	$\frac{3}{36}$	$\frac{2}{36}$	$\frac{1}{36}$

이 표를 그래프로 그리면

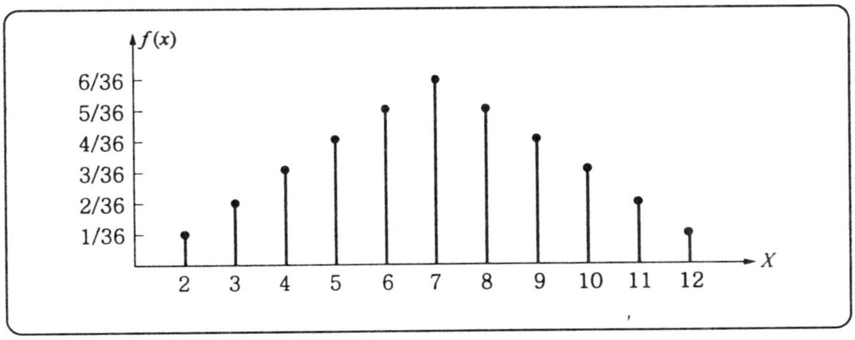

그림 IV·4

확률변수 X의 확률분포가 주어졌을 때, 이 분포의 평균과 분산을 다음과 같이 정의한다.

정의 3·7 확률변수 X가 n개의 값 $x_1, x_2, \cdots\cdots, x_n$의 어느 값을 취하고, 이들 값을 취하는 확률이 각각 $p_1, p_2, \cdots\cdots, p_n$이라 하자. 즉, $P(X=x_k)=p_k$일 때

$$x_1p_1+x_2p_2+\cdots\cdots+x_np_n$$

을 X의 평균 또는 기대값(expectation)이라고 하며, 이것을 $E(X)$로 나타낸다. 곧

$$\mu = E(X) = \sum_{k=1}^{n} x_k p_k$$

[예 3 · 5] [예 3 · 4]에서 확률변수 X의 평균 $E(X)$는

$$\begin{aligned} E(X) &= 2 \cdot P(X=2) + 3 \cdot P(X=3) + \cdots\cdots + 12 \cdot P(X=12) \\ &= 2 \cdot f(2) + 3 \cdot f(3) + \cdots\cdots + 12 \cdot f(12) \\ &= 2 \times \frac{1}{36} + 3 \times \frac{2}{36} + \cdots\cdots + 12 \times \frac{1}{36} \\ &= 7 \end{aligned}$$

다음은 기대값의 정의로부터 바로 얻을 수 있는 기대값에 관한 성질들이다.

■ **정리 3 · 6**

X_1, X_2, ……, X_n이 같은 표본공간 위에서 정의된 확률변수이고, c는 상수이다.

(1) $E(c) = c$

(2) $E(X + c) = E(X) + c$

(3) $E(cX) = cE(X)$

(4) $E(X_1 + X_2 + \cdots\cdots + X_n) = E(X_1) + E(X_2) + \cdots\cdots + E(X_n)$ (덧셈법칙)

정의 3 · 8 확률변수 X에 대하여 X의 분산(variation) $V(X)$와 표준편차(standard deviation) $\sigma(x)$를 다음과 같이 정의한다.

$$\sigma^2 = V(X) = E[\{X - E(X)\}^2] = \sum_{k=1}^{n} (x_k - \mu)^2 p_k$$

$$\sigma(X) = \sqrt{V(X)}$$

[예 3 · 6] [예 3 · 4]의 확률변수 X에 대한 분산을 구하면

$$\begin{aligned} V(X) &= (2-7)^2 \cdot \frac{1}{36} + (3-7)^2 \cdot \frac{2}{36} + \cdots\cdots + (12-7)^2 \cdot \frac{1}{36} \\ &= \frac{1}{36}(25 \times 1 + 16 \times 2 + \cdots\cdots + 25 \times 1) \\ &= \frac{25}{6} \end{aligned}$$

■ **정리 3·7**

X를 임의의 확률변수라 하고, a, b가 상수이면 분산 $V(X)$는 다음 성질을 갖는다.

① $V(X)=E(X^2)-\{E(X)\}^2$

② $V(aX+b)=a^2V(X)$

③ X_1, X_2, ……, X_n이 같은 표본공간 위에서 정의된 확률변수이면,

$$V(X_1+X_2+\cdots\cdots+X_n)=V(X_1)+V(X_2)+\cdots\cdots+V(X_n)$$

이 성립한다.

평균값은 중심경향의 지표이며, X의 분포를 밝히는 데 편리하고 중요한 특성값이다. 또 하나의 중요한 정보는 X의 값이 중심점 주위에 어떻게 흩어져 있는가에 대한 것이다. X의 값 x에 대하여 $(x-\mu)^2$은 x가 평균으로부터 떨어져 있는 거리의 제곱이므로 $(x-\mu)^2P(X=x)$는 평균으로부터의 거리에 대한 확률적 측도를 나타낸다. 이에 관련된 체비셰프(Chebyshev)의 정리를 알아보자.

■ **정리 3·8**

(체비셰프 정리) 임의의 상수 $c>0$에 대하여, 확률변수 X가

$$|X-\mu| \geq c\sigma$$

을 만족할 확률은 $1/c^2$보다 크지 않다.

증명 $P(|X-\mu|\geq c\sigma)\leq 1/c^2$ 을 밝히면 된다. σ^2 의 정의에서

$$\sigma^2=\sum_{i=1}^{n}(x_i-\mu)^2p_i$$

이므로 그림 Ⅳ·5와 같이, 세 부등식

$$x_i\leq\mu-c\sigma,\quad \mu-c\sigma<x_i<\mu+c\sigma,\quad \mu+c\sigma\leq x_i$$

을 만족시키는 i에 대하여 분할하면

$$\begin{aligned}\sigma^2 &= \sum_{(x_i\leq\mu-c\sigma)}(x_i-\mu)^2p_i+\sum_{(|x_i-\mu|<c\sigma)}(x_i-\mu)^2p_i+\sum_{(x_i\geq\mu+c\sigma)}(x_i-\mu)^2p_i\\ &\geq \sum_{(x_i\leq\mu-c\sigma)}(x_i-\mu)^2p_i+\sum_{(x_i\geq\mu+c\sigma)}(x_i-\mu)^2p_i\\ &= \sum_{(|x_i-\mu|\geq c\sigma)}(x_i-\mu)^2p_i\end{aligned}$$

가 된다.

그런데, $|x_i - \mu| \geq c\sigma$이므로

$$\sigma^2 \geqq c^2\sigma^2 \sum_{(|x_i-\mu|\geqq c\sigma)} p_i = c^2\sigma^2 P(|X-\mu| \geq ca)$$

따라서, 다음과 같이 된다.

$$P(|X-\mu| \geq c\sigma) \leq \frac{1}{c^2}$$

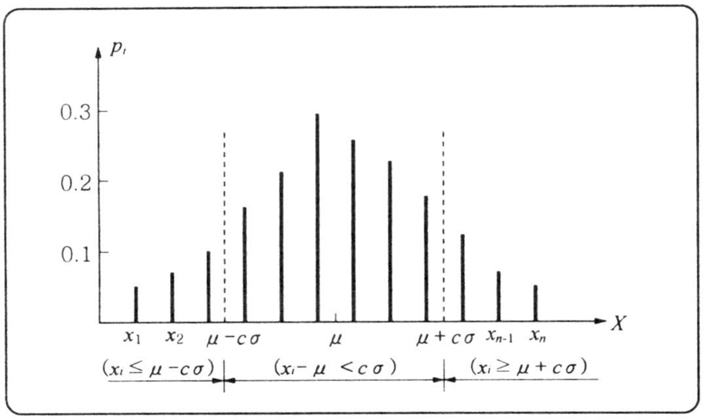

그림 Ⅳ・5

부등식 $P(|X-\mu| < c\sigma) \geq 1 - \frac{1}{c^2}$을 체비셰프 부등식이라 한다.

문 제

1. 정리 **3・6**을 증명하여라.
2. 확률변수 X에 대하여, $V(X) = E(X^2) - \{E(X)\}^2$, $V(aX+b) = a^2V(X)$임을 증명하여라.
3. 3개의 동전을 던지는 확률실험에서 앞면이 나타난 개수를 X, 뒷면이 나타난 개수를 Y라 할 때,
   (1) X, Y의 확률분포를 구하여라.
   (2) $P(X<3)$의 값을 구하여라.
   (3) $P(X-Y>0)$의 값을 구하여라.

4. 주사위를 3번 던질 때, 1의 눈이 나오는 횟수를 X라 하고, X의 확률분포를 구하여라. 또 X의 확률밀도함수를 구하여라.
5. 동전을 5회 던질 때, 앞면이 나오는 횟수 X의 기대값과 분산을 구하여라.
6. 함수 $f(x)=cp^{x-1}(x=1, 2, 3, \cdots\cdots)$이 확률밀도함수가 되도록 상수 c의 값을 정하여라. 단, $0<p<1$이다.

2) 이항분포

[예 3 · 7] 주사위를 4회 던져서, 1의 눈이 2회만 나타나는 확률을 구하여 보자.

풀이 4회의 시행은 분명히 전체로서 독립인 시행이므로, 4회 중에서 이를테면 첫 번째, 두 번째의 2회만 1의 눈이 나오는 사건의 확률은

$$\left(\frac{1}{6}\right)^2\left(1-\frac{1}{6}\right)^{4-2} \quad\cdots\cdots\cdots (1)$$

이다. 그런데 4회 중에서 2회 1이 나오는 경우는 4개에서 2개 택하는 조합의 가지 수만큼 되고, 이들 각 경우의 확률은 식 (1)과 같고, 또 서로 배반이므로 구하는 확률은

$${}_4C_2\left(\frac{1}{6}\right)^2\left(1-\frac{1}{6}\right)^{4-2}$$

이 된다.

이 예와 같이 어느 시행 T를 n회 반복할 때, 일어나는 n개의 사건이 전체로서 독립이면 T를 독립시행이라고 한다. 일반적으로 한 독립시행 T에 의해서 사건 E가 일어나는 확률을 p, E의 여사건 $\overline{E}$가 일어나는 확률을 $q(=1-p)$라 쓰고, T의 n회의 독립시행 과정을 생각한다. 이 n회의 시행에서 x회만 E가 일어나는 확률 p는 [예 3 · 7]과 같이 생각해서

$$p_x= {}_nC_xp^xq^{n-x} \ (x=0,\ 1,\ 2,\ \cdots\cdots,\ n)$$

이다. 이것은 또 $0\leq x\leq n$인 각 정수값을 취하는 확률변수 X로서

$$f(x)=p(X=x)= {}_nC_xp^xq^{n-x} \ (x=0,\ 1,\ 2,\ \cdots\cdots,\ n) \quad\cdots\cdots\cdots (2)$$

로도 나타낼 수 있다. 여기서

$$\sum_{x=0}^{n} p(X=x) = \sum_{x=0}^{n} {}_nC_x p^x q^{n-x} = (q+p)^n = 1$$

이와 같은 확률변수 X에 대하여, 확률밀도함수가 식 (2)와 같이 주어지는 확률분포를 이항분포(binomial distribution)라고 하며, $B(n, p)$로 나타낸다.

$p=\frac{1}{6}$인 이항분포에서 $n=6, 12, 30, 50$에 대한 각 x의 값에서의 확률을 계산하고, 이들 각 분포에 대한 그래프를 그리면 그림 IV·6과 같이 되는데 n이 커짐에 따라서 그래프는 좌우대칭인 산과 같은 모양에 가까워짐을 볼 수 있다.

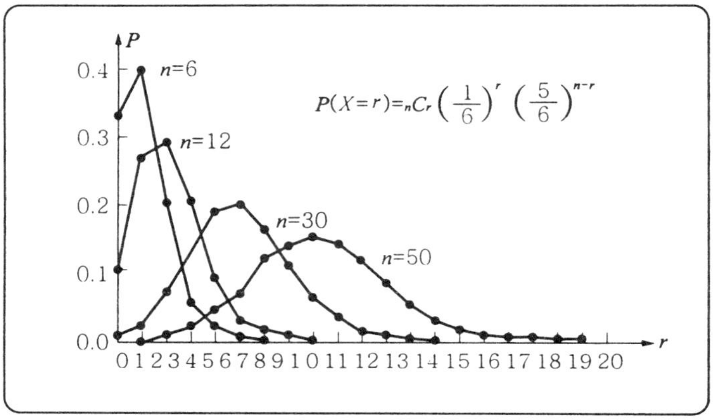

그림 IV·6 $B\left(n, \frac{1}{6}\right)$의 그래프

[예 3·8] 동전을 6회 던졌을 때 1의 눈이 3회 이상 나올 확률을 구하여라.

풀이 6회 던져서 3회 이상 나오는 확률은

$$\begin{aligned} &P(X=3)+P(X=4)+P(X=5)+P(X=6) \\ &=0.3125+0.2344+0.0938+0.0156 \\ &=0.6563 \end{aligned}$$

이항분포의 평균과 분산은 다음과 같이 구할 수 있다.

$X_i(i=1, 2, \cdots\cdots, n)$은 0과 1 중, 어느 하나의 값을 가지는 것이라 하고,

$$P(X_i=1)=p, \quad P(X_i=0)=1-p \ (0<p<1)$$

라 놓는다. 이때

$$E(X_i)=1\times p+0\times(1-p)=p$$

$$V(X_i)=(1-p)^2\times p+(0-p)^2\times(1-p)=p(1-p)$$

이다.

그런데 X_i, X_2, ……, X_n은 서로 독립이고

$$X=X_1+X_2+\cdots\cdots+X_n$$

이므로, X는 위와 마찬가지로 이항분포 $B(n, p)$를 따르고, X의 평균과 분산은 다음과 같다.

$$\begin{aligned}E(X)&=E(X_1+X_2+\cdots\cdots+X_n)\\&=E(X_1)+E(X_2)+\cdots\cdots+E(X_n)\\&=np\\V(X)&=V(X_1+X_2+\cdots\cdots+X_n)\\&=V(X_1)+V(X_2)+\cdots\cdots+V(X_n)\\&=np(1-p)\end{aligned}$$

따라서 이항분포 $B(n, p)$의 평균과 분산에 대한 다음 정리가 성립한다.

■ **정리 3·9**

이항분포 $B(n, p)$의 평균과 분산은

$$E(X)=np,\ V(X)=np(1-p)$$

이다.

[예 3·9] 주사위를 30회 던질 때, 1의 눈이 나오는 횟수 X의 평균과 분산을 구하여라.

풀이 X의 확률분포는 이항분포 $B(30, 0.5)$이다. 따라서

$$E(X)=np=30\times0.5=15$$

$$V(X)=np(1-p)=30\times0.5\times0.5=7.5$$

문 제

1. 이항분포 $B(n, p)$의 평균과 분산을 그 정의로부터 직접 구하여라.
2. 1개의 주사위를 720회 던질 때, 1의 눈이 나오는 횟수 X의 기대값, 분산, 표준편차를 구하여라.

3. 주머니 안에 흰공 4개와 검은공 6개가 들어 있다. 이 주머니에서 1개와 공을 꺼내어 그 색깔을 확인하고 다시 넣는다. 이렇게 5회 실시할 때 5회 중 흰공이 나온 횟수 X의 평균, 표준편차를 구하여라.
4. 어느 지방 사람들의 기생충 보유율은 36%라 한다. 이 지방에서 임의로 택한 50명 중 기생충을 보유하고 있는 사람의 수를 X라 할 때, X의 평균과 표준편차를 구하여라.
5. 어느 공장의 제품의 불량률은 5%이라 한다. 많은 제품 더미에서 10개의 제품을 임의로 추출했을 때, 그 표본의 불량률 $\bar{p}=X/10$(X는 불량품의 개수)는 어떤 분포를 따르는가? 또, $\bar{p}$의 평균과 분산을 구하여라.

3) 연속 확률분포

앞에서는 이산확률변수에 따르는 확률분포 및 그에 관한 중요 성질들을 살폈다. 여기에서는 확률변수 X가 비가부번개의 값을 취할 때, 즉 변역의 모든 실수값을 취할 때를 살펴보기로 한다.

그림 IV · 7과 같이 원판 위에서 바늘 OP를 회전시켜서 이것이 정지했을 때 $\angle$AOP의 크기($0\leq\theta<2\pi$)를 관찰하는 실험을 한다고 하자. 이때 각의 크기를 확률변수 X로 나타내면 X가 고정된 일정한 값 α가 될 확률은 $P(X=\alpha)=0$이며, X가 두 값 α와 β 사이에 있을 확률은 $P(\alpha\leq X\leq\beta)=\dfrac{\beta-\alpha}{2\pi}$가 된다.

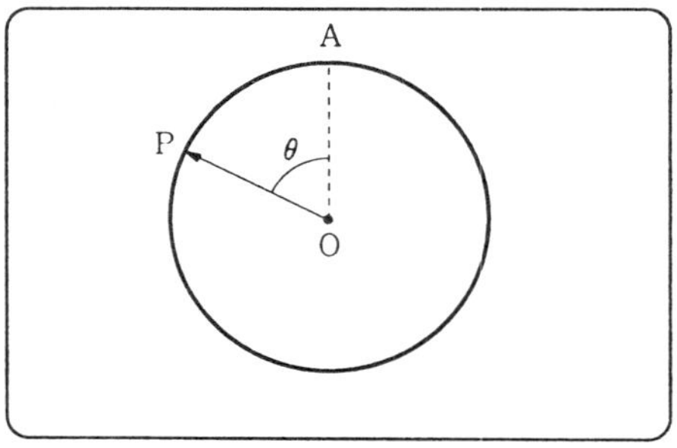

그림 IV · 7

지금부터 단순히 확률변수라고 하면 연속적 확률변수를 말하는 것으로 한다.

지금, 함수

$$f(x)=\frac{1}{2\pi},\ 0\leq x<2\pi \quad \cdots\cdots (1)$$

를 생각하면, 위에서 주어진 확률

$$P(\alpha\leq X\leq\beta)=\frac{\beta-\alpha}{2\pi}$$

은 식 (1)의 곡선하의 면적에 대응한다. 곧

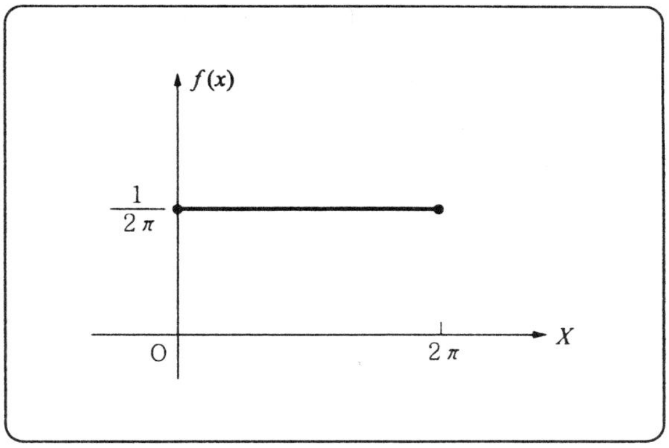

그림 Ⅳ·8

$$P(\alpha \le X \le \beta) = \int_{\alpha}^{\beta} f(x)\, dx = \int_{\alpha}^{\beta} \frac{1}{2\pi}\, dx = \frac{\beta - \alpha}{2\pi}$$

확률변수 X에 대하여,

① $f(x)$는 X가 취할 수 있는 실수값 x의 전체에서 정의된 함수로서,

② 정의구역 내의 임의의 두 점 α, $\beta(\alpha \le \beta)$에 대해서,

$$P(\alpha \le X \le \beta) = \int_{\alpha}^{\beta} f(x)\, dx$$

가 되면, $f(x)$를 X에 대한 **확률밀도함수**(probability density function)라 한다.

그리고 $f(x)$의 정의구역 이외의 x에 대해서는 $f(x)=0$으로 정의하면 $f(x)$의 정의구역을 실수 전체로 확대할 수 있다. 위의 식 (1)에서는 이를테면

$$f(x) = \begin{cases} \dfrac{1}{2\pi}, & 0 \le x < 2\pi \\ 0, & x < 0,\ x \ge 2\pi \end{cases}$$

로 하여 원판 위에서의 확률변수 X에 관한 확률밀도함수로 정해도 모순이 없다. 그러므로 앞으로는 확률밀도함수의 정의구역을 $-\infty < x < \infty$로 한다.

실수값 전체에서 정의된 함수 $f(x)$가 확률밀도함수이면 분명히

① $\int_{-\infty}^{\infty} f(x)\, dx = 1$

② $P(\alpha \le X \le \beta) = \int_{\alpha}^{\beta} f(x)\, dx \ge 0$

이 성립한다. 역으로 어떤 함수 $f(x)$가 식 ①, ②의 성질을 만족시키면 한 확률변수 X에 관한 확률밀도함수라고 생각할 수 있다.

[예 3 · 10] 확률변수 X의 확률밀도함수 $f(x)$가 다음과 같이 정의된 때, 이 분포를 일양분포(一樣分布, uniform distribution)라고 한다.

$$f(x)=\begin{cases} \dfrac{1}{b-a}, & a \leq x \leq b \\ 0, & x<a \text{ 또는 } x>b \end{cases}$$

여기서, 분명히

$$\int_{-\infty}^{\infty} f(x)dx=\int_a^b \frac{1}{b-a}\,dx=\frac{1}{b-a}[x]_a^b=1$$

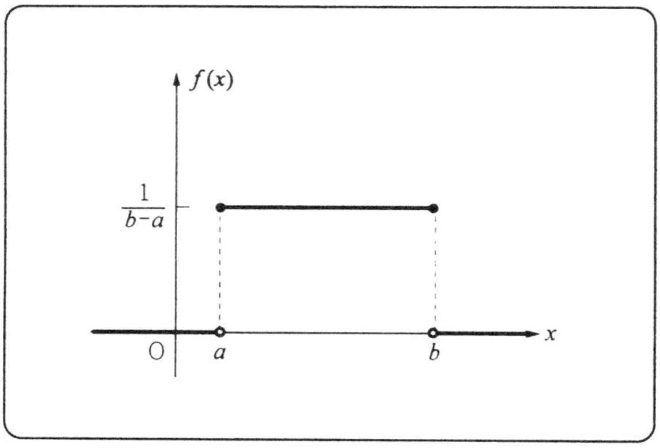

그림 IV · 9

[예 3 · 11] $f(x)=\dfrac{x}{2}$ $(0 \leq x \leq 2)$를 확률밀도함수로 가지는 분포에서 $P(1<X\leq 2)$의 값은

$$P(1<X\leq 2)=\int_1^2 \frac{x}{2}\,dx=\frac{3}{4}$$

이다.

정의 3 · 9 확률변수 X의 확률밀도함수 $f(x)$가 주어졌을 때, 이 분포의 기대값과 분산을 다음과 같이 정의한다.

기대값 $\mu=E(X)=\int_{-\infty}^{\infty} x f(x)\,dx$

분산 $\sigma^2=V(X)=E[\{X-E(X)\}^2]=\int_{-\infty}^{\infty}(x-\mu)^2 f(x)\,dx$

표준편차 $\sigma(X)=\sqrt{V(X)}$

[예 3 · 12] [예 3 · 10]의 일양분포에 관한 평균 $E(X)$와 분산 $V(X)$를 구하면 다음과 같다.

$$E(X)=\int_{-\infty}^{\infty}xf(x)\,dx=\int_a^b x\cdot\frac{1}{b-a}\,dx=\frac{1}{b-a}\left[\frac{x^2}{2}\right]_a^b=\frac{a+b}{2}$$

$$V(X)=\int_{-\infty}^{\infty}\{x-E(X)\}^2f(x)\,dx=\int_a^b\left(x-\frac{a+b}{2}\right)^2\cdot\frac{1}{b-a}\,dx$$

$$=\frac{1}{b-a}\int_a^b\left\{x^2-(a+b)x+\frac{(a+b)^2}{4}\right\}dx=\frac{(b-a)^2}{12}$$

4) 정규분포

연속확률변수 X의 확률밀도함수가 다음과 같을 때, X는 정규분포(正規分布, normal distribution) 또는 Gauss 분포를 이룬다고 하고, 간단히 $N(\mu,\sigma^2)$으로 나타낸다.

$$f(x)=P(X=x)=\frac{1}{\sigma\sqrt{2\pi}}e^{-\frac{(x-\mu)^2}{2\sigma^2}}\quad(-\infty<x<\infty)\quad\cdots\cdots\cdots\ (1)$$

$f(x)$의 그래프는 그림 IV · 8과 같다. $f(x)$는 $x=\mu$에 대하여 대칭이고 $X\to\pm\infty$일 때 $f(x)\to 0$이고, $x=\mu\pm\sigma$에서 변곡점을 갖는다. 또한 σ가 크면 클수록 상대적으로 $f(x)$는 평평하게 되고, σ가 적으면 적을수록 $f(x)$는 뾰족하게 된다.

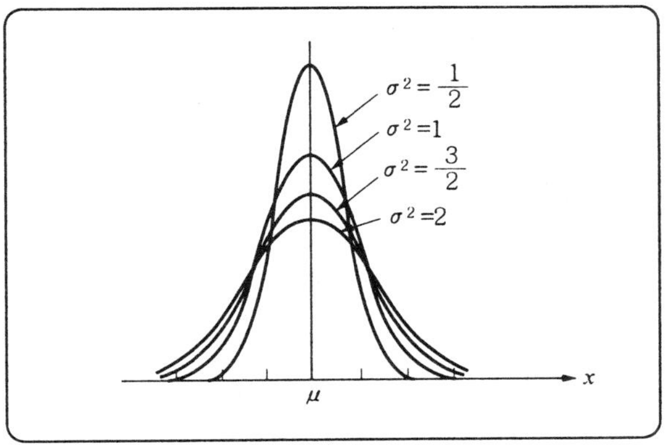

그림 IV · 10 정규분포 $N(\mu,\sigma^2)$의 그래프

자연현상이나 사회현상에 대한 측정치 가운데에는 정규분포에 따르는 것들이 많아 이것은 매우 중요한 분포라고 할 수 있다. 정규분포에 대한 성질들을 살펴보기로 하자.

■ **정리 3 · 10**

확률변수 X가 정규분포 $N(\mu,\ \sigma^2)$을 따르고, $f(x)$를 확률밀도함수라고 하자.

① $\int_{-\infty}^{\infty} f(x)\,dx = 1$

② $E(X) = \int_{-\infty}^{\infty} x f(x)\,dx = \mu$

③ $V(X) = \int_{-\infty}^{\infty} (x-\mu)^2 f(x)\,dx = \sigma^2$

④ $P(a < X < b) = \int_a^b \frac{1}{\sigma\sqrt{2\pi}} e^{-\frac{(x-\mu)^2}{2\sigma^2}} dx$

증명 적분계산이 본서의 정도로는 곤란하므로 이의 증명을 생략한다.

그런데 확률변수 X가 정규분포 $N(\mu, \sigma^2)$을 따를 때, 변환

$$Z = \frac{X-\mu}{\sigma}$$

에 의하여 새로운 변수 Z의 확률밀도함수는

$$\varphi(Z) = \frac{1}{2\pi} e^{-\frac{z^2}{2}} \quad \cdots\cdots (2)$$

으로 된다. 즉, Z의 분포는 평균이 0이고 분산이 1인 정규분포 $N(0,\ 1)$을 한다. 이와 같이 평균이 0이고 분산이 1인 정규분포를 **표준정규분포**라고 한다.

식 (1)과 (2) 사이에는 다음 관계가 있다.

■ **정리 3 · 11**

임의의 상수 α, β에 대해서

$$\int_{\mu+\alpha\sigma}^{\mu+\beta\sigma} f(x)\,dx = \int_{\alpha}^{\beta} \varphi(x)\,dx$$

증명 $\int_{\mu+\alpha\sigma}^{\mu+\beta\sigma} f(x)\,dx = \frac{1}{\sigma\sqrt{2\pi}} \int_{\mu+\alpha\sigma}^{\mu+\beta\sigma} e^{-\frac{(x-\mu)^2}{2\sigma^2}} dx$

$$= \frac{1}{\sigma\sqrt{2\pi}} \int_{\alpha}^{\beta} e^{-\frac{t^2}{2}} \sigma dt = \frac{1}{\sqrt{2\pi}} \int_{\alpha}^{\beta} e^{-\frac{t^2}{2}} dt = \int_{\alpha}^{\beta} \varphi(x) dx$$

표준정규분포 $\varphi(x)$에 관하여 $\int_0^x \varphi(t)\,dt$의 값이 x의 여러 가지 값에 대해서 계산이 되어 있다. 이것을 정규분포표라고 한다. 정리 **3 · 11**에 의해서 이 표를 임의의 정규분

포 $f(x)$에 적용할 수가 있다.

확률변수 X가 정규분포 $N(\mu, \sigma^2)$을 따를 때, $P(X>x)$를 구하려면, 변환

$$Z=\frac{X-\mu}{\sigma}$$

를 하여, Z가 표준정규분포 $N(0, 1)$를 따르는 것을 이용한다. 이때 정규분포표를 이용하여

$$P(X>x)=P\left(\frac{X-\mu}{\sigma}>\frac{x-\mu}{\sigma}\right)=P(Z>z)$$
$$=0.5-P(0\leq Z\leq z)$$

를 계산한다.

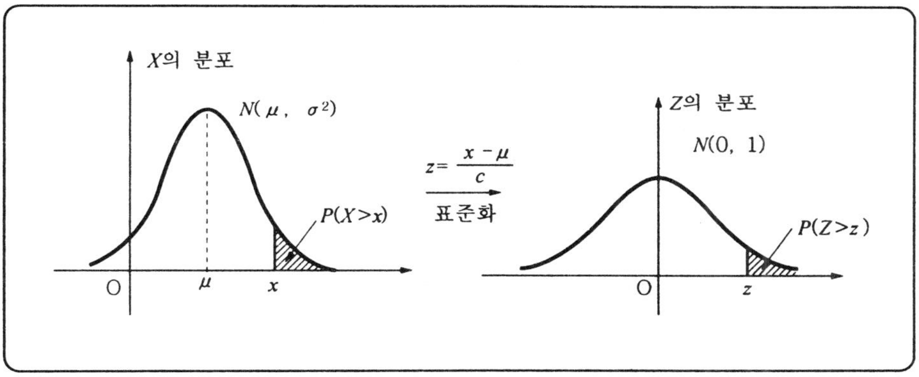

그림 IV · 11 정규분포의 표준화

[예 3 · 13] X가 정규분포 $N(12, 4^2)$을 따를 때, $P(X<4)$를 구하면

$$P(X<4)=P\left(\frac{X-12}{4}<\frac{4-12}{4}\right)$$
$$=P(Z<-2)$$
$$=P(Z>2)$$
$$=0.0228$$

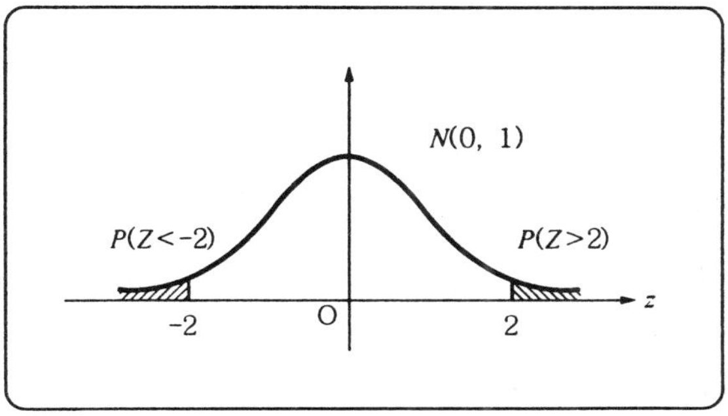

그림 IV · 12

[예 3 · 14] X가 정규분포 $N(\mu, \sigma^2)$을 따를 때, 정규분포표를 써서, 확률

$$P(\mu - k\sigma < X < \mu + k\sigma)$$

를 $k=1, 2, 3$에 대하여 조사해 보자.

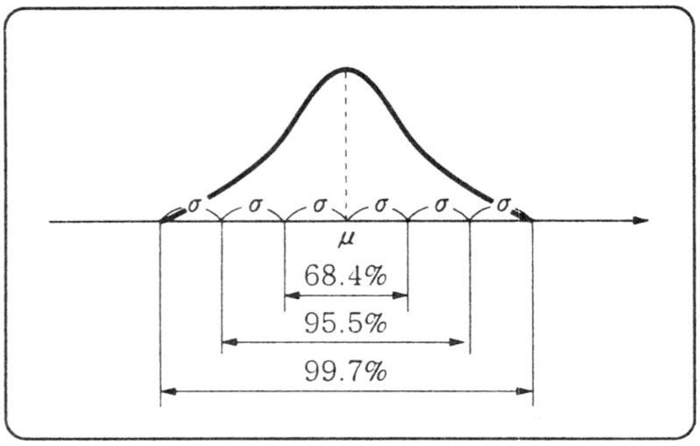

그림 IV · 13

① $k=1$일 때

$$\int_{\mu-\sigma}^{\mu+\sigma} f(x)\,dx = 0.34134 \times 2$$
$$= 0.68268$$

② $k=2$일 때

$$\int_{\mu-2\sigma}^{\mu+2\sigma} f(x)\,dx = 0.47725 \times 2 = 0.95450$$

③ $k=3$일 때

$$\int_{\mu-3\sigma}^{\mu+3\sigma} f(x)\,dx = 0.49865 \times 2 = 0.99730$$

따라서 $\mu - 3\sigma$와 $\mu + 3\sigma$ 사이에는 거의 대부분인 99.7%가 포함된다.

[예 3 · 15] 정규분포 $N(15, 4^2)$을 하는 변수 X에 대하여 $P(10 \leq X \leq 18)$을 구하여라.

증명 $$P(10 \leq X \leq 18) = P\left(\frac{10-15}{4} \leq \frac{X-15}{4} \leq \frac{18-15}{4}\right)$$
$$= P(-1.25 \leq Z \leq 0.75)$$
$$= P(0 \leq Z \leq 1.25) + P(0 \leq Z \leq 0.75)$$
$$= 0.39435 + 0.27337$$
$$= 0.66772$$

문 제

1. 확률변수 X가 평균 121.8, 표준편차 5.9인 정규분포에 따를 때 다음을 구하여라.
   (1) $P(X \leq 127.6)$
   (2) $P(124.6 \leq X \leq 125.9)$
2. 확률변수 X가 표준편차 24.5인 정규분포에 따르고, $P(X \leq 60) = 0.3745$라 한다. X

의 평균을 구하여라.

3. 어떤 시험의 득점분포는 평균이 620점, 표준편차가 137점의 정규분포를 이룬다고 한다.

(1) 750점 이상의 수험생은 전체 수험생의 몇 %인가?

(2) 상위 20%에 들려면 몇 점 이상을 받아야 하는가?

▣ 연습문제 ▣

1. 동전을 6번 던지는 실험에서 앞면이 적어도 4번 나올 확률을 구하여라.

2. 주사위를 7번 던지는 시행에서 5나 6의 눈이 나오면 성공이라고 할 때,
   (1) 5나 6이 꼭 3번 나올 확률 (2) 5나 6이 전혀 나오지 않을 확률
   (3) 5나 6이 적어도 한 번 나올 확률
   을 구하여라.

3. 어느 대학교 학생 800명의 신장의 분포가 평균 166 cm, 표준편차 5 cm인 정규분포라고 할 때, 신장이 165 cm와 170 cm 사이에 있는 학생의 수를 구하여라.

4. 어느 대학 신입생 중 근시인 학생의 비율이 36%라고 한다. 이들 신입생 500명에 대해서 조사했을 때의 근시자의 수를 X명이라고 하면 X의 평균과 표준편차는 각각 얼마인가?

5. 정규분포 $N(\mu, \sigma^2)$에서 다음 각 구간에 있어서의 확률을 구하여라.
   (1) $P[X < \mu - 1.5\sigma]$ (2) $P[\mu - 1.5\sigma < X < \mu - 0.5\sigma]$
   (3) $P[\mu - 0.5\sigma < X < \mu + 0.5\sigma]$ (4) $P[\mu + 0.5\sigma < X < \mu + 1.5\sigma]$
   (5) $P[X > \mu + 1.5\sigma]$

제4장

통계적 추정과 검정

1. 모집단과 표본

집단에 속하는 변량의 전체를 모집단(population)이라고 한다.

모집단의 특성이나 통계적인 성질 또는 법칙들을 파악하는 것이 통계를 내는 목적이다.

모집단의 성질을 알기 위해서는 모집단의 자료를 빠짐없이 조사하는 전수조사와 일부분만을 조사하여 전체를 추측하는 표본조사가 있다. 이때 표본조사에서 조사 대상이 된 일부분을 표본(sample)이라 한다. 그런데 현실적으로 전수조사가 불가능하거나, 곤란한 경우가 흔히 있다.

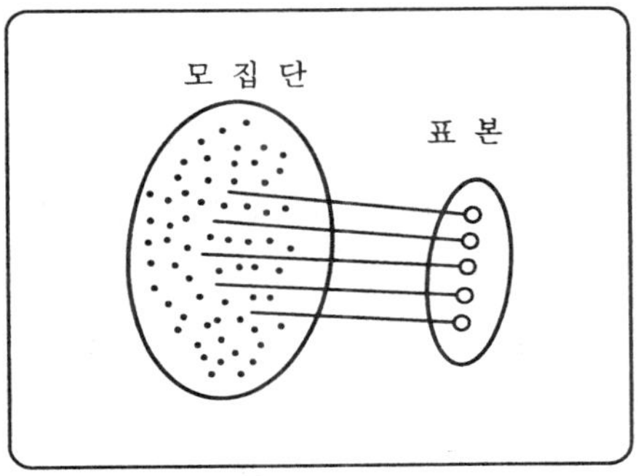

그림 IV · 14

이를테면, 어느 회사제품의 전구의 수명을 알려고 할 때, 전수조사가 불가능하다. 따라서 가능한 작은 개수의 전구를 검사하여 얻은 결과로 전체의 평균 수명을 추측하는 것이 타당하다.

표본조사에서는 표본으로 모집단에 대한 정보와 판단을 얻고자 하는 것이 목적이므로, 표본은 모집단을 잘 대표하도록 추출해야 한다. 현대 통계학에서는 모집단과 표본의 개념에 입각한 추측통계(inferential statistics)의 역할이 더욱 중요시되고 있다.

표본 조사를 하는 경우, 우선 표본추출이 중요한데, 표본추출에는 크게 대별해서 유의선출법(purposive selection)과 임의추출법(random sampling)의 두 경우가 있다.

유의선출법은 조사자가 자기의 지식이나 경험에 입각해서 가장 대표적이라고 생각되는 것을 선출하는 방법이다. 각계의 대표자로 생각되는 사람들을 지정해서 중요한 사건에 관한 의견을 구하는 따위는 바로 유의선출의 일종이다.

그리고 임의추출법은 자기의 주관에 의하지 않고 제비, 난수표(亂數表) 등에 의해서 임의로 추출하는 방법을 말한다. 임의라고는 하지마는 손에 잡히는 대로 택한다는 뜻이 아니라, 어느 자료이건 택해지는 확률이 같게 되도록 하여 추출하는 것이며, 따라서 이에 따른 추출기술이 필요하다.

임의 추출법은 모집단의 각 자료가 같은 확률로서 추출되므로 사후의 처리에 확률을 적용할 수가 있다. 따라서 통계학에서는 주로 임의추출 방법으로 표본을 추출하며, 이렇게 얻은 표본을 임의표본(random sample)이라고 한다. 앞으로 표본이라고 하면 이 임의표본을 뜻하는 것으로 한다.

난수표를 이용한 임의 추출법의 한 예를 들어보자.

임의추출에는 난수표(table of random number)를 이용한다. 난수표란 0에서 9까지의 10개의 숫자가 같은 출현확률 1/10로 임의로 나열된 수표이다.

이제, 크기 N인 모집단에서 크기 n인 표본을 추출한다고 하자.

① 모집단의 각 개체에 1에서 N까지의 일련번호를 메긴다.

② 난수표의 어느 숫자로부터 시작할 것인가를 임의로 정한다. 즉, 난수표의 출발점의 행번호와 열 번호를 임의로 정한다.

③ 정해진 난수표의 위치에서 연속적으로 읽어, 표본을 추출한다. 이때, $N \geq 100$이라 하면, 3자리 이상의 난수열이 필요하므로 난수표를 그 자리만큼 읽어 나간다. 그래서 N을 넘는 것은 건너뛰어 읽는다. 여기서 N 이상의 것이 많이 나오면, N보다 큰 적당한 수로 나누어 그 나머지의 수열로 대용한다.

이를테면, $N=170$일 때, 난수표에서 차례로 다음과 같은 3자리 숫자를 얻었다고 하자.

830, 426, 259, 401, 923, 531, 194, 191, 537, 112, 420, ……

그런데, 170을 넘는 것이 많이 나오므로, 170을 넘는 간단한 200으로 나누어 나머지를 만들면,

030, 026, 059, 001, 123, 131, 194, 191, 137, 112, 020, ……

이 중에서 170을 넘는 것은 건너뛰면 된다. 물론 170으로 나눈 나머지를 구하면 낭비는 전혀 없다.

2. 모수와 표본분포

1) 통계량의 분포

표본집단에서 계산된 평균, 분산, 표준편차를 각각 표본 평균, 표본 분산, 표본 표준편차라고 하며, 이들과 같이 표본집단의 특징을 나타내는 값들을 통계량(statistic)이라 한다. 이에 대하여 모집단의 특징을 나타내는 모평균, 모분산, 모표준편차 등을 모수(parameter)라고 한다.

모집단에서 1개씩 표본을 n개 추출하였을 때, 그 표본값을 x_1, x_2, ……, x_n이라 한다. 이것은 n개의 확률변수를 짝으로 한 $(X_1, X_2, \cdots\cdots, X_n)$의 한 실현값이라 볼 수 있다. 가령, 무한 모집단이면, 유한개의 표본을 꺼낸 후에도 모집단의 분포상태에 영향을 끼치지 않는다고 볼 수 있으므로 X_1, X_2, ……, X_n은 서로 독립이고, 같은 모집단분포를 따르고 있다고 보아도 된다. 이와 같은 $(X_1, X_2, \cdots\cdots, X_n)$을 크기 n인 표본 또는 표본변량이라 한다. 이때 모집단분포의 평균을 μ, 분산을 σ^2이라 하면

$$E(X_1) = E(X_2) = \cdots\cdots = E(X_n) = \mu$$
$$V(X_1) = V(X_2) = \cdots\cdots = V(X_n) = \sigma^2$$

이 성립한다.

추측통계의 기본적 문제는, 모집단분포의 미지인 모수에 대한 추론이다. 그때 우리에게 주어진 것은 모집단에서의 크기 n인 표본이다. 그 표본은 서로 독립이고, 같은 모집단분포를 따르는 n개의 확률변수 $(X_1, X_2, \cdots\cdots, X_n)$의 실현값이라 간주하여 통계적 추측의 이론이 전개된다.

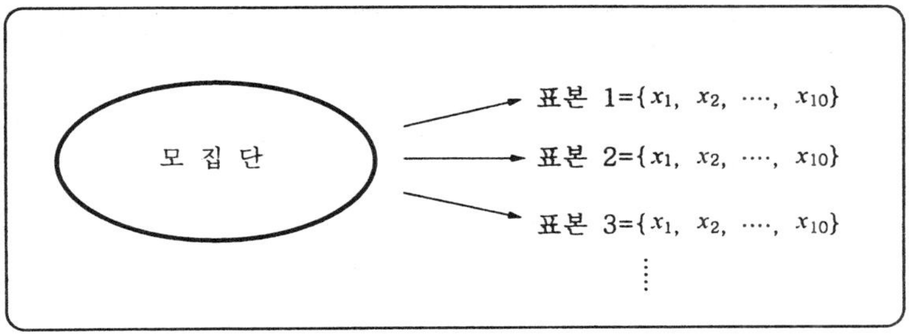

그림 IV · 15 모집단과 표본

통계량은 표본 X_1, X_2, ……, X_n에 의하여 결정되는 하나의 함수로서 $f(X_1, X_2, \cdots\cdots, X_n)$로 표현할 수 있다. 즉, 이들 통계량은 예를 들면

$$\text{표본평균} \quad \overline{X}=\frac{1}{n}(X_1+X_2+\cdots\cdots+X_n)=\frac{1}{n}\sum_{i=1}^{n}X_i$$

$$\text{표본분산} \quad S^2=\frac{1}{n}\sum_{i=1}^{n}(X_i-\overline{X})^2$$

즉, 이들 통계량은 표본들이 어떻게 추출되느냐에 따라 결정되는 확률변수이며, 이러한 확률변수들의 분포를 **표본분포**(sample distribution)라고 한다.

이 장에서는 확률변수가 서로 독립일 경우만을 다루기로 한다.

[예 4 · 1] 앞면이 나올 확률이 0.4인 동전을 던져서 앞면이 나오면 1, 뒷면이 나오면 0을 모집단의 확률변수 X에 할당한다. 이때 X의 표본공간은 $S=\{0, 1\}$이고, 확률분포는 표 IV · 7과 같다.

이제 이 동전을 3번 던지는 표본추출 실험에 대한 표본평균 $\overline{X}$의 평균과 분산을 구하여라.

표 IV · 7

X	0	1
$P(X)$	0.6	0.4

풀이 표본추출 실험의 결과는 (0, 0, 0), (0, 0, 1), ……, (1, 1, 1)과 같은 여덟 가지 경우로 나타날 수 있다.

실험결과의 첫째, 둘째, 셋째 성분을 차례로 X_1, X_2, X_3라 하면, 다음 표 IV · 8과 같은 결과를 얻을 수 있다.

표 IV · 8

결과	TTT	TTH	THT	THH	HTT	HTH	HHT	HHH
X	(0,0,0)	(0,0,1)	(0,1,0)	(0,1,1)	(1,0,0)	(1,0,1)	(1,1,0)	(1,1,1)
확률	0.216	0.144	0.144	0.096	0.144	0.096	0.096	0.064
X_1	0	0	0	0	1	1	1	1
X_2	0	0	1	1	0	0	1	1
X_3	0	1	0	1	0	1	0	1
$\overline{X}$	0	1/3	1/3	2/3	1/3	2/3	2/3	1

그러므로, 표본평균 $\overline{X}$의 분포는 다음 표와 같다.

$\overline{X}$	0	1/3	2/3	1
$P(\overline{X})$	0.216	0.432	0.288	0.064

따라서, 구하는 $\overline{X}$의 평균과 분산은 다음과 같다.

$$\text{평균 : } E(\overline{X}) = 0\times 0.216 + \frac{1}{3}\times 0.432 + \frac{2}{3}\times 0.288 + 1\times 0.064 = 0.40$$

$$\text{분산 : } V(\overline{X}) = 0\times 0.216 + \frac{1}{9}\times 0.432 + \frac{4}{9}\times 0.288 + 1\times 0.064 - (0.40)^2 = 0.08$$

【참고】 모평균 : $E(X) = 0\times 0.6 + 1\times 0.4 = 0.4$

모분산 : $V(X) = 0\times 0.6 + 1\times 0.4 - (0.4)^2 = 0.24$

2) 표본평균의 분포

평균 μ, 분산 σ^2인 모집단에서 임의 추출한 크기가 n인 표본을 $X_1, X_2, \cdots\cdots, X_n$이라 하자. 여기서는 이들 표본의 평균인 표본평균 $\overline{X}$의 분포에 대해서 간단히 살피기로 한다.

■ 정리 4·1

표본평균 $\overline{X}$의 평균과 분산을 $E(\overline{X})$, $V(\overline{X})$라 하면

$$E(\overline{X}) = \mu,\ V(\overline{X}) = E[(\overline{X}-\mu)^2] = \frac{\sigma^2}{n}$$

이다.

증명 n개의 표본 $X_1, X_2, \cdots\cdots, X_n$은 서로 독립이고, 각각 같은 분포를 따르므로

$$\begin{aligned} E(\overline{X}) &= E\left[\frac{1}{n}(X_1 + X_2 + \cdots\cdots + X_n)\right] \\ &= \frac{1}{n}E[X_1 + X_2 + \cdots\cdots + X_n] \\ &= \frac{1}{n}[E(X_1) + E(X_2) + \cdots\cdots + E(X_n)] \end{aligned}$$

$$= \frac{1}{n}(\mu + \mu + \cdots\cdots + \mu) = \frac{1}{n} \cdot n\mu = \mu$$

$$\therefore E(\overline{X}) = \mu$$

또한

$$V(\overline{X}) = V\left[\frac{1}{n}(X_1 + X_2 + \cdots\cdots + X_n)\right]$$

$$= \frac{1}{n^2} V[(X_1 + X_2 + \cdots\cdots + X_n)]$$

$$= \frac{1}{n^2}[V(X_1) + V(X_2) + \cdots\cdots + V(X_n)]$$

$$= \frac{1}{n^2}(\sigma^2 + \sigma^2 + \cdots\cdots + \sigma^2) = \frac{1}{n^2} \cdot n\sigma^2 = \frac{\sigma^2}{n}$$

$$\therefore V(\overline{X}) = E[(\overline{X} - \mu)^2] = \frac{\sigma^2}{n}$$

[예 4 · 2] 동시에 3개의 주사위를 던져서 나온 눈의 평균을 $\overline{X}$라고 하자. $\overline{X}$의 평균과 분산을 구하여라.

풀이 한 주사위를 던져서 나오는 눈 X에 관한 확률분포는 다음 표와 같이 되며, 이 분포의 평균과 분산은 다음과 같다.

X	1	2	3	4	5	6
P	$\frac{1}{6}$	$\frac{1}{6}$	$\frac{1}{6}$	$\frac{1}{6}$	$\frac{1}{6}$	$\frac{1}{6}$

$$E(X) = \frac{1}{6}(1+2+3+4+5+6) = \frac{7}{2}$$

$$V(X) = \frac{1}{6}(1^2+2^2+3^2+4^2+5^2+6^2) - \left(\frac{7}{2}\right)^2$$

$$= \frac{35}{12}$$

따라서, 구하는 표본평균 $\overline{X}$의 평균과 분산은

$$E(\overline{X}) = E(X) = \frac{7}{2}$$

$$V(\overline{X}) = \frac{V(X)}{n} = \frac{1}{3} \cdot \frac{35}{12} = \frac{35}{36}$$

[예 4 · 3] 앞의 [예 4 · 1]에서 표본평균 $\overline{X}$의 평균과 분산을 위 공식을 이용하여 구하여라.

■ 정리 4 · 2

정규모집단 $N(\mu, \sigma^2)$에서 크기가 n인 임의 표본 $X_1, X_2, \cdots\cdots, X_n$을 추출할 때, 표본평균 $\overline{X}=\frac{1}{n}\sum_{i=1}^{n} X_i$는 정규분포 $N\left(\mu, \frac{\sigma^2}{n}\right)$에 따른다.

[증명] 이 증명은 이 책의 정도를 넘으므로 생략한다.

■ 정리 4 · 3

(중심극한정리) 평균이 μ, 분산이 σ^2인 모집단에서 서로 독립이고, 크기가 n인 임의표본 $X_1, X_2, \cdots\cdots, X_n$을 추출했을 때, 표본수 n이 충분히 크면 표본평균 $\overline{X}$의 분포는 정규분포 $N\left(\mu, \frac{\sigma^2}{n}\right)$에 가까워진다. 즉

$$Z=\frac{\overline{X}-\mu}{\sigma/\sqrt{n}}$$

은 n이 충분히 클 때($n \geq 30$), 근사적으로 $N(0, 1)$에 따른다.

[증명] 이 증명은 이 책의 정도를 넘으므로 생략한다.

위의 정리 **4 · 2**에서 정규모집단에서 추출한 표본평균의 분포는 정규분포를 하는데, 정리 **4 · 3**의 의미는 모집단이 정규분포가 아닌 때라도 표본의 크기 n이 충분히 클 때는 표본평균의 분포를 근사적으로 정규분포로 볼 수 있다는 것이다.

[예 4 · 4] 성인 남자의 신장이 평균 165 cm, 분산 25 cm인 정규분포에 따른다고 할 때, 임의로 택한 성인 16명의 평균신장이 166 cm 이상 167 cm 이하일 확률을 구하여라.

[풀이] 평균신장을 $\overline{X}$라 하자. $\overline{X}$의 분포는 $N\left(\mu, \frac{\sigma^2}{n}\right)$을 따르므로 $\mu=165$, $\sigma=5$, $n=16$에서

$$Z=\frac{\overline{X}-\mu}{\sigma/\sqrt{n}}=\frac{\overline{X}-165}{5/\sqrt{16}}=\frac{\overline{X}-165}{1.25}$$

는 $N(0, 1)$을 따른다. 따라서

$$P(166 \leq \overline{X} \leq 167)=P\left(\frac{166-165}{1.25}\right) \leq P\left(\frac{\overline{X}-165}{1.25}\right) \leq P\left(\frac{167-165}{1.25}\right)$$

$$= P(0.8 \le Z \le 1.6)$$
$$= P(0 \le Z \le 1.6) - P(0 \le Z \le 0.8)$$
$$= 0.4452 - 0.2881 = 0.1571$$

3) 표본비율의 분포

어떤 모집단의 각 개체의 속성이 성공 아니면 실패의 두 가지의 경우로 구성되어 있고, 성공으로 분류되는 것의 비율을 p라 하자. 이와 같은 속성 비율이 p인 모집단을 이항모집단이라 한다. 이러한 이항모집단에서 모집단의 평균이 아니라 모집단의 비율에 관심이 있는 경우가 있다. 예를 들면 선거구에서 어떤 특정후보에 대한 지지율 등을 추정해 보는 경우를 생각해 볼 수 있다.

이제, 개체가 성공에 속하는 것을 1, 실패에 속하는 것을 0으로 나타낸다고 하자. 그러면 1과 0을 갖는 변수 X에 대하여

$$P(X=1)=p,\ \ P(X=0)=1-p,\ \ (0<p<1)$$

이다.

이항모집단에서 크기가 n인 표본 $X_1, X_2, \cdots\cdots, X_n$을 추출할 때, 이들 변수는 서로 독립이며 동일한 모수 p를 갖는다. 이때 X를

$$X = X_1 + X_2 + \cdots\cdots + X_n$$

라 하면, X는 $B(n, p)$인 이항분포를 따른다. 이항분포의 성질에서

$$E(X) = np,\ \ V(X) = np(1-p)$$

이다. 한편으로 변수 X를 표본의 크기 n으로 나눈 것을 표본비율 $\bar{p}$라 한다. 즉

$$\bar{p} = \frac{X}{n} = \frac{X_1 + X_2 + \cdots\cdots + X_n}{n}$$

이다. 그런데

$$E(\bar{p}) = E\left(\frac{X}{n}\right) = \frac{1}{n}E(X) = \frac{1}{n}\cdot np = p$$
$$V(\bar{p}) = V\left(\frac{X}{n}\right) = \frac{1}{n^2}V(X) = \frac{1}{n^2}np(1-p) = \frac{p(1-p)}{n}$$

따라서 다음 정리가 성립한다.

■ **정리 4 · 4**

어떠한 성질을 가진 것들의 비가 p인 이항모집단에서 n개의 표본을 추출할 때, 표본비율 $\bar{p}$는 평균 p, 표준편차 $\sqrt{\dfrac{p(1-p)}{n}}$ 인 분포에 따른다.

여기에서도 표본수 n이 충분히 크면 표본비율 $\bar{p}$의 분포는 정규분포 $N\left(p, \dfrac{p(1-p)}{n}\right)$를 따른다고 볼 수 있다. 즉

$$Z=\frac{\bar{p}-p}{\sqrt{\dfrac{p(1-p)}{n}}}$$

는 n이 충분히 클 때(대략 $np(1-p)\geq 3$일 경우), 근사적으로 표준 정규분포 $N(0, 1)$을 따른다고 보아도 된다.

[예 4 · 5] 전 유권자의 60%가 A후보를 지지하고 있다고 한다. 임의로 100명을 뽑아 선거인단을 구성할 때, 이 선거인단들의 A후보 지지율은 어떤 분포를 이루는가?

풀이 $p=0.6$인 이항모집단에서 추출된 표본수 100인 표본집단의 비율 $\bar{p}$가 선거인단의 A후보 지지율이다. 그러므로

$$E(\bar{p})=p=0.6,\ V(\bar{p})=\frac{p(1-p)}{n}=\frac{0.6\times 0.4}{100}=0.0024$$

따라서 $\bar{p}$는 평균 0.6, 분산 0.0024인 이항분포에 따른다.

[예 4 · 6] 어떤 공장에서 생산되는 제품의 불량률은 5%라 한다. 이제, 100개의 제품을 임의추출하여 검사할 때, 그 중에 8개 이상의 불량품이 포함될 확률을 구하여라.

풀이 $p=0.05$, $n=100$에서

$$np(1-p)=100\times 0.05\times 0.95=4.75>3$$

이므로, 표본비율 $\bar{p}$는 정규분포를 따른다고 볼 수 있다.

$$Z=\frac{\bar{p}-p}{\sqrt{\dfrac{p(1-p)}{n}}}=\frac{\bar{p}-0.05}{\sqrt{\dfrac{0.05\times 0.95}{100}}}=\frac{\bar{p}-0.05}{0.022}$$

는 근사적으로 $N(0, 1)$을 따르는 분포이다.

따라서

$$P(\bar{p}\geq 0.08)=P\left(\frac{\bar{p}-0.05}{0.022}\geq\frac{0.08-0.05}{0.022}\right)=P(Z\geq 1.36)=0.0869$$

4) t-분포

지금까지는 모집단에서 모분산을 이미 알고 있을 때, 모수와 표본분포 사이의 여러 성질들을 알아보았다. 그러나 실제에 있어서는 모분산을 모르는 경우가 많이 있다. 이럴 때는 모분산 대신으로 표본집단에서 얻은 표본분산을 대용할 수밖에 없다.

여기에서는 이와 같이 모분산을 모르는 경우, 표본평균의 분포를 살피는 데 매우 중요한 구실을 하는 t-분포에 대하여 알아본다.

정규모집단 $N(\mu, \sigma^2)$에서 모분산 σ^2을 모르는 경우, 모평균 μ에 대한 통계적 추론을 행할 때는 다음과 같은 통계량을 이용한다.

n개의 표본을 추출하여 만든 표본평균을 $\overline{X}$, 표본의 표준편차를 S라 할 때,

$$T=\frac{(\overline{X}-\mu)}{\dfrac{S}{\sqrt{n-1}}} \quad (n\geq 2)$$

의 분포를 자유도가 $n-1$인 t-분포라고 한다.

t-분포의 평균은 0이고, 분포곡선은 0을 중심으로 좌우 대칭이 된다. $n-1$을 특히 t-분포의 자유도(degree of freedom)라 한다. t-분포는 자유도 ν에 따라 모양이 조금씩 변한다.

그림 IV · 16에서와 같이 T를 자유도 ν인 t-분포를 따르는 통계량이라 할 때

$$P(|T|\geq t_\nu(\alpha))=\alpha \ (0<\alpha<1)$$

를 만족하는 $t_\nu(\alpha)$의 값을 여러 가지 ν와 α에 대하여 계산한 것이 t-분포표이다.

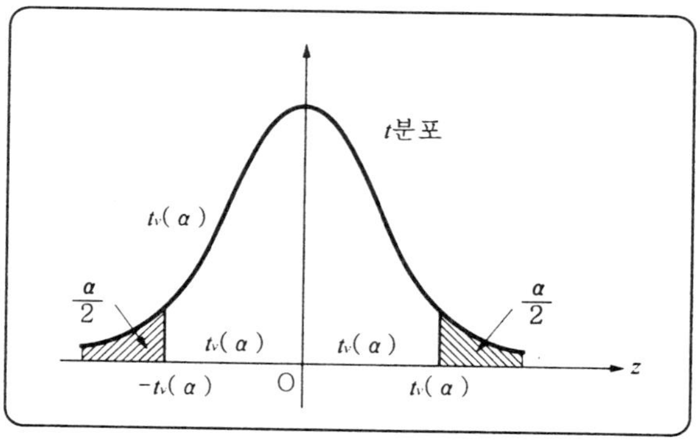

그림 IV · 16

예를 들면 자유도 $\nu=10$, $\alpha=0.05$이면, t－분포표에서 $t_\nu(\alpha)=2.228$이다. 즉

$$P(|T|\geq 2.228)=0.05$$

대체로 자유도 $\nu\geq 30$이면 t-분포는 근사적으로 $N(0, 1)$에 가까운 것으로 본다. 따라서 t-분포는 소표본의 경우에 효과적인 분포이다.

[예 4·7] T가 t-분포에 따르는 확률변수일 때, t-분포표를 이용하여 다음에서 $t_\nu(\alpha)$의 값을 구하여라.

(1) $\nu=5$일 때, $P(T\geq t_\nu(\alpha))=0.01$

(2) $\nu=10$일 때, $P(|T|\geq t_\nu(\alpha))=0.05$

(3) $\nu=15$일 때, $P(-t_\nu(\alpha)\leq T\leq t_\nu(\alpha))=0.95$

풀이 (1) $P(T\geq t(\alpha))=\frac{1}{2}P(|T|\geq t(\alpha))=0.01$

$P(|T|\geq t(\alpha))=0.02$

그리고 $\nu=5$, $\alpha=0.02$,

$$\therefore\ t_\nu(\alpha)=3.365$$

(2) $\nu=10$, $\alpha=0.05$

$$\therefore\ t_\nu(\alpha)=2.228$$

(3) $P(-t_\nu(\alpha)\leq T\leq t_\nu(\alpha))=1-P(|T|\geq t_\nu(\alpha))=0.95$

$P(|T|\geq t_\nu(\alpha))=0.05$

그리고 $\nu=15$, $\alpha=0.05$

$$\therefore\ t_\nu(\alpha)=2.131$$

문 제

1. 어느 공장에서 생산하고 있는 전구의 수명은 평균 2000시간, 표본편차 100시간인 정규분포에 따른다고 한다. 지금 임의로 추출한 16개의 평균수명을 $\overline{X}$라 할 때, 다음을 구하여라.

(1) $\overline{X}$의 분포 (2) $P(200\leq\overline{X}\leq 2030))$

(3) $P(\overline{X}\geq 20)$

2. 흰 공이 7개, 검은 공이 3개 들어 있는 주머니에서 100개를 복원추출할 때, 검은 공이 나온 개수를 X, 검은 공이 나올 비율을 $\overline{p}$라 하자.
   (1) X의 분포를 구하여라.
   (2) $\overline{p}$의 분포를 구하여라.
3. 정규모집단 $N(\mu, \sigma^2)$에서 추출한 크기가 5인 임의 표본으로 구한 표본평균 $\overline{X}$와 표본분산 S^2에 대하여, $P(|\overline{X}-\mu|<2.3S)$의 값을 구하여라.

3. 모평균의 구간추정

1) 구간추정

모집단에서 모평균 μ, 모분산 σ^2 등 모수의 값을 모르는 경우, 이들 모수를 실측값으로부터 추정할 수밖에 없다. 먼저 모집단이 설정되면 그 모집단의 분포가 어떤 분포인가를 고찰하는 것이 선결 문제이다. 그러나 여기서는 모집단 분포의 형은 알고 있는 것으로 간주하고, 그 분포에 포함되는 미지의 모수에 대하여 알아보자.

모수의 추정에는 점추정(point estimation)과 구간추정(interval estimation)과 같은 두 가지의 방법이 있다. 여기서는 구간추정에 대하여 알아본다.

구간추정에서는 일정한 확률로 모수가 그 안에 포함되어 있는 구간을 추정하려고 한다. 모집단 분포의 미지 모수를 θ라 하고, 이 모집단에서 크기가 n인 표본 X_1, X_2, ……, X_n을 임의 추출하였다고 하자. 이때의 실현값인 표본값을 x_1, x_2, ……, x_n으로 나타내기로 한다.

미지 모수 θ를 추정할 때, 미리 정해둔 확률 $1-\alpha(0<\alpha<1)$에 대하여, 표본 변량 X_1, X_2, ……, X_n으로부터

$$P(\theta_1(X_1, X_2, \cdots\cdots, X_n)<\theta<\theta_2(X_1, X_2, \cdots\cdots, X_n))$$

인 두 통계량 $\theta_1(X_1, X_2, \cdots\cdots, X_n)$, $\theta_2(X_1, X_2, \cdots\cdots, X_n)$를 정할 수 있으면, 구간 (θ_1, θ_2)를 신뢰계수(confidence coefficient) $1-\alpha$인 신뢰구간(confidence interval)이라 한다. 또, θ_1, θ_2를 신뢰한계라고 한다.

신뢰한계 θ_1, θ_2는 확률변수이고, 그 값은 표본에 따라 변한다. 그러나 모집단에서 같은 크기의 표본을 반복해서 추출하여 여러 개의 신뢰구간을 계산할 때, 가령 신뢰계

수 95%의 신뢰구간을 생각하면, 그들 계산된 신뢰구간 100개 가운데 95개는, 그 구간 안에 모수 θ를 포함한다고 생각한다.

예를 들어, 정규모집단 $N(\mu, \sigma^2)$의 모분산 σ^2은 알고 있다 하고, 미지모수 μ를 구간추정한다고 하자.

표본평균 $\overline{X}$의 분포는 정규분포 $N(\mu, \sigma^2/n)$을 따르므로

$$Z=\frac{\overline{X}-\mu}{\dfrac{\sigma}{\sqrt{n}}} \quad (\overline{X}\text{의 표준화})$$

는 표준 정규분포 $N(0, 1)$을 따른다. 이 Z의 분포는 모평균 μ에 관계없다. 따라서, 이 Z에 대하여

$$P(-Z_{\alpha/2}<Z<Z_{\alpha/2})=1-\alpha \quad (0<\alpha<1)$$

를 만족하는 $Z_{\alpha/2}$의 값을 미지모수 μ와 관계없이 결정할 수 있다. 실제로는, 정규분포에서 $Z_{\alpha/2}$의 값을 구한다. 이를테면 $\alpha=0.05$이면, $Z_{\alpha/2}=1.96$이다.

위의 식에서

$$P\left(-Z_{\alpha/2}<\frac{\overline{X}-\mu}{\sigma/\sqrt{n}}<Z_{\alpha/2}\right)=1-\alpha$$

이므로, 다음이 성립한다.

$$P\left(\overline{X}-Z_{\alpha/2}\cdot\frac{\sigma}{\sqrt{n}}<\mu<\overline{X}+Z_{\alpha/2}\cdot\frac{\sigma}{\sqrt{n}}\right)=1-\alpha$$

이것은 구간 $\left(\overline{X}-Z_{\alpha/2}\cdot\frac{\sigma}{\sqrt{n}},\ \overline{X}+Z_{\alpha/2}\cdot\frac{\sigma}{\sqrt{n}}\right)$에 모평균 μ가 포함될 확률이 $1-\alpha$임을 나타내고 있다.

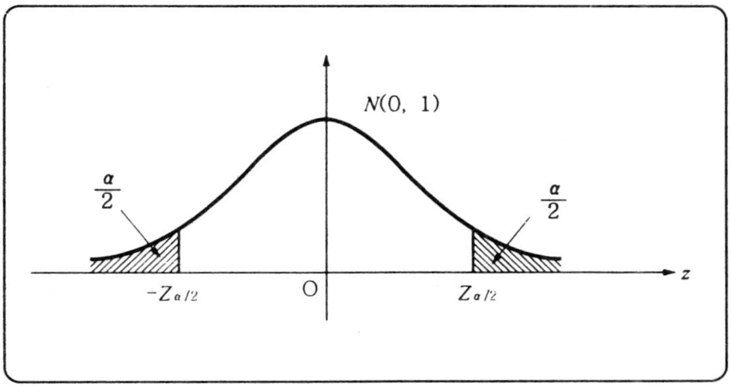

그림 IV · 17

[예 4・8] 모분산이 $\sigma^2=4$인 정규모집단에서 크기가 $n=16$인 표본을 임의 추출할 때, 표본평균이 $\overline{X}=8.5$이었다고 하자. 그러면 모평균 μ의 신뢰계수 95%인 신뢰구간을 구하여라.

풀이 $\alpha=0.05$이고, 정규분포 표에서 $Z_{\alpha/2}=1.96$이므로

$$\mu=\overline{X}\pm Z_{\alpha/2}\cdot\frac{\sigma}{\sqrt{n}}=8.5\pm1.96\times\frac{2}{\sqrt{16}}=8.5\pm0.98$$

이다. 따라서, 구하는 신뢰구간을 부등식으로 나타내면 다음과 같다.

$$7.52<\mu<9.48$$

2) 모평균의 구간추정

정규모집단 $N(\mu,\ \sigma^2)$에 있어서 모평균 μ의 구간추정을 알아보자.

(1) 모분산 σ^2을 알고 있을 때

표본평균 $\overline{X}$는 정규분포 $N\left(\mu,\ \frac{\sigma^2}{n}\right)$을 따르므로

$$Z=\frac{\overline{X}-\mu}{\frac{\sigma}{\sqrt{n}}}$$

는 표준정규분포 $N(0,\ 1)$을 따른다.

따라서, μ의 신뢰계수 $1-\alpha$인 신뢰구간은 앞절에서와 같이

$$\overline{X}-Z_{\alpha/2}\cdot\frac{\sigma}{\sqrt{n}}<\mu<\overline{X}+Z_{\alpha/2}\cdot\frac{\sigma}{\sqrt{n}}$$

이다. 여기서는 $Z_{\alpha/2}$는 정규분포 $N(0,\ 1)$의 $\alpha/2$인 점을 나타낸다.

[예 4・9] 어느 공장에서 생산하는 전구 중에서 임의로 16개를 추출하여 실험을 한 결과 그들의 평균 수명이 1980시간이었다 하자. 전구의 수명이 표준편차 100인 정규분포에 따른다고 할 때, 생산되는 전구 전체의 평균 수명이 몇 시간에서 몇 시간 사이에 있을 가능성이 95%인가를 알아보자.

풀이 지금 전구전체의 평균 수명을 μ라 하면, 모집단 분포는 $N(\mu,\ 100^2)$에 따른다. 따라서 이 모집단에서 추출한 16개로 된 표본집단의 평균 $\overline{X}$의 분포는

$N\left(\mu,\ \frac{100^2}{16}\right)$에 따른다. 따라서

$$Z=\frac{\overline{X}-\mu}{100/\sqrt{16}}=\frac{\overline{X}-\mu}{25}$$

는 $N(0,\ 1)$에 따른다. 그런데 $P(-Z_{\alpha/2}\leq Z\leq Z_{\alpha/2})=0.95$에서 $Z_{\alpha/2}=1.96$이므로

$$\mu=\overline{X}\pm Z_{\alpha/2}\cdot\frac{\sigma}{\sqrt{n}}=1980\pm1.96\times\frac{100}{\sqrt{16}}=1980\times49$$

이다. 따라서 구하는 신뢰구간은 $1931<\mu<2029$이다.

즉, 미지인 모평균 μ가 1931시간 이상 2029시간 이하일 가능성이 95%라고 추정할 수가 있게 된다.

(2) 모분산 σ^2을 모르고 있을 때

모집단의 분산을 모르는 경우는 표본의 크기 n을 충분히 크게 함으로써 모표준편차 σ를 표본표준편차 S로 대용한다. 그러나 경우에 따라서는 표본의 크기 n을 크게 할 수 없는 경우가 있다. 즉 모분산도 모르고 표본의 수도 작을 때($n<30$)이다. 이럴 때에는 모집단이 정규분포를 이루거나 정규분포에 근사할 때, t-분포들 이용하여 해결하면 된다.

n개의 표본을 추출하여 만든 표본평균을 $\overline{X}$, 표본의 표준편차를 S라 할 때

$$T=\frac{(\overline{X}-\mu)}{\frac{S}{\sqrt{n-1}}}\quad(n\geq2)$$

가 자유도 $n-1$인 t-분포를 따르고 있음을 이용한다. 신뢰계수 $1-\alpha$인 신뢰구간은

$$\overline{X}-t_{\alpha/2}\cdot\frac{S}{\sqrt{n-1}}<\mu<\overline{X}+t_{\alpha/2}\cdot\frac{S}{\sqrt{n-1}}$$

이다.

[예 4·10] 어느 공장 제품 중 200개를 임의 추출하여 그 무게를 측정한 결과 평균 81.23 g, 표준편차 0.42 g이었다. 이 제품의 평균 무게에 대한 95% 신뢰구간을 구하여라.

풀이 모분산은 모르나 표본의 수 n이 적지 않은 경우이다. 따라서 모표준편차 대신에 표본표준편차를 써서 해결하면 된다.

$n=200$, $\overline{X}=81.23$, $\sigma=0.42$이므로

$$81.23-1.96\cdot\frac{0.42}{\sqrt{200}}<\mu<81.23+1.96\cdot\frac{0.42}{\sqrt{200}}$$

즉 $81.17<\mu<81.29$가 구하는 모평균 μ에 대한 95% 신뢰구간이다.

[예 4 · 11] 어떤 담배 15개에 대하여 니코틴 함량을 조사하여 보니, 평균 1.5 mg, 표준편차 0.3 mg이라고 한다. 신뢰계수 95%로 이 담배의 니코틴 함량의 평균값을 구간추정하여라.

풀이 니코틴 함량의 분포가 정규분포라 볼 수 있다고 하면, 여기서는 모분산 σ^2은 미지이므로 t-분포를 이용한다.

$$1-\alpha=0.95에서\ \alpha=0.05$$

자유도가 $\nu=n-1=14$인 t-분포이므로, t-분포표에서 $t_{\alpha/2}=2.145$, 따라서 구하는 신뢰구간은 다음과 같다.

$$\mu=\overline{X}\pm t_{\alpha/2}\cdot\frac{S}{\sqrt{n-1}}=1.5\pm2.145\times\frac{0.3}{\sqrt{14}}=1.5\pm0.17$$

$$\therefore 1.33<\mu<1.67$$

문 제

1. 정규모집단에서 추출한 표본들의 표본수를 n, 표본평균을 $\overline{X}$, 모표준편차를 σ, 신뢰계수를 α라 할 때, 다음 각 경우에 있어서의 모평균 μ의 신뢰구간을 구하여라.
   (1) $n=20$, $\overline{X}=50$, $\sigma=4$, $\alpha=95\%$
   (2) $n=200$, $\overline{X}==50$, $\alpha=99\%$
   (3) $n=10$, $\overline{X}=50$, $\alpha=95\%$
2. 어느 화학사 공장에서 실뭉치 10개를 임의로 추출하여 강도의 실험을 한 결과 평균 6.7 kg, 표준편차 1.0 kg이었다. 이 제품의 평균강도 95% 신뢰구간을 구하여라.
3. 어떤 전구 12개에 대하여, 수명검사를 해보았더니, 평균 1350시간, 표준편차 35시간이었다고 한다. 신뢰계수 95%로 이 전구의 평균수명을 구간추정하여라.

4. 통계적 가설검정

1) 검정의 기초

지금 어느 눈이 나올 확률도 모두 $\frac{1}{6}$이 되게 만들어진 이상적인 주사위가 있다고 하자. 이 주사위를 60회 던질 때, 어느 한 눈, 가령 1의 눈이 꼭 10회(평균횟수) 나온다고 할 수는 없다. 그러나 60회 중 1의 눈이 2회나 혹은 30회가 나온다는 것은 부자연스러운 일이다. 그것은 기대값 10회와의 차가 너무 커서 우연성의 정도를 넘는 결과라고 보여지기 때문이다. 이것은 올바른 주사위로는 이 실험의 결과가 이상함을 나타낸다. 다시 말해 주사위가 올바르지 않기 때문에 그런 사건이 일어났다고 판단하는 것이 무난하다.

따라서 실제로 어느 주사위를 60회 던져 이런 결과가 나왔을 때 「이 주사위의 1의 눈이 나올 확률은 $\frac{1}{6}$이다」란 가정은 성립되지 않을 것이다.

이와 같이 표본집단의 특성을 바탕으로 세운 모수에 대한 가정을 통계적 가설(hypothesis)라고 한다. 위의 예에서는 H_1; $P<\frac{1}{6}$을 주장하기 위하여, 처음에는 H_0; $P=\frac{1}{6}$이라는 가설을 세우고, H_0을 부정함으로써, H_1의 성립을 주장한다는 방법을 택한다.

이와 같이 성립되지 않을 것을 예상하고 세운 가설을 귀무가설(null hypothesis)이라 하며 H_0로 표시한다. 한편 귀무가설에 대립되는 가설을 대립가설(alternative hypothesis)이라 하며 H_1으로 표시한다.

어떤 확률변수 X(위의 예에서는 1의 눈이 나온 횟수)와 그의 기대값 $E(X)$와의 차가 우연성에 기인되는 범위를 넘었을 때, 그 차는 유의적(significant)이라고 한다. 유의적인가 아닌가를 판단하려면 우연성을 어느 정도로 인정할 것인가를 미리 정하여야 한다. 위의 예에서 그 정도를 a번이라고 정했다면 $|X-E(X)|\geq a$, 즉 $|X-10|\geq a$일 때, 그 차는 유의적이며, 이런 결과가 나왔을 때 위의 가설 H_0는 부정된다. 이와 같이 세운 가설(H_0 또는 H_1)을 부정하는 일을 가설을 기각(reject)한다고 하며 기각되게 되는 변수의 영역을 기각역(棄却域, region of rejection) 또는 위험역(crictical region)이라고 한다.

위의 예에서 $P(|X-10|\geq a)=\alpha$라 하면 α는 1의 눈이 나온 횟수 X가 기각역에 속할 확률이다. 문제에 따라 우연변동의 폭은 다를 수가 있기 때문에 α는 다르게 정할 수가 있으나 보통 $\alpha=0.05(5\%)$ 또는 $\alpha=0.01(1\%)$로 하는 경우가 많다. 이렇게 정한 확

률을 유의수준(significance level)이라고 한다.

유의수준 α가 정해졌을 때, 기각역 R를 결정하는 방법이 문제에 따라 각각 다르다. 여기에서 "미지인 모평균 μ가 어느 특정값 m과 같다"라는 귀무가설 H_0: $\mu=m$에 대하여 설명한다.

① H_1: $\mu>m$에 대한 H_0: $\mu=m$의 검정(우측검정)

② H_1: $\mu<m$에 대한 H_0: $\mu=m$의 검정(좌측검정)

③ H_1: $\mu\neq m$에 대한 H_0: $\mu=m$의 검정(양측검정)

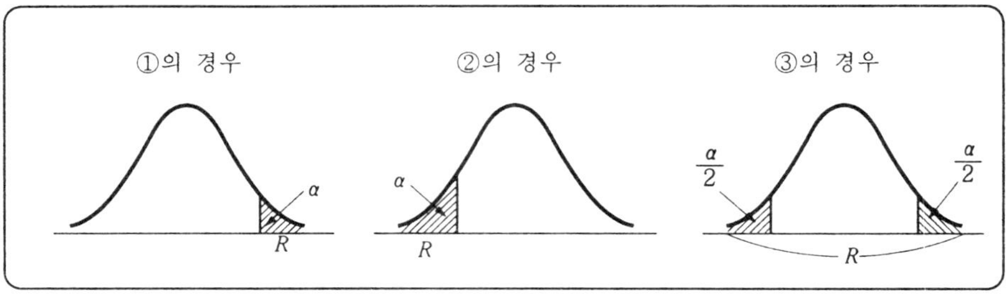

그림 Ⅳ·18

일반적으로 어느 모집단의 미지 모수에 대하여 어느 가설을 세우고 추출한 표본들을 자료로 하여 이를 검정하는 일을 통계적 가설검정(test of statistical hypothesis)이라고 한다. 통계적 가설검정은 일반적으로 다음 순서를 따른다.

① 가설을 세운다.

② 검정 통계량을 정한다. 검정통계량은 표본변량 X을 표준화한 Z을 이용하여 Z의 분포를 구한다.

③ 기각역을 만든다.

④ 검정통계량의 실현값을 계산한다.

⑤ 가설에 대한 기각 여부를 판정한다.

2) 모평균 μ에 대한 가설검정

이제 실제 예를 들어 모평균에 대한 가설을 검정하는 방법을 보기로 한다. 먼저 표본집단의 표본들이 속해 있는 모집단의 평균값이 어느 주어진 값과 같다고 볼 수 있는가를 검정하는 방법을 살피기로 한다.

여기서 주의할 점은 모표준편차를 모르는 경우에는 표본의 수 n이 크면 표본표준편차를 대신 써도 되지만, n이 작을 때는 모평균을 추정할 때와 같이 t-분포를 이용하여야 한다는 것이다.

[예 4·12] A시의 고교 2학년 남학생 전체 중에서 임의로 100명을 추출하여 신장을 측정한 결과 평균 164 cm, 표준편차 6 cm이었다. A시의 고교 2학년 학생들의 평균 신장이 전국의 평균신장 162 cm보다 크다고 볼 수 있는가? 유의수준 0.05로 검정하여라.

풀이 A시의 고교 2학년 남학생 전체를 모집단이라 하고 모평균을 μ라 하면 문제의 내용은 $\mu=162$이냐, 또는 $\mu>162$이냐 하는 것을 판단하고자 하는 것이다. 즉, 대립가설 H_1: $\mu>162$에 대한 귀무가설 H_0: $\mu=162$를 검정하는 문제가 된다.

① 가설 H_0: $\mu=162$(H_1: $\mu>162$)

② 표본평균을 $\overline{X}$, 크기는 $n=100$으로 충분히 크므로 모표준편차를 σ라 하면 $\overline{X}$는 $N\left(162, \dfrac{\sigma^2}{100}\right)$에 따르고

$$Z=\frac{\overline{X}-162}{\sigma/10} \quad \cdots\cdots (1)$$

인 통계량 Z는 $N(0, 1)$에 따른다.

③ 주어진 유의수준은 $\alpha=0.05$이고 문제의 내용에서 우측검정이 된다.

$$P(Z\geq 1.65)=0.05$$

이므로 기각역은 $Z\geq 1.65$가 된다. 즉

$$R=\{z \mid z\geq 1.65\}$$

④ 실제 표본에서 얻은 결과는 $\overline{X}$의 실현값이 164이며 이것을 식 (1)에 대입하여야 한다. σ의 값이 불명이지만 n이 크므로 σ 대신 표본표준편차 S의 값을 써도 된다. 식 (1)에 $\overline{X}=164$, $\sigma=S=6$을 대입하여 Z의 실현치를 구하면

$$\frac{164-162}{0.6}=3.33, \quad \therefore 3.33\in R$$

⑤ Z의 실현치가 기각역에 속하므로 가설 H_0를 버린다. 따라서 A시의 고교 2학년 남학생들의 평균신장이 전국평균보다 크다고 판단된다.

[예 4·13] 어느 제조공장에서 종래 생산한 실의 인장강도(引張强度)는 평균 6.7 kg의 정규분포를 이룬다고 한다. 어느 해 제조공정을 변경하였기 때문에 제품의 강도에

영향을 미치지 않았나 하는 것을 검정하기로 하였다. 그래서 임의로 10개의 실을 추출하여 강도 시험을 한 결과 강도의 평균은 6.2 kg, 표준편차 1.0 kg이었다. 공정의 변경이 제품의 강도를 변하게 하였는가를 유의수준 0.05로 검정하여라.

풀이 공정 변경 후에 생산된 제품의 강도를 나타내는 수치의 집단이 모집단이 되고, 이는 정규분포를 이룬다고 본다. 모평균을 μ라 할 때, $\mu=6.7$이냐 또는 $\mu\neq6.7$이냐 하는 문제다.

① 가설 H_0: $\mu=6.7$(H_1: $\mu\neq6.7$)

② 크기 $n=10$인 표본평균 $\overline{X}$의 분포는 n이 적으므로 모표준편차 σ 대신 표본표준편차 $S=1.0$을 사용한 t-분포에 따른다고 보아

$$T=\frac{\sqrt{n-1}(\overline{X}-\mu)}{S}=\frac{\sqrt{10-1}(\overline{X}-6.7)}{1.0}=3(\overline{X}-6.7) \quad \cdots \ (2)$$

인 통계량 T는 자유도 $\nu=10-1=9$의 t-분포에 따른다.

③ 유의수준 $\alpha=0.05$이므로 t-분포표에서

$$P(|T|\geq2.26)=0.05$$

$\therefore$ 기각역은 $R=\{t\,|\,t\leq-2.26$ 또는 $t\geq2.26\}$

④ X의 실현값이 6.2이므로 T의 실현치 t를 구하면

$$t=3(6.2-6.7)=-1.5$$

$\therefore |t|\leq2.26, \quad \therefore t\notin R$

⑤ T의 실현값이 기각역에 들어가지 않으므로 가설 H_0를 버리지 않는다. 즉, 공정의 변경은 제품의 강도에 영향을 주지 않는다고 본다.

문 제

1. 전국 초등학교 남자신입생의 키의 평균은 112.6 cm이다. A도시의 신입생 중에서 임의로 표본을 추출하여 키의 평균을 전국의 평균과 비교하려 한다. 전국 남자신입생들의 키의 표준편차를 σ, A도시의 표본집단의 표본수, 평균, 표준편차를 각각 n, $\overline{X}$, S라 할 때, 다음 각각의 경우 H_0: $\mu=112.6$을 유의수준 0.05로 검정하여라.

(1) $\sigma=4$, $n=20$, $\overline{X}=110$, H_1: $\mu\neq112.6$

(2) $n=100$, $\overline{X}=114$, $S=3$, H_1: $\mu>112.6$

(3) $n=10$, $\overline{X}=108$, $S=4$, H_1: $\mu<112.6$

2. 어떤 지능검사에서 만 15세의 아동의 성적은 평균 124점, 표준편차 24점이라 한다. 지금 만 14세의 아동 36명을 임의로 추출하여 지능검사를 실시하였더니, 평균 112점이었다. 만 14세의 아동은 만 15세의 아동보다 지능이 낮다고 볼 수 있는가? 유의수준 0.01로 검정하여라.

3) 모평균의 차에 대한 가설검정

실제적인 문제 중에는 2개의 표본평균 사이의 차가 우연에 의한 것인지, 표본평균이 서로 틀리는 모집단으로부터 표본들이 얻어진 결과인지를 결정하여야 할 경우가 많이 있다.

예를 들면 어느 학교의 학생들이 타학교 학생들보다 더 높은 평균 지능지수를 갖는가 어떤가, 남자가 여자보다 주어진 일을 더 빨리 수행하는가 어떤가 등, 이러한 문제는 수 없이 많이 있다. 이러한 문제에 대한 검정은 두 표본들이 각각 속하는 모집단의 평균차 $\mu_1-\mu_2$를 검정하는 문제이다. 여기에서 주의할 것은 두 모집단을 언제나 정규 모집단인 것으로 가정한다는 점이다.

(1) 대표본인 경우

두 표본집단의 표본의 수 n_1, n_2가 클 때(n_1, $n_2\geq 30$)는 H_0: $\mu_1=\mu_2$를

$$Z=\frac{\overline{X}_1-\overline{X}_2}{\sqrt{\dfrac{S_1^2}{n_1}+\dfrac{S_2^2}{n_2}}}$$

에 의해서 검정한다. 여기서 $\overline{X}_1$, $\overline{X}_2$와 S_1, S_2는 각각 두 표본집단의 평균과 표준편차이다.

[예 4 · 14] 어느 특정 직종에 여자가 남자보다 더 적합하다는 주장을 검정하기 위하여 어떤 적성검사를 실시한 결과 남자 50명에 대하여 $\overline{X}_1=79.5$, $S_1=9.8$, 여자 40명에 대하여 $\overline{X_2}=85.6$, $S_2=10.6$을 각각 얻었다. H_1: $\mu_1<\mu_2$에 대하여 H_0: $\mu_1=\mu_2$를 유의수준 0.01로 검정하여라.

풀이 H_0: $\mu_1=\mu_2$(H_1: $\mu_1<\mu_2$)를 $\alpha=0.01$로 좌측검정한다.

$\overline{X}_1=79.5$, $\overline{X}_2=85.6$, $S_1=9.8$, $S_2=10.6$, $n_1=40$, $n_2=50$을 대입하면

$$Z=\frac{\overline{X}_1-\overline{X}_2}{\sqrt{\frac{{S_1}^2}{n_1}+\frac{{S_2}^2}{n_2}}}=\frac{79.5-85.6}{\sqrt{\frac{(9.8)^2}{40}+\frac{(10.6)^2}{50}}}=-2.82$$

그런데 $P(Z\leq -2.23)=0.01$, $-z_{0.01}=-2.23>-2.82$, 즉 $-2.82\in R$.

그러므로 H_0를 기각한다. 이것은 여자들이 그 직종에 더 적합함을 입증한다.

(2) 소표본인 경우

두 표본집단의 표본의 수 n_1, n_2가 적을 때(n_1, $n_2<30$)는 표본표준편차가 서로 같거나 유의적인 차가 없다는 전제하에서 다음과 같이 모평균의 차를 t-분포에 의해 검정한다.

H_0: $\mu_1=\mu_2$를

$$T=\frac{\overline{X}_1-\overline{X}_2}{\sigma\sqrt{\frac{1}{n_1}+\frac{1}{n_2}}}\quad\left(\text{단, }\sigma=\sqrt{\frac{n_1{S_1}^2+n_2{S_2}^2}{n_1+n_2-2}}\right)$$

에 의하여 검정한다. 여기서 ${S_1}^2$, ${S_2}^2$는 각각 표본집단의 분산이고, 자유도 $\nu=n_1+n_2-2$이다.

[예 4·15] 항공기의 계기반의 성능을 비교하기 위하여 5대의 항공기에는 A형의 도료를 칠하고, 다른 5대의 항공기에는 B형의 도료를 칠한 후 어떤 일정한 방법으로 그들 계기반이 빛을 내는 시간을 측정하여 다음을 얻었다. 빛을 내는 시간의 차가 있다고 할 수 있는지를 유의수준 0.05로 검정하여라.

A형 : 52, 60, 49, 55, 54

B형 : 55, 54, 61, 65, 60

풀이 H_0: $\mu_A=\mu_B$ (H_1: $\mu_A\neq\mu_B$)를 세우고 양측검정을 t-분포에 의해 행한다.

주어진 문제에서 $n_A=n_B=5$, $\alpha=0.05$이고 $\overline{X}_A=54$, $\overline{X}_B=59$, 또 $S_A^2=\frac{66}{5}$, $S_B^2=\frac{82}{5}$이다. 따라서

$$\sigma=\sqrt{\frac{5\times\frac{66}{5}+5\times\frac{82}{5}}{5+5-2}}=\sqrt{\frac{148}{8}}=\sqrt{\frac{37}{2}}$$

$$\therefore\ T=\frac{54-59}{\sqrt{\frac{37}{2}\left(\frac{1}{5}+\frac{1}{5}\right)}}=-1.84$$

그런데 $\nu=5+5-2=8$일 때 $P(|T|\geq 2.306)=0.05$. 따라서 H_0: $\mu_1=\mu_2$는 수용된다. 즉, 유의적인 평균차를 인정할 수가 없다.

문 제

1. 어느 초등학교 6학년 남, 여 두 학급에 수학고사를 실시하여 다음 표를 얻었다. 남자반이 여자반보다 평균점이 높다고 할 수 있나를 유의수준 0.05로 검정하여라.

	인수	평균점	표준편차
남	60	64	10
여	60	58	12

▣ 연습문제 ▣

1. 상자 속에 10개의 공이 들어 있고, 이들에 각각 1, 2, 2, 3, 3, 4, 5, 6, 7, 7의 숫자가 기입되어 있다. 이것에서 4개의 임의표본을 추출(복원추출)할 때, 표본평균의 평균과 분산을 구하여라.

2. 어떤 시험에서 전국 평균이 65.3, 표준편차가 12.6이라고 한다. 이때 64명 학급의 평균이 62.6~66.2 사이에 있을 확률을 구하여라.

3. $N(\mu,\ 3^2)$에서 추출된 크기 4인 임의표본

$$16.8,\quad 23.6,\quad 25.2,\quad 22.4$$

가 있다.

(1) μ에 관한 95%인 신뢰구간을 구하여라.

(2) μ에 관한 99%인 신뢰구간을 구하여라.

4. 중학교 학생들의 키의 표준편차는 대체로 6 cm 정도이다. 전국평균을 오차 0.1 cm이내로 추정하려면 몇 명을 추출해서 조사하면 되는가? 신뢰도 95%인 경우와 99%인 경우를 생각하여라.

5. 어느 공장에서 만드는 전구의 수명은 평균 1100시간, 표준편차 150시간인 정규분포를 하고 있다. 어느 날 만든 전구에서 9개의 임의표본을 추출하니 표본평균이 1000시간이었다. 이 날 만든 전구가 종래의 수명을 지니고 있다고 생각할 수 있는가? 유의수준 5%로 검정하여라.

6. 40명으로 구성된 A반의 수학 점수는 평균 74점, 표준편차 8점이었고, 50명으로 구성된 B반의 수학 점수는 평균 78점, 표준편차 7점이었다.

다음을 유의수준 0.01로 검정하여라.

(1) 두 반의 평균차를 인정할 수 있는가?

(2) B반의 평균이 더 높다고 볼 수 있는가?

부 록

부표 1 난수표

1	67	11	09	48	96	29	94	59	84	41	68	38	04	13	86	91	02	19	85	28
2	67	41	90	15	23	62	54	49	02	06	93	25	55	49	96	96	52	31	40	59
3	78	26	74	41	76	43	35	32	07	59	86	92	06	45	05	25	10	94	20	44
4	32	19	10	89	41	50	09	06	16	28	87	51	38	88	43	13	77	46	77	53
5	45	72	14	75	08	16	48	99	17	64	62	80	58	20	57	37	16	94	72	62
6	74	93	17	80	38	45	17	18	73	11	99	43	52	38	78	11	82	03	78	27
7	54	32	82	40	74	47	94	67	61	71	48	87	17	45	15	07	43	24	82	16
8	34	18	43	76	96	49	68	55	22	20	78	08	74	28	25	29	29	79	28	33
9	04	70	61	78	89	70	52	36	26	04	13	70	60	50	24	72	84	57	00	49
10	38	69	83	65	75	38	85	58	51	23	22	91	13	54	24	25	58	20	02	83
11	05	89	66	75	80	83	75	71	64	62	17	55	03	30	03	86	34	96	35	93
12	97	11	78	69	79	79	06	98	73	35	29	06	91	56	12	23	06	04	69	67
13	23	04	34	39	70	34	62	30	91	00	09	66	42	03	55	48	78	18	24	02
14	32	88	65	68	80	00	61	49	22	70	90	18	88	22	10	49	46	51	46	12
15	67	33	08	69	09	12	32	93	06	22	97	71	78	47	21	29	70	29	73	60
16	81	87	77	79	39	86	35	90	84	17	83	19	21	21	49	16	05	71	21	60
17	77	53	75	79	16	52	57	36	76	20	59	46	50	05	65	07	47	06	64	27
18	57	89	89	98	26	10	16	44	68	89	71	33	78	48	44	89	27	04	09	74
19	25	67	87	71	50	46	84	98	62	41	85	51	29	07	12	35	97	77	01	81
20	50	51	45	14	61	58	79	12	88	21	09	02	60	91	20	80	18	67	36	15
21	30	88	39	88	37	27	98	23	00	56	46	67	14	88	18	19	98	78	47	20
22	60	49	39	06	59	20	04	44	52	40	23	22	51	96	34	22	14	97	48	08
23	36	45	19	52	10	42	83	86	78	87	30	00	39	04	30	38	06	92	42	51
24	45	71	08	61	71	33	00	87	82	21	35	63	46	07	03	56	48	94	38	04
25	69	63	12	03	07	91	34	05	01	27	51	94	90	01	10	22	41	50	50	56
26	41	82	06	87	49	22	16	34	03	13	20	02	31	13	03	92	86	49	69	69
27	09	85	95	32	12	06	34	50	72	04	08	76	61	95	04	84	93	90	84	05
28	57	71	05	35	47	59	65	38	38	41	57	91	61	96	87	63	24	45	17	72
29	82	06	47	67	53	22	36	49	68	86	87	04	18	80	66	96	57	53	88	83
30	17	95	30	06	64	99	33	89	27	84	65	47	78	11	01	86	61	05	05	28
31	70	55	98	92	19	44	85	86	65	73	69	73	75	41	78	51	05	57	36	33
32	97	93	30	37	84	49	28	29	27	84	31	09	35	59	41	39	71	46	53	57
33	31	55	49	69	17	12	22	20	41	50	45	63	52	13	46	20	70	72	30	57
34	30	92	80	82	37	16	01	46	81	22	48	80	55	77	99	11	30	14	65	29
35	98	05	49	50	04	97	71	34	12	49	85	82	82	67	17	58	22	86	15	93
36	00	86	28	06	39	03	29	04	84	41	20	84	01	97	53	50	90	12	94	67
37	74	76	84	09	68	33	73	25	97	71	65	34	72	55	62	50	50	59	01	93
38	63	84	36	95	80	28	36	19	26	50	72	55	80	54	55	68	58	94	96	50
39	48	12	39	00	88	05	86	29	37	96	18	85	07	95	37	06	78	96	32	89
40	20	60	42	30	95	71	77	03	14	88	81	15	91	68	38	07	45	47	37	75
41	13	21	96	10	43	46	00	95	62	09	45	43	87	40	08	00	12	35	35	06
42	12	84	54	72	35	75	88	47	75	20	21	27	73	48	33	69	10	13	77	36
43	57	38	76	05	12	35	29	61	10	48	02	65	25	40	61	54	13	54	59	37
44	25	18	75	82	11	89	13	90	53	66	56	26	38	89	04	79	76	22	82	53
45	10	88	94	70	76	54	45	07	71	24	53	48	10	01	51	99	93	52	12	68
46	78	34	46	86	29	82	12	44	11	54	32	54	68	28	52	27	75	44	22	50
47	99	43	67	75	86	16	90	53	40	48	15	22	02	10	79	58	73	53	35	90
48	38	51	64	06	53	30	50	06	84	55	91	70	48	46	52	37	46	83	58	78
49	45	96	10	96	24	02	17	29	31	14	10	86	37	20	92	79	72	32	84	57
50	75	40	42	25	66	84	22	05	61	93	56	61	62	02	55	31	56	20	99	07

부표 2 이항분포 $\binom{n}{x}p^x(1-p)^{n-x}$의 표

n	x \ p	.05	.10	.15	.20	.25	.30	$\frac{1}{3}$	.40	.50	
2	0	.9025	.8100	.7225	.6400	.5625	.4900	.4444	.3600	.2500	2
	1	.0950	.1800	.2550	.3200	.3750	.4200	.4444	.4800	.5000	1
	2	.0025	.0100	.0225	.0400	.0625	.0900	.1111	.1600	.2500	0
3	0	.8574	.7290	.6141	.5120	.4219	.3430	.2963	.2160	.1250	3
	1	.1354	.2430	.3251	.3840	.4219	.4410	.4444	.4320	.3750	2
	2	.0071	.0270	.0574	.0960	.1406	.1890	.2222	.2880	.3750	1
	3	.0001	.0010	.0034	.0080	.0156	.0270	.0370	.0640	.1250	0
4	0	.8145	.6561	.5220	.4096	.3164	.2401	.1975	.1296	.0625	4
	1	.1715	.2916	.3685	.4096	.4219	.4116	.3951	.3456	.2500	3
	2	.0135	.0486	.0975	.1536	.2109	.2646	.2963	.3456	.3750	2
	3	.0005	.0036	.0115	.0256	.0469	.0756	.0988	.1536	.2500	1
	4	.0000	.0001	.0005	.0016	.0039	.0081	.0123	.0256	.0625	0
5	0	.7738	.5905	.4437	.3277	.2373	.1681	.1317	.0778	.0312	5
	1	.2036	.3280	.3915	.4096	.3955	.3602	.3292	.2592	.1562	4
	2	.0214	.0729	.1382	.2048	.2637	.3087	.3292	.3456	.3125	3
	3	.0011	.0081	.0244	.0512	.0879	.1323	.1646	.2304	.3125	2
	4	.0000	.0004	.0022	.0064	.0146	.0284	.0412	.0768	.1562	1
	5	.0000	.0000	.0001	.0003	.0010	.0024	.0041	.0102	.0312	0
6	0	.7351	.5314	.3771	.2621	.1780	.1176	.0878	.0467	.0156	6
	1	.2321	.3543	.3993	.3932	.3560	.3025	.2634	.1866	.0938	5
	2	.0305	.0984	.1762	.2458	.2966	.3241	.3292	.3110	.2344	4
	3	.0021	.0146	.0415	.0819	.1318	.1852	.2195	.2765	.3125	3
	4	.0001	.0012	.0055	.0154	.0330	.0595	.0823	.1382	.2344	2
	5	.0000	.0001	.0004	.0015	.0044	.0102	.0165	.0369	.0938	1
	6	.0000	.0000	.0000	.0001	.0002	.0007	.0014	.0041	.0156	0
7	0	.6983	.4783	.3206	.2097	.1335	.0824	.0585	.0280	.0078	7
	1	.2573	.3720	.3960	.3670	.3115	.2471	.2048	.1306	.0547	6
	2	.0406	.1240	.2097	.2753	.3115	.3177	.3073	.2613	.1641	5
	3	.0036	.0230	.0617	.1147	.1730	.2269	.2561	.2903	.2734	4
	4	.0002	.0026	.0109	.0287	.0577	.0972	.1280	.1935	.2734	3
	5	.0000	.0002	.0012	.0043	.0115	.0250	.0384	.0774	.1641	2
	6	.0000	.0000	.0001	.0004	.0013	.0036	.0064	.0172	.0547	1
	7	.0000	.0000	.0000	.0000	.0001	.0002	.0005	.0016	.0078	0
8	0	.6634	.4305	.2725	.1678	.1001	.0576	.0390	.0168	.0039	8
	1	.2793	.3826	.3847	.3355	.2670	.1977	.1561	.0896	.0312	7
	2	.0515	.1488	.2376	.2936	.3115	.2965	.2731	.2090	.1094	6
	3	.0054	.0331	.0839	.1468	.2076	.2541	.2731	.2787	.2188	5
	4	.0004	.0046	.0185	.0459	.0865	.1361	.1707	.2322	.2734	4
	5	.0000	.0004	.0026	.0092	.0231	.0467	.0683	.1239	.2188	3
	6	.0000	.0000	.0002	.0011	.0038	.0100	.0171	.0413	.1094	2
	7	.0000	.0000	.0000	.0001	.0004	.0012	.0024	.0079	.0312	1
	8	.0000	.0000	.0000	.0000	.0000	.0001	.0002	.0007	.0039	0
		.95	.90	.85	.80	.75	.70	$\frac{2}{3}$	.60	.50	x / p

부표 3 정규분포 $\psi(x)=\frac{1}{\sqrt{2\pi}}e^{x^2/2}$의 표

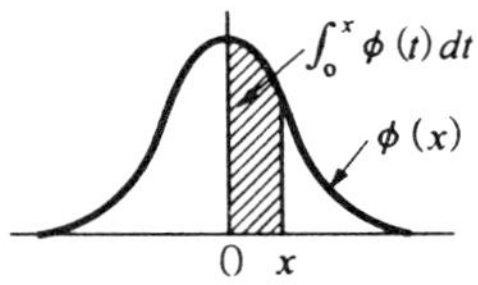

x	0	1	2	3	4	5	6	7	8	9
0.0	0.0000	0.0040	0.0080	0.0120	0.0160	0.0199	0.0239	0.0279	0.0319	0.0359
0.1	0.0398	0.0438	0.0478	0.0517	0.0557	0.0596	0.0636	0.0675	0.0714	0.0753
0.2	0.0793	0.0832	0.0871	0.0910	0.0948	0.0987	0.1026	0.1064	0.1103	0.1141
0.3	0.1179	0.1217	0.1255	0.1293	0.1331	0.1368	0.1406	0.1443	0.1480	0.1517
0.4	0.1554	0.1591	0.1628	0.1664	0.1700	0.1736	0.1772	0.1808	0.1844	0.1879
0.5	0.1915	0.1950	0.1985	0.2019	0.2054	0.2088	0.2123	0.2157	0.2190	0.2224
0.6	0.2257	0.2291	0.2324	0.2357	0.2389	0.2422	0.2454	0.2486	0.2517	0.2549
0.7	0.2580	0.2612	0.2642	0.2673	0.2704	0.2734	0.2764	0.2794	0.2823	0.2852
0.8	0.2881	0.2910	0.2939	0.2967	0.2995	0.3023	0.3051	0.3078	0.3106	0.3133
0.9	0.3159	0.3186	0.3212	0.3238	0.3264	0.3289	0.3315	0.3340	0.3365	0.3389
1.0	0.3413	0.3438	0.3461	0.3485	0.3508	0.3532	0.3554	0.3577	0.3599	0.3621
1.1	0.3643	0.3665	0.3686	0.3708	0.3729	0.3749	0.3770	0.3790	0.3810	0.3830
1.2	0.3849	0.3869	0.3888	0.3907	0.3925	0.3944	0.3962	0.3980	0.3997	0.4015
1.3	0.4032	0.4049	0.4066	0.4083	0.4099	0.4115	0.4131	0.4147	0.4162	0.4177
1.4	0.4192	0.4207	0.4222	0.4236	0.4251	0.4265	0.4279	0.4292	0.4306	0.4319
1.5	0.4332	0.4345	0.4357	0.4370	0.4382	0.4394	0.4406	0.4418	0.4430	0.4441
1.6	0.4452	0.4463	0.4474	0.4485	0.4495	0.4505	0.4515	0.4525	0.4535	0.4545
1.7	0.4554	0.4564	0.4573	0.4582	0.4591	0.4599	0.4608	0.4616	0.4625	0.4633
1.8	0.4641	0.4649	0.4656	0.4664	0.4672	0.4678	0.4686	0.4693	0.4299	0.4706
1.9	0.4713	0.4719	0.4726	0.4732	0.4738	0.4744	0.4750	0.4756	0.4762	0.4767
2.0	0.4773	0.4778	0.4783	0.4788	0.4793	0.4798	0.4803	0.4808	0.4812	0.4817
2.1	0.4821	0.4826	0.4830	0.4834	0.4838	0.4842	0.4846	0.4850	0.4854	0.4857
2.2	0.4861	0.4865	0.4868	0.4871	0.4875	0.4878	0.4881	0.4884	0.4887	0.4890
2.3	0.4893	0.4896	0.4898	0.4901	0.4904	0.4906	0.4909	0.4911	0.4913	0.4916
2.4	0.4918	0.4920	0.4922	0.4925	0.4927	0.4929	0.4931	0.4932	0.4934	0.4936
2.5	0.4938	0.4940	0.4941	0.4943	0.4945	0.4946	0.4948	0.4949	0.4951	0.4952
2.6	0.4953	0.4955	0.4956	0.4957	0.4959	0.4960	0.4961	0.4962	0.4963	0.4964
2.7	0.4965	0.4966	0.4967	0.4968	0.4969	0.4970	0.4971	0.4972	0.4973	0.4974
2.8	0.4974	0.4975	0.4976	0.4977	0.4977	0.4978	0.4979	0.4979	0.4980	0.4981
2.9	0.4981	0.4982	0.4982	0.4983	0.4984	0.4984	0.4985	0.4985	0.4986	0.4986
3.0	0.4987	0.4987	0.4987	0.4988	0.4988	0.4989	0.4989	0.4989	0.4990	0.4990
3.1	0.4990	0.4991	0.4991	0.4991	0.4992	0.4992	0.4992	0.4992	0.4993	0.4993
3.2	0.4993	0.4993	0.4994	0.4994	0.4994	0.4994	0.4994	0.4995	0.4995	0.4995
3.3	0.4995	0.4995	0.4996	0.4996	0.4996	0.4996	0.4996	0.4996	0.4996	0.4997
3.4	0.4997	0.4997	0.4997	0.4997	0.4997	0.4997	0.4997	0.4997	0.4997	0.4998
3.5	0.4998	0.4998	0.4998	0.4998	0.4998	0.4998	0.4998	0.4998	0.4998	0.4998

부표 4 t 분포 $P(|t|>t_{\alpha/2})=\alpha$의 표

(자유도 ν)

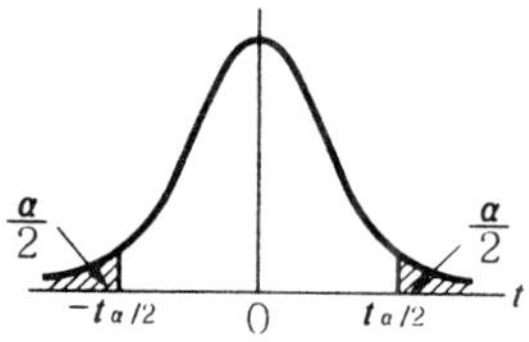

ν \ α	.9	.8	.7	.6	.5	.4	.3	.2	.1	.05	.02	.01
1	.158	.325	.510	.727	1.000	1.376	1.963	3.078	6.314	12.706	31.821	63.657
2	.142	.289	.445	.617	.816	1.061	1.386	1.886	2.920	4.303	6.965	9.925
3	.137	.277	.424	.584	.765	.978	1.250	1.638	2.353	3.182	4.541	5.841
4	.134	.271	.414	.569	.741	.941	1.190	1.533	2.132	2.776	3.747	4.604
5	.132	.267	.408	.559	.727	.920	1.156	1.476	2.015	2.571	3.365	4.032
6	.131	.265	.404	.553	.718	.906	1.134	1.440	1.943	2.447	3.143	3.707
7	.130	.263	.402	.549	.711	.896	1.119	1.415	1.895	2.365	2.998	3.499
8	.130	.262	.399	.546	.706	.889	1.108	1.397	1.860	2.306	2.896	3.355
9	.129	.261	.398	.543	.703	.883	1.100	1.383	1.833	2.262	2.821	3.250
10	.129	.260	.397	.542	.700	.879	1.093	1.372	1.812	2.228	2.764	3.169
11	.129	.260	.396	.540	.697	.876	1.088	1.363	1.796	2.201	2.718	3.106
12	.128	.259	.395	.539	.695	.873	1.083	1.356	1.782	2.179	2.681	3.055
13	.128	.259	.394	.538	.694	.870	1.079	1.350	1.771	2.160	2.650	3.012
14	.128	.258	.393	.537	.692	.868	1.076	1.345	1.761	2.145	2.624	2.977
15	.128	.258	.393	.536	.691	.866	1.074	1.341	1.753	2.131	2.602	2.947
16	.128	.258	.392	.535	.690	.865	1.071	1.337	1.746	2.120	2.583	2.921
17	.128	.257	.392	.534	.689	.863	1.069	1.333	1.740	2.110	2.567	2.898
18	.127	.257	.392	.534	.688	.862	1.067	1.330	1.734	2.101	2.552	2.878
19	.127	.257	.391	.533	.688	.861	1.066	1.328	1.729	2.093	2.539	2.861
20	.127	.257	.391	.533	.687	.860	1.064	1.325	1.725	2.086	2.528	2.845
21	.127	.257	.391	.532	.686	.859	1.063	1.323	1.721	2.080	2.518	2.831
22	.127	.256	.390	.532	.686	.858	1.061	1.321	1.717	2.074	2.508	2.819
23	.127	.256	.390	.532	.685	.858	1.060	1.319	1.714	2.069	2.500	2.807
24	.127	.256	.390	.531	.685	.857	1.059	1.318	1.711	2.064	2.492	2.797
25	.127	.256	.390	.531	.684	.856	1.058	1.316	1.708	2.060	2.485	2.787
26	.127	.256	.390	.531	.684	.856	1.058	1.315	1.706	2.056	2.479	2.779
27	.127	.256	.389	.531	.684	.855	1.057	1.314	1.703	2.052	2.473	2.771
28	.127	.256	.389	.530	.683	.855	1.056	1.313	1.701	2.048	2.467	2.763
29	.127	.256	.389	.530	.683	.854	1.055	1.311	1.699	2.045	2.462	2.756
30	.127	.256	.389	.530	.683	.854	1.055	1.310	1.697	2.042	2.457	2.750
∞	.12566	.25335	.38532	.52440	.67449	.84162	1.03643	1.2815	1.64485	1.95996	2.32634	2.57582

$n>30$일 때는 $N(0,1)$라 보아도 된다.

찾아보기

〈ㄱ〉

〈ㄴ〉

〈ㄷ〉

초등학교 교사를 위한 수학의 기초

2002년 3월 10일 초판발행
2010년 1월 5일 5쇄발행

• 공저자 강지형·이창주 이양희·임문규
• 발행인 최 국 주
• 발행처 동 명 사

경기도 파주시 교하읍 문발리 535-10 파주출판단지 30블록 4롯트
전 화 : 031) 955-7200(代), 955-7201~4, 7203 (편집부)
팩시밀리 : 031) 955-7205
출판등록 : 1950년 11월 1일(제1-76호)
E-mail : dms723@chol.com
홈페이지 : www.dmsbook.com

정가 14,000원

ISBN 978-89-411-4518-9 93410